普通高等教育“十三五”规划教材

城市景观设计概论

姜 虹　田大方　张 丹　毕迎春 ◎编

化学工业出版社
·北京·

《城市景观设计概论》是风景园林、城乡规划、环境艺术、建筑学等专业的基础课程之一，本书为高等院校城市景观设计课程系列教材的上篇，主要论述了东西方古代及近现代城市景观的主要发展演变过程，以及在不同时代背景下产生的相关设计理论和思潮；同时，剖析了现代城市景观的主要构成元素及其设计要点。力图在此基础之上，更为全面、系统、形象地解析城市景观的基本内涵及其涵盖的主要内容，为相应的具体设计打下较为清晰、准确的理论基础，也为本课程系列教材的下篇做好必要的理论铺垫。

《城市景观设计概论》可作为高等院校风景园林、园林、城乡规划、环境艺术、建筑学等专业师生教材，也可作为相关专业的工程师、设计师、管理人员的参考用书。

图书在版编目（CIP）数据

城市景观设计概论/姜虹等编．—北京：化学工业出版社，2017.1（2023.9重印）

普通高等教育“十三五”规划教材

ISBN 978-7-122-28455-6

Ⅰ．①城…　Ⅱ．①姜…　Ⅲ．①城市景观-景观设计-高等学校-教材　Ⅳ．①TU984.1

中国版本图书馆CIP数据核字（2016）第264735号

责任编辑：尤彩霞　　装帧设计：韩　飞

责任校对：王素芹

出版发行：化学工业出版社（北京市东城区青年湖南街13号　邮政编码100011）

印　　装：北京天宇星印刷厂

787mm×1092mm　1/16　印张13¼　字数343千字　2023年9月北京第1版第2次印刷

购书咨询：010-64518888（传真：010-64519686）　售后服务：010-64518899

网　　址：http：//www.cip.com.cn

凡购买本书，如有缺损质量问题，本社销售中心负责调换。

定　　价：38.00元

丛书序

城市是人类在漫长的发展过程中最具创造力的成果，它既是人类社会文明进程的重要标志，又为其今后的进一步发展奠定了物质和精神基础。历经了几千年的演变，无论未来的发展将去向何方，做为栖居地的城市之于人类的终极意义始终是——提供一种“有价值、有意义、有梦想的生活方式”。

城市景观是由城市包含的各种元素相互交织所构成的综合体，承载了城市居民的所有活动，它的功能是明确而清晰的，但是在实现其功能的过程中运用的设计方法以及涉及的相关学术领域却是无比庞杂且极富动态的。由此可见，城市景观设计的重要性和复杂性是无须赘述的。因此，对于城市景观设计的研究，既需要在横向上具备高度的综合性、广博性，又需要以不同的视角在纵深方向上进行专业性剖析。

城市景观设计是风景园林、城乡规划、环境艺术等学科专业的主干课程之一，是集科学性与艺术性于一体的实践应用型课程。然而由于各所在学科专业背景知识的侧重倾向性，以及设计实践固有的动态性和时效性，使得学生以及相关从业人员对城市景观的理解有所偏重或欠缺，对其主要内容与设计要点掌握得还不够全面。针对以上特点，本套教材在强调教学的针对性和系统性的同时，侧重与设计实例相结合，并且兼顾当前国家最新版本的相关规范要求，力求达到理论层面的完整性与实践层面的实用性。

本套教材包括《城市景观设计概论》和《城市景观设计原理及应用》，共两册；适用于风景园林、城乡规划、建筑学、环境艺术、园林等专业的高等教育、专业培训以及相关工程技术人员参考使用，适应性广泛，实用性较强。

本套教材由东北林业大学园林学院的教师编写，参编人员的背景及研究方向主要涉及建筑学、城乡规划学、风景园林学、环境艺术等学科领域，并且长期从事城市景观设计、风景园林建筑设计、历史建筑与历史街区保护等专业课的授课工作，在教学、科研以及相关的工程实践方面具有较为丰富的从业经历，拥有完备的工程设计经验和理论结合实践的能力。

希望本套书的出版，能够促进城市景观设计及其相关课程教学的进一步发展，为培养更多的优秀设计人才起到积极的推动作用。同时，也希望借本书与业界的各位师生、同行展开良好的学术交流，为我国风景园林设计的良性发展略尽绵薄之力！

全国高等学校风景园林学科专业指导委员会委员
全国风景园林专业学位研究生教育指导委员会委员
中国风景园林学会理事

前　言

城市景观是将城市的物质环境与社会生活融为一体的人文景观，在城市漫长的发展演变过程中，不断动态更新的城市景观不仅承载了城市的文化印记，更赋予了城市无穷的生机与活力，与城市居民的日常生活息息相关。

由于具有空间性、系统性、历史性与地域性等多重特征，城市景观与众多学科方向的研究领域都互有交叉，可以说，城市景观设计与风景园林、城乡规划、环境艺术、建筑学等设计类学科相辅相成、缺一不可，共同构成了人类栖居环境的综合设计体系。

在各大高校上述相关设计类学科的培养计划中，都开设了城市景观设计或是相似类型的课程，但是在教学过程及设计实践中，由于受到所在学科专业背景知识的影响，各自的侧重倾向不同，使得学生对城市景观的理解有所欠缺，对其内容与重点掌握得不够全面。同时，由于城市景观的动态性和时效性，与其设计相关的国家规范在近两年来陆续更新版本，并新增了若干条文规定，因此导致部分已出版的相关书籍的内容与现行规范不符。

《城市景观设计概论》为高等院校城市景观设计课程系列教材的上篇，主要论述了东西方古代及近现代城市景观的主要发展演变过程，以及在不同时代背景下产生的相关设计理论和思潮；同时，剖析了现代城市景观的主要构成元素及其设计要点。力图在此基础之上，更为全面、系统、形象地解析城市景观的基本内涵及其涵盖的主要内容，为相应的具体设计打下较为清晰、准确的理论基础，也为本系列课程的下篇做好必要的理论铺垫。

为了更好地阐释各章节内容，密切联系城市景观设计的特点，《城市景观设计概论》列举大量实例；同时，结合园林、风景园林以及环境艺术设计等专业对城市景观设计认知有限的问题，本教材力求语言简练、图文并茂，使枯燥的理论知识能够具象化，达到通俗易懂的效果。

本套教材可供园林专业、风景园林专业、环境艺术专业以及城乡规划、建筑学等相近专业的教师、学生和设计师学习和参考之用。

本书在编写过程中得到了东北林业大学园林学院建筑教研室各位同事的大力协助，在此表示深深的谢意！

鉴于编者水平所限，书中难免有不妥之处，敬请读者批评雅正！

编者

2016年12月于哈尔滨

目　　录

第1章

城市景观的概念解析

1.1 景观与景观设计

1.1.1 景观的多层面含义

在景观设计实践中，我们一般认为“景观”是“人与自然的共同作品”，但实际上要确切定义这个名词是有一定难度的。本书中对“景观”的解释是从建筑学及风景园林学中的概念延伸来的，它区别于地理学和生态学中的“景观”概念。

1.1.1.1 景观的广义概念

“景观”在英文中为“landscape”，其最早的含义更多具有视觉美学方面的意义，即与“风景”（scenery）含义相近，在汉语中景观指某地区或某种类型的自然景色，也指人工创造的景色。目前建筑学、风景园林学、城乡规划学等设计类学科在理论研究和设计实践中所提及的“景观”也主要是这一层含义。当然，在其他相近学科的研究中，“景观”作为一个科学名词也先后被专家学者们引入到各自的学术领域中，例如：在自然地理学中，“景观”被定义为地表景象，指一定区域内由地形、地貌、土壤、水体、植物和动物等所构成的综合体，或是一种类型单位的通称，如草原景观、森林景观等；在景观生态学中，“景观”指由相互作用的拼块或生态系统组成，以相似的形式重复出现的一个空间异质性区域，是具有分类含义的自然综合体，在生态学中，景观设计的目的是保护及创造合理的景观生态格局，创造符合生态原则的环境空间。

由此可见，基于不同的学科领域，景观具有不同的概念和含义，本书中所提及的“景观”一词，是从风景园林学、建筑学等设计类学科的角度出发，下文将详细剖析“景观”在该领域中的多层次内涵。

1.1.1.2 景观在风景园林学中的含义

很多学者都对景观的多层次含义进行了深入的探讨与研究，例如：俞孔坚曾揭示了景观四个层面的含义，即：①具有审美要求的视觉层面含义；②具有生活体验的景观栖居地含义；③具有多种生态关系的整体系统含义；④具有媒体传播功能的符号学含义。东南大学建筑学院的陈烨曾对景观的基本概念以及与人的关系有如下阐述：“景观的基本概念包含了认知的主体和客体统一的概念。现代哲学的重要发展就是否定了二元分立，强调心物结合。而景观是心物合一的，景观在作为认知客体的同时，还有一个作为认知主体的人，因为景观来自于观景的这个统一的过程。对人自身的研究和变化会影响景观的存在方式。当人和时间作为维度变化，而景观保持不变的时候，看到的是不同的东西，这时候人是客体，景观是主体，也就是从认识论转向了本体论。如不同的历史阶段，普通的景观对象可能会成为文物保护对象，而专家和市民阶层对同样的景观对象也会有不同的看法。现代哲学将主客、心物、思有看作是一个不可分割的、统一的整体，心物之间相互依存并可以相互转化，人和景观对象也是这样。作为本体论的景观中的人，是具有时间性的，所以只有和人产生联系，才能构成整体的景观，其中起主导作用的是作为主体的人的创造性活动。因此，景观具有心物结合的两元结构特征。”

综上所述，关于景观的含义，我们可以做出如下概括：

（1）景观同时具有物质和精神两个层面的属性

“具有审美感的风景”是景观最原始、最常用的含义，人对现实的对象化关系体现在了景观的体验过程中，这种关系随着生产实践的发展产生了一种相对独立的关系——审美关系，这种关系一旦确立，景观则应运而生。也就是说，景观产生在人与景的审美关系中。但是景观不应仅仅是一个单纯的、美好的物质现象和具有合理的、丰富的功能性，还应当强调其精神层面的内涵，给人以情感上的归属、共鸣和认同。我们在解析概念时，可以把它简单理解为两个方面：一方面它包含客观存在并能被人所感知的事物；另一方面它是对客观事物进行主观感受的结果，即对“景”与“观”的分别解释。

被观察到的景物之所以成为景观，可见“景”是与“观”分不开的。“景”是由自然形成或人工创造的、实实在在的客观物质，“观”是指人对“景”的观察，离开了“观”，景观是无从谈起的。观察、感受“景”的方式是充满变化的，主要是通过视觉、知觉、听觉、味觉和触觉等方式，“观”是人对于“景”的体验、认知、评价等主观的、精神层面的综合性感受过程。

（2）景观同时包含形态和生态两个层面的内容

景观作为人类审美的对象，其形态学方面的意义是不需赘述的。同时，景观还是一系列生态系统元素的复合体。把景观作品放在整个生态系统中来考虑，尤其面对日益减少的资源和伤痕累累的环境，需要探索更适宜在景观中应用又可减少环境影响的方式，强调人与整个自然界的相互依存，以实现人类与生态系统间关系的和谐，是景观生态层面的意义所在。

基于景观生态学的角度，主张维持自然系统的完整，使人工对自然的干预降至最低程度——应维护和强化整体山水格局的连续性；保护和恢复城区和城郊河流水系的自然形态；保护和恢复湿地系统；开设专有绿地以完善城市生态系统等。

在景观场所的具体建设上，应注重充分保护、利用场地上原有的资源和设施等现状条件，赋予其合理的使用功能；尽可能使用可再生材料，最大限度地发挥材料的潜力；减少生产、加工、运输带来的能源消耗，减少施工中的废弃物；保留当地的历史、地域、文化特点，并使其合理延续。

1.1.1.3 景观的分类形式

根据分类依据的不同，景观有多种分类方式，在较为宏观的层面上，几种常用的景观分类形式为：

（1）按照景观的成因可分为自然景观和人文景观

自然景观：是指受到人类间接、轻微或偶尔影响而原有自然面貌未发生明显变化的景观，如极地、高山、大荒漠、大沼泽、热带雨林以及某些自然保护区等。

人文景观：由于人类活动形成的景观，它是古代人类社会活动的历史遗迹和现代人类社会活动的产物，是人们在长期的生活、生产中，对自身发展的科技、文化、历史、社会的一种总结与概括，通过形体、色彩以及其他方式表达出来的创造物。它包括两大方面：一是在自然景观之上附加人类的活动形成的景观，如风景名胜景观、公园景观等；二是指依靠人的思维和创造形成的具有全新面貌的景观，如建筑景观、公共艺术景观等。

（2）从物质构成上可分为硬质景观和软质景观

硬质景观是指用硬质材料构成的景观，如砖石、钢筋混凝土结构的建筑物、小品设施、雕塑、大理石和花岗岩铺地等。

软质景观通常是指非人工材料或主要以非人工材料构成的景观，常以绿化种植与水体景观为主。常见的景观形式有草坪铺地、整形灌木、喷泉瀑布等水景。

(3) 根据视点与景物相对位置的高低变化，可以分为平视景观、仰视景观和俯视景观

平视景观：平视是中视线与地平线平行而伸向前方，观景者头部不必上仰下俯，可以舒展地平望出去，使人对景观产生平静、深远、安宁的气氛，不易疲劳。

仰视景观：观者中视线上仰，不与地平线平行。视野中与地面垂直的线有向上汇聚、消失感，故景物高度方面的感染力较强，易形成雄伟严肃的气氛。但仰视景观对人的压抑感较强，容易使观景者情绪比较紧张（图 1-1-1）。

俯视景观：俯视是指观者视点高，景物在视点下方，中视线向下与地平面成一定角度。俯视观赏视点高，景物都呈现在视点的下方。俯视景观的空间垂直深度感特别强烈，在用地范围较小的景观环境中，不宜出现能俯瞰全园的观景制高点。俯视根据远视、中视和近视的不同效果，会分别产生深远、深渊、凌空等视觉感受（图 1-1-2）。

图 1-1-1 仰视景观

图 1-1-2 俯视景观（高视点景观）

(4) 根据游人的观赏状态将景观分为动态观赏景观和静态观赏景观

动态观赏一般会形成一种动态的连续构图，因人与景物之间相对位移的速度不同，景观效果也不相同；静态观赏则如同观赏风景画一般，对景物的观赏通常是先远后近，先群体后个体，先整体后细部，先特殊后普通，先动景后静景。

1.1.2 景观设计的内涵与外延

景观设计的基本内涵是基于科学与艺术的观点与方法，探究人与自然的关系，以协调人地关系和可持续发展为根本目标进行的空间规划、设计以及管理，整个环节主要包括四个过程：分析、规划、设计和管理。

规划在宏观层面的总体定位包括：国土景观资源管理与规划；大地景观规划与生态修复；城市景观系统的构建等。对于国土景观资源的管理，其核心作用是对宏观空间的分析、保护与利用，并提出具有战略性的发展思路；大地景观规划与生态修复是以维护人类居住和生态环境的健康与安全为目标，在生物圈、国土、区域、城镇等尺度上进行多层次的研究和实践，主要工作领域包括区域景观规划、湿地生态修复、绿色基础设施规划、城镇绿地系统规划、城镇绿线划定等。规划是解决大尺度的区域设计问题，根据整个区域使用性质的要求合理安排次一级区域内的使用目的，并在特定区域进行最为恰当的土地利用；而设计就是针对这些小区域的细化与深化，其中包含艺术创作、科学、工程技术等多方面的因素，尤其以城市开放空间为主，具体包括城市公园、广场、居住区环境、道路景观、城市街边绿地以及

城市滨水地带等，还包括一些以自然景观为主的类型，比如旅游区景观、湿地公园、森林公园等。

景观设计从早期的为生活居住配套的花园庭院逐渐走向城市公共空间，从单纯的休息娱乐功能到生态、绿色的新理念，囊括了土地上户外生活的全部，可谓包罗万象。其承担的社会责任和生态使命，需要以更宏观的视野来对其进行解读和定位。简而言之，景观设计的意义在于合理高效地保护利用人类脚下的土地及更有效地整合自然资源，创造性地为人类的繁荣发展建立可永续经营的生活空间。

景观设计是极为综合与复杂的，需要与之密切相关的学科专业相互渗透，林学、旅游、建筑学、城乡规划、市政工程、环境艺术等，都应将“风景资源的保护与利用”、“景观生态学”的意识延伸到各自的领域，以便各专业更好地协同发展。

城市景观是景观设计中的一部分，是针对市域范围内的景观设计，因此与人类的接触更为密切，其核心价值体现在日常的生活功能及精神家园的塑造上。

1.2 城市景观涵义的系统认知

1.2.1 城市景观的概念

城市景观（Urban Landscape）一词最早出现于1944年1月的《建筑评论》期刊中，此后，戈登·卡伦在他的著作中也使用了较为相近的“Townscape”一词，标志着开始将城市景观置于艺术美学的视野之中，分析其艺术的物质表现形态。此后一些学者在对城市景观的理解上，除了追求具有良好视觉观感的物质形态，还有对城市本质和人类文明的深层次解读。

如前文所述，景观可以分为自然景观和人文景观。城市景观显而易见地是人文景观的一种，在城市实际的发展过程中，自然与人工景物元素互相呼应融合，综合塑造了城市的整体环境。

城市景观是一个城市的物质环境与社会生活的外在表现形态，它可以体现城市的气质和性格，同时体现市民的精神面貌与素质。城市是城市居民与其周围环境相互作用形成的，是人类在适应和改造自然环境的过程中，建立起来的人工生态系统，也是自然—经济—社会的复合系统。城市占据了一定的地理空间范围，有其独特的生物、非生物和社会经济要素，这些要素通过物质和能量代谢、生物地球化学循环，以及物质供应和废物处理等过程，相互联系在一起，形成具有一定组成结构、空间格局和动态变化特征的统一体。不同城市之间既有共性，又有各自的特点，典型地和重复地出现在一定区域范围内。

从广义上讲，城市景观还包含了“城市环境”、“城市生活”、“城市意象”三方面，也就是包含了前文提到的“观”的含义，即对客观事物的审美感受。因此，城市景观具有文化特征等相关的社会属性。城市景观除了具有功能性、社会性、美学性等基本特征之外，还具有以下五个方面的特点。

(1) 历史延续性

城市是历史的积淀，每个城市都有其自身的产生、发展过程，经历了一代又一代人的建设与改造，不同时代有不同的城市风貌。城市景观只是一个过程，没有最终结果，城市景观随着城市的发展而变化。近代工业革命促进了城市空间的发展，人工环境成为空间主体，区别于乡村以自然景观为主的状况。城市景观包括了建筑物、构筑物、街道、广场、公园绿地和环境小品等，是历史文化的集中体现。

(2) 地域特殊性

每个城市都有其特定的自然地理环境，有各自的历史文化背景，以及在长期的实践中形成的特有的建筑形式与风格，加上当地居民的特点及所从事的各项活动构成了一个城市特有的、具有强烈地域性的景观。

(3) 立体空间性

在城市化形成的初期，城市空间中主要是在低层、低密度地延伸和扩展；但随着土地资源危机和地面空间紧缺压力的增大，迫使城市开始向空中竖向发展。19世纪末期以来，建筑工业技术的发展，为城市空间的垂直扩展不断提供新的可能，高层建筑逐渐控制了城市天际线。同时，随着交通量的增加，城市道路系统开始分层设置，向空中、地下发展，加速形成了高层、高架、高密度的立体化的现代城市景观形象。

(4) 系统结构性

从空间形态上看，城市景观由点、线、面三种基本空间构成了整体景观结构体系，这使得它具有很强的系统性。点是主要景观节点，被布置在城市特殊地段、具有指向和标识意义的局部，包括城市标志、广场等，是景观空间结构的起点和终点；线是以车行道路、步行街、江河等为骨架，形成环城、沿路、沿河的景观带，连接各个景观节点；面是以城市功能结构分区为基础的景观分区，包括历史性景观区、功能性景观区、发展性景观区等。

(5) 认知主观性

人们认知城市景观的过程带有很强的主观性，因为不同社会群体的社会背景和个人经历不同，所以不同社会群体对城市空间景观的理解存在很大的区别。人们经过分析、对比和筛选，形成主观情感上的感应空间和城市意象，从而来认识城市景观，这是一种经验认识，是通过想象可以回忆出来的心理印象，是对城市客观形象的主观评价。

综上所述，城市景观不仅仅是视觉感受出来的艺术图像，它还具有更加丰富的内涵，是一个“综合了社会、政治、经济、地理、地方风情、技术和工程方法以及可接触的城市的最终结果”(图1-2-1)，可以认为，城市景观就是城市中的物质生态环境和人文精神环境，经

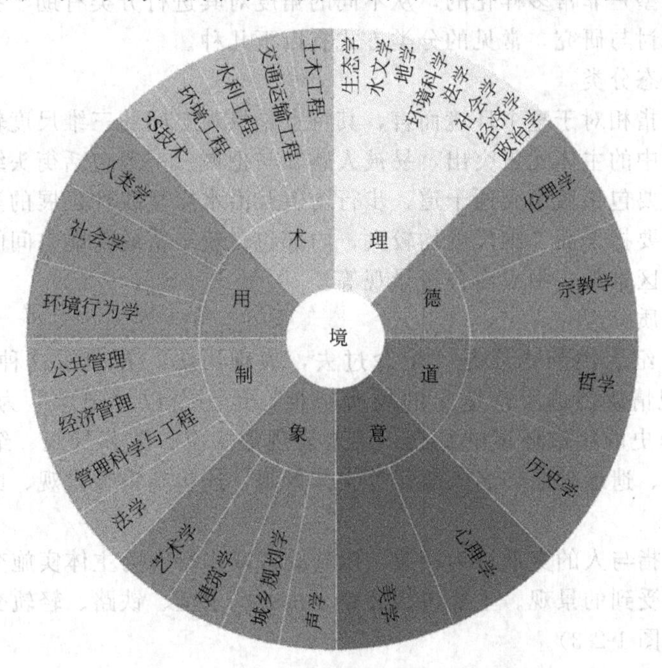

图1-2-1 与城市景观设计相关的学科专业

过人的主观感知，融入人的思想和情感之后所获得的审美形象。这种审美形象由人所创造，凝结了对人类文明的知觉体验，寄托了人类的生存理想，负载了人类的情感记忆，又反过来以具体可感的大地存在方式鼓舞并升华人的灵魂，延续历史，传承文化，成为一个城市永恒不变的象征和文化记忆。

1.2.2 城市景观的主要内容

戈登·卡伦曾把城市景观定义为“市域范围内的一切信息的总和”，可见城市景观涵盖的范围非常广泛、综合和复杂，事实上，除去城市中建筑的内部空间以外，其余的部分（包括建筑自身的形态、体量及其群体布局等）均可视为构成城市景观的物质基础。因此，城市景观的主要内容包含以下三个层面：

① 在宏观层面上，城市景观包含了城市总体的空间结构和景观格局的构建与引导，即立足于满足人们现实生活和精神审美的需要，对城市各项景观要素采取保护、利用、改善、发展等措施，为城市发展提供从全局到个案，从近期到远期的总体性政策要求；并体现、控制、引导城市物质建设风尚，促进城市景观体系的良好形成。

② 在中观层面上，城市景观是指城市内某一特定的功能区域或景观类型的综合性规划及设计，例如城市居住区景观、城市滨水区景观、商业步行街景观、城市广场景观等。这些不同类型的城市景观由于基本的功能要求差异性较大，因此在主要设计内容、基本设计要求以及具体设计手法上均有较大差异，不能一概而论。

③ 在微观层面上，城市景观主要针对场地内各类基本构成要素进行单体设计或专项设计，如植物种植、场地竖向、景观设施等，其涉及到的内容非常庞杂、广泛，且与众多学科领域相互交叉，需要大量的相关专业知识以保证设计原则的准确性与合理性。

1.2.3 城市景观的常见类型

1.2.3.1 分类方式

城市景观的类型是非常多样化的，从不同的角度对其进行分类有助于我们展开有针对性的、更为深入的探讨与研究，常见的分类方式有以下几种。

(1) 按空间形态分类

点状景观：是指相对于整个环境而言，其特点是景观空间的三维尺度较小且比例较为接近，这类景观空间中的主体元素突出，易被人感知与把握。一般包括街头绿地、广场等。

线状景观：主要包括城市交通干道、步行街道及沿水岸呈线性延展的滨水休闲绿地。

面状景观：主要指平面二维尺度均较大，内部包含较丰富的功能空间的景观类型。主要有城市公园、居住区景观、中央商务区景观等。

(2) 按活动性质分类

纪念性景观：纪念性的本质是“纪念过去，表现历史，并期望这种表现得以延续”。纪念性景观是景观情感传达所营造出的场所精神，是一个以“纪念”为目的，可以引发群体记忆或传承历史的区域环境的综合。主要表现形式有：陵墓景观、纪念碑景观、纪念雕塑景观、纪念园、遗址公园、名人故居等实体景观，还包括宗教景观、民俗景观等抽象景观（图 1-2-2）。

交通性景观：指与人的交通行为相关，以驾驶者或步行者为主体实施交通行为或处于交通网络上看到及感受到的景观。主要包括公路、桥梁、水运、铁路、轻轨交通性景观以及航空交通性景观等（图 1-2-3）。

图 1-2-2 珍珠港亚利桑那纪念馆　　图 1-2-3 城市立交桥景观

商业区景观：指商业建筑或以商业功能为主的建筑单体以及群体的外部空间景观，主要包括各类商业建筑单体外环境、商业综合体、商业街区、商业园区等以商业功能为主的景观。这类景观功能一般较为综合，通常以商业功能为主，另外辅以休闲、游憩、餐饮、娱乐等功能（图 1-2-4）。

商务区景观：商务区是指城市中金融、贸易、信息等商务办公建筑较为集中的区域，一般为了便于现代商务活动，会融合商业、酒店、公寓、会展、文化娱乐等配套功能，并具备完善的市政交通与通信条件。在公认的国际性城市中，通常都会形成中央商务区（CBD）景观（图 1-2-5）。

图 1-2-4 城市商业区景观

图 1-2-5 城市商务区景观

除了上述几种性质的城市景观类型外，常见的还包括：居住类景观、游憩类景观、文教类景观、工业类景观等。

（3）按人际关系分类

公共性景观：一般指尺度较大，开放性强，人们可以自由出入，周边有较完善的服务设施的空间，人们可以在其中进行各种休闲和娱乐活动，因此又被形象地称为“城市的会客厅”。

半公共性景观：有空间领域感，对空间的使用有一定的限定。

半私密性景观：领域感更强，尺度相对较小，围合感较强，人在其中对空间有部分的控制和支配能力。

私密性景观：个体领域感最强，对外开放性最小，一般多是围合感强、尺度小的景观空间，有时是专门为特定人群服务的空间环境。

（4）按日常功能分类

这种分类方式与我们的日常生活关系密切，满足基本的城市活动功能要求，主要包括城市居民居住、休闲、购物的各种景观场所，例如：居住区景观、校园景观、商业街区景观、城市公园、滨水区景观等。

1.2.3.2 基本构成

城市景观设计是一个整体、统筹的过程，虽然其外在表现是城市空间与物质实体，但是不能仅仅对某一方面或者从某一角度进行，整个过程中涉及到各种景观要素，包括显性要素和隐性要素。显性要素也就是实体要素，是客观存在的，主要指场地中的地形、水体、植被、道路、铺装、建筑物以及景观设施等，其中又可分为人工的和自然的，这些要素相对独立又共同作用于环境空间，设计要使人工建造物与自然环境产生呼应关系、和谐共存，这些都是以其最终形式展现的，但这绝对不是城市景观的全部，还有些构成要素是不可见的。相对于实体要素来说，设计过程还涉及对传统文化、地域风俗、人文历史等非实体要素的考虑，这些因素决定了城市景观的文化内涵和社会价值，属于隐性要素。城市景观设计是对各种要素的协调规划、整合处理，使要素之间有机统一；既要合理美观地设计实体空间，也要能反映社会伦理、道德和价值观念的意识形态，力求营造出高质量的城市景观空间。

本书将城市景观的基本构成要素分为自然景观要素、人工景观要素和人文景观要素三大类，将在本书第四章中加以详细分析和阐述。

1.3 城市景观的影响因素

1.3.1 物质层面因素

对于城市景观产生影响的纯物质层面的因素，主要来源于城市景观的生态学层面。生态就是指一切生物的生存状态，以及生物相互之间、生物与环境之间环环相扣的关系。景观是地球表层自然的、生物的和智能的因素相互作用形成的复合生态系统，要保持其动态可持续发展，设计中就要考虑其生态性的要求。因此，构成城市景观生态系统的土壤、水文、植被、气候、光照等因素所形成的生物生存环境以及它们之间的动态关系，都会对城市的空间结构、景观格局、场地设计等物质层面的形态表征产生不同的影响，在进行城市景观设计时要充分考虑场地中的各种生态要素，用生态学的观点来衡量评价景观设计结果。

1.3.2 精神层面因素

城市景观具有精神层面的美学功能，但除此之外，其他几个方面的特征属性也不容忽视。一是城市景观具有明确的功利性：城市是社会活动的载体，生活居住的场所的基本功能是不会退化的，这决定了城市景观并非以单纯的审美为根本目的；二是与生活关系的密切性及富于变化的动态性：城市景观是社会生活的反映，是最富于变化的、动态的艺术，它会随着科技、社会的发展而不断更新；三是城市景观具有“场所”意义：由于与其所在的特有的地理文化特征相联系，置于不同的地点，城市景观的体验也是截然不同的，这种地点的限制也决定了城市景观实践的唯一性。

总的来说，城市景观精神层面的影响因素主要来自于美学、心理学、历史文化三个方面。

（1）美学因素

由于现代社会物质、功利、技术等对景观创造的影响日益增强，人们对于原始的美的感觉，对情感的交流曾一度越来越忽视；同时，自从城市景观产生以来，一直存在着主观审美标准的差异。每个人对于美的认知不尽相同，这就要求城市景观的美学特征带有很强的普遍意义。因此在景观美学研究中，社会群体共有的审美认知和习惯往往比个体的审美差异更为重要。“同型论”和“积淀说”的结合解释了审美体验的差异及变异性表现，能解释不同时期对同一审美对象所产生的不同认识与体验，以及个体的不同年龄阶段的审美差异。同时，“形式美”法则追求的多样的有机统一对于城市景观艺术来说，也是一个重要的出发点。

其次，对于美的认知除了因人而异之外，还表现出很强的地域性特点。人们所处的地域环境不同，在传统文化气质、风俗习惯、生活方式等方面也会有很大差别，使得审美标准大相径庭，所以对于景观美学的研究也要考虑其地域性特点。可见，在城市景观设计中对于视觉美学方面的考虑不能简单化、同一化，应该充分顾及到景观美学的复杂性因素，因地制宜，因时制宜，做到恰到好处。

城市的美表现了人类深刻的感情，是一种超脱物质的爱，最高层次的“美”是城市的鲜明特色及深厚文化内涵赋予人们的“家”的感觉。

（2）心理学因素

在心理学方面，城市景观更多地借鉴了格式塔心理学的内容，该理论主张研究直接经验（即意识）和行为，强调经验和行为的整体性，认为整体不等于并且大于部分之和，主张以整体的动力结构观来研究心理现象。著名的格式塔心理学家考夫卡认为，“世界是心物的，经验世界与物理世界不一样。观察者知觉现实的观念称为心理场，被知觉的现实称为物理场，两者并不存在一一对应关系，而人类的心理活动却是两者结合的心物场。当同一空间被不同的人或人群感受，产生的体验通常存在着明显的不同，这便是通常所说的心理空间”。不同的人面对相同的环境时，其心理和行为反映都是不同的，所以要充分研究城市景观环境中的使用者，考虑普遍的行为心理及其差异性，使设计更加具有针对性，不能僵硬地套用某一模式。不同的景观类型所面对的使用群体是不同的，有些景观类型的使用群体相对比较固定，比如一些专属性的环境空间，这些群体一般具有较相似的生活方式和行为习惯，在设计时就要针对此类人群进行分析。有些景观类型面对的使用人群比较复杂、变动较大，设计时要充分考虑普遍意义上的人的行为心理，以适应复杂多元化的需求。

此外，环境心理学对城市景观设计活动也具有指导作用。城市景观设计很大程度上是人类自我认识的过程，人类一直在思考自身与外界环境的关系，不断利用和改造环境；相应地，外在环境也制约着人的行为，影响着人的意识形态。作为体验者在不断受到外界环境的影响，最终形成一系列活动的固定模式去适应空间环境，这两个方面是互动、互补的，在同一过程中发生。作为主体的人和作为客体的外界环境之间有着不可分割的联系，在对外界环境进行改造时，人的行为心理特点是一个重要影响因素。研究人的行为心理和外界环境之间的相互关系是环境心理学的基本任务。环境心理学是研究环境与人的心理和行为之间关系的一个应用社会心理学领域，又称人类生态学或生态心理学。这里所说的环境虽然也包括社会环境，但主要是指物理环境，包括噪声、拥挤、空气质量、温度、建筑、个人空间等。环境心理学主要研究这些物理要素对于人的影响以及人对不同要素的反应。例如霍尔的“空间关系学”，他把人际交往的距离划分为4种：亲密距离、个人距离、社会距离和公众距离，认为空间距离好像一种无声的语言影响着人的行为，违反这些空间规则，往往会引起人们的不适宜之感。环境心理学还提出人对“复杂性”的偏爱，揭示出人对复杂的事物更感兴趣，进而提出复杂刺激可能具有三种不同的组织状况。例如多种刺激随机混合的无组织的复杂性；

以一种刺激为主的有组织复杂性；以及前两者混合出现的协同复杂性。可以说，复杂的环境与感知者的相互关系构成了复杂的环境体验。环境心理学使城市景观设计更多地关注人的存在，充分体现设计中的人文关怀，但仍要认识到人的行为心理存在很大的差异性，这是由人的不同文化传统、生活经历、知识结构等因素影响所致。

(3) 历史文化因素

城市与时间密不可分，在历史的进程中始终处于演化之中。同时，城市景观也随着这种推移而不断演化，所以，城市景观是没有时间限制的，没有终极状态的艺术。

城市景观一方面与自然地理环境紧密地结合在一起，另一方面不同时期的景观作品反映了特定时期的政治、经济、文化特征，作为"人化的自然"成为值得珍惜和保护的"历史遗产"，并形成了城市景观的基本特征。北京的故宫、罗马的斗兽场、巴黎的卢浮宫享誉世界；华盛顿的中心绿地、威尼斯的圣马可广场令世人向往。不仅仅是这些空间实体，城市中那些具有历史感的场所也是形成城市景观特色的重要因素，比如上海的南京路、天津的劝业场、南京的夫子庙等。除了那些历史悠久的古城以外，一些发展时间不长的近代城市也有鲜明的景观特色，比如"购物天堂"香港、"赌城"拉斯维加斯等。这些经由历史途径产生的城市景观受到了重视与保护，使得城市景观具备了生存的传统与发展的基础，而不是"无源之水、无本之木"。当然，鉴于文化上的原因，不同的历史时期、不同的国家民族、不同的人群个体对城市景观的认识是有差异的，甚至有根本性的区别，这是由于不同的社会"期待视野"导致的。不同历史时期的接受者，由于接受意识的变化对作品会做出不同的接受选择；而不同的地区、民族的接受者对作品也会有不同的接受选择。另外，对历史性景观的普遍认同还有一个更为深刻的原因，这就是由内容到形式不断积淀的后果。在漫长的历史过程中，原本具有明确实用目的的用途逐渐淡化、转化甚至消失，而体现人类本质力量的美感逐渐凸显出来。

1.4 城市景观的发展演变

城市的产生是一个过程，它是随着人类文明的发展而逐渐出现的。随着原始社会生产力水平的提高以及农业生产方式的产生，人们开始在一定区域内稳定居住，形成了早期人类聚居点，这些聚居点往往成为早期城市的雏形。城市的最终形成，主要有以下几个推动因素：

首先，社会阶级分化，出现了高于平民的贵族、首领，而这些人又是神灵的代言人，因此，众人心甘情愿地为他们修筑城堡。城堡内丰富的物资和至高无上的权力，使城堡成为战争所要争夺的目标。在战争中，一些城堡统辖范围随之扩大，终于演变成为城市，首领变成国王。"在从分散的村落经济向高度组织化的城市经济进化过程中，最重要的参变因素是国王，或者说是王权制度"。

其次，商品交换和商业的出现，集市的形成和发展，对城市的产生起着至关重要的作用。

同时，宗教的推动力是城市产生的又一决定性因素。

由以上几个城市产生的推动因素可以看出，早期的城市景观主要集中在以下几个方面：国王、贵族等统治阶级的宫殿及其附属的园林，普通市民的私人住宅及庭园；城市的公共景观空间主要是围绕着集市形成的；除此之外，墓地、圣祠、神坛等与宗教相关的场所也成为早期城市的重要景观场所。

东西方的文明起源不同，因此其城市发展过程及城市景观的演变也有较大差异。人类五千多年的文明史中，在亚洲、美洲和欧洲都产生过著名的古代文明。然而，最终古埃及文明、古巴比伦文明、古印度文明、古雅玛文明都相继消失，只有两支古文明有幸生存了下来，即西方的古希腊文明和东方的古华夏文明。

1.4.1 西方城市景观的产生及发展简述

古希腊被认为是西方文明的源头，古希腊文明源自克里特岛的米诺斯文明，之后又经过了迈锡尼文明等不同时期的发展，最终成为影响欧洲文化艺术、城市景观发展的主流文化。但是，早期的古希腊文明曾受到古埃及和巴比伦文明的强烈影响，所以从某种程度说，西方文明的最终源头可以追溯至东方的古埃及和古巴比伦文明。

古埃及文明是依靠农业发展起来的，在自然条件较为恶劣的环境中，埃及人逐渐掌握了种植技术，并以此发展了实用性园林，利用灌溉技术营造了城市园林景观，创造出相对舒适的生活环境。在埃及人营造的城市景观中，以法老宫苑、墓园、神庙圣林、住宅庭园、农家种植园为主（图 1-4-1、图 1-4-2）。虽然造园理念和手法较为单一，但是与当时的自然条件、社会发展状况、宗教思想相适应的，同时也反映着埃及人的审美观和宇宙观。埃及人对水的依赖和绿洲的渴望，造就出园林中两大景观要素——水池和行列树。其他造园要素诸如：雕像、凉亭、柱廊、园墙、塔门、人工河、棚架、绿篱、花木等，也得到广泛应用。在平面总体规划上，古埃及采用的对称布局主要是受到了数学和测量学的影响，由此形成的均衡稳定的视觉感受，也符合当时的社会等级制度。埃及人还善于处理地形层次，利用台地创造特殊的视觉角度和景观高差，丰富几何形态的层次，人们游走其中能够获得多变的视觉效果。特别是典型的神庙地形规划，仍然为现代景观设计所效仿。埃及人在造园时，重视将人造景观与自然景观融为一体的思想，对于景观设计的发展起到了重要的作用。古埃及园林景观留给后人的不仅仅是金字塔神庙的宏伟，还有与自然抗争的精神和创造生存环境的理性主义思想。

图 1-4-1 卡纳克阿蒙神庙复原图

古代西亚产生的文明几乎与古埃及同步，类似的地理环境使得美索不达米亚及周边地区与埃及的艺术有着长达 25 个世纪的相似性，在园林景观方面也存在着鲜明的共同点，如几何学的应用所产生的园景规划，以及场地分层、分块的同时明确定位对称轴；在建筑方面则

图 1-4-2　哈特谢普苏特陵庙

追求越来越宏大的体积和强劲的形态等，追求永恒性的体积效果和线的简洁形式被用到了极致。古代西亚的城市景观主要起源于两个阶段，即美索不达米亚的古巴比伦和波斯帝国。

古巴比伦所处的两河流域气候温和，有着充沛的雨量和很多茂密的森林。渔、猎是这个地区的生活特点，因此出现了一些把天然森林改造成以娱乐为主要目的的猎苑。在造景方面，由于两河流域多为冲积平原，人们十分渴望登高远望的视觉体验和靠近神明的心理感觉，因此热衷于堆叠土山和建塔。猎苑内常造土山，还建有神殿、祭坛等。茂密的森林孕育了两河流域的古代文化，因此，古巴比伦的神庙周围常常建有圣林景观，树木成行的阵列式种植，严整划一的景观特色同样能够产生森严的神圣气氛，反映出当时的人们的文化心态和美学观，并长期主导着圣苑景观的营造。古巴比伦的“空中花园”是宫苑和花园的结合，在园林景观的设计史上是一项创举——第一次成功地将建筑与园林合而为一（图 1-4-3）。

波斯建立于靠近苏美尔的伊朗高原上，气候条件比两河流域更炎热、干燥，在波斯帝国的统治下，各种各样的民俗、宗教和文化混杂，经过不断的融合共同形成了波斯风格的园林景观，特别是波斯的宫苑，形成了由宏伟的大门、对称的双折阶梯、多柱的大殿和宽敞的前庭组成的人造景观体系（图 1-4-4）。

图 1-4-3　绘画作品中的古巴比伦空中花园

图 1-4-4　波斯波利斯宫遗址

古希腊的造园艺术受到了古埃及和古巴比伦，尤其是波斯艺术的影响，发展形成平面规整的柱廊园，城市中还出现了供公共活动游览的园林以及圣地建筑群景观。随后，西方的古代城市景观经历了古罗马、中世纪、文艺复兴、巴洛克等不同时期的发展。

随着西方工业革命对城市化进程的推动，城市景观进入到近现代的发展阶段。城市人口的增长以及城市规模的扩大使环境迅速恶化，人类与自然环境的相互平衡问题引起人们的注意。1850年，美国建筑师Frederick Law Olmsted首创了“景观设计师”（landscape architect）一词，开创了Landscape Architecture学科（国内称为风景园林学），担负起维护和重构城市景观的使命，扩大了传统园林学的范围，从庭院设计扩大到城市公园、绿地、户外空间系统、自然保护区、大地景观和区域范围的景观规划。西方近现代城市景观历经了城市公园运动、现代主义景观设计思潮的影响，在20世纪60年代以后，随着后现代运动的兴起，城市景观的发展逐步摆脱了现代主义机械论的影响，开始走上多元化发展的轨道。这一发展过程将在本书的第二章和第三章中有较为详细的解析与阐述。

1.4.2 我国城市景观的产生及现状

中国是世界上最著名的文明古国，也是世界上最早的城市发源地之一。关于中国古代城市产生的年代，学术界众说纷纭，有的专家认为具有真正意义的城市是形成于西周，也有的专家认为早在夏代就已经有了早期的城市。

公元前21世纪左右，第一个广域王权国家——夏王朝在中原地区崛起，中国历史进入了王朝文明时期。文献资料和考古资料表明，夏文化的中心分布区大体在洛阳盆地和晋南平原一带，而以洛阳、郑州、安阳为中心的伊洛平原和华北平原的中西部则是商文化的中心区，西周文化的中心区则更为广大，西起关中平原的“宗周”，东至河、洛地带“成周”，东西长达千里以上。在这一区域内，目前所发现的夏商西周王朝的都城址有河南偃师二里头遗址、偃师商城、郑州商城、安阳殷墟、陕西岐山和扶风境内的周原遗址、长安丰镐遗址和河南洛阳洛邑遗址等。经考古学现象分析，认为三代城市文明的本质特征是：第一，在考古学上表现为大型夯土建筑基址的宫殿宗庙遗存，是中国早期城市（都邑）的最核心的内涵，因而成为判别城市与否的决定性标志物。大型夯土台基的出现既是人们居住生活史上的一次大的革命，也昭示着文明时代的到来。而夏商周王朝都城中大型夯土建筑基址（宫殿宗庙遗存）的存在是三代王朝国家及其权力中心的都城本质特征的反映；第二，城市总体布局较为松散和缺乏统一规划，与城乡分化初期城市经济结构上农业尚占很大比重和政治结构上还保留着氏族宗族组织有密切关系；第三，中国古代城市严格的城郭制度尚未最后形成，城垣并非构成夏商西周三代都邑的必要条件，三代都邑城垣的基本功能仍是“卫君”，而非“守民”，这是由其国家与城市的性质决定的。

西周时期，由于社会生产的发展和人口的增多，手工业与商业有了较快的发展。随着统治集团地域的扩大和社会经济的不断发展，统治者为使其生活更为便利和舒适以及增强都城的防卫能力，在最初仅建有宫殿或衙署等政治、军事性建筑的城里，允许设“市”贸易，进而手工业作坊等也不断随之出现并增多，逐渐形成了前朝后市的格局。“城”内部“市”的建立以及“市”外部“城”的修筑，使得最初各自独立的城与市渐趋融合，缓慢地发展为统一的、有机的复合体城市。这样的有机整体性的城市，其职能、成分和基本特征等都已大大复杂化、多样化。这种具有复合性的一体化城市的产生，它不仅成为国家或地区的政治、经济和文化的相对中心，而且还是行政、生产、文化、居住和交通等系统的统一体，同时还是人们在生产和生活方面利用和改造自然的一个有机环境。

在城市总体空间格局方面，自西周的“匠人营国，方九里，旁三门。国中九经九纬，经涂九轨。左祖右社，前朝后市，市朝一夫”传统营国制度以来，随着儒家思想影响的扩大与加深，服务于帝王统治的“礼制”伦理规范始终是社会意识的主流，对我国古代各时期的城市总体格局，尤其是都城形态的特征影响尤为深远。凡是强化集权和专制统治的帝王，在其都城的城市空间格局上看来，都能找到体现礼制伦理思想概念的城市形态和元素，历代帝王不遗余力地通过都城的营建形成的物质空间形态，向他的臣民证明“天授君权”的合理性：①运用象天法地，在都城形态的总体空间布局上体现天大地大的主题；②通过祭天礼仪与环绕都城的祭坛而自我定义出皇帝权力的特质；③气势恢弘的宫殿是各种大典举行的地方；④祖庙和皇陵是其合法继承天授神权的标志证明；⑤各种道观和寺庙，已被儒学思想本土化，强化臣民相信礼制的伦理思想；⑥皇家苑囿和士大夫私家园林，营建缩微天下的景观，对话自然。

在园林景观方面，最早见于史籍的是公元前11世纪西周的灵囿，秦汉时期又发展为宫室园林“建筑宫苑”，魏晋南北朝出现了自然山水园，唐宋时发展出写意山水园，至明代已有专业的园林匠师。明代造园家主张“相地合宜、构图得体”，“虽由人作，宛自天开”，这些原则至今仍是中国传统造园的重要准则。这种传统造园的自然主义倾向与中国传统风水学所倡导的“屈曲生动，协和有情”的美学观念是一脉相承的。

中国古代城市景观的演变过程详见本书第2章2.2小节。

我国城市景观在现代的发展可以大致分为两个阶段，以20世纪50年代为界来划分，第一阶段是50年代以前，第二阶段是50年代以后。第一阶段的特点是单纯重视城市形体空间的设计，单纯追求城市的视觉美和构造城市的客体形象，忽视了城市主体的经验和感受，陷入了一种逻辑与抽象的境地。城市景观被机械的生成，城市形象简单乏味，毫无个性。第二阶段树立了“以人为本”的设计理论基础，从设计的内容到实质都发生了根本的改变；城市不再被仅仅作为一个物质空间，而是具有场所精神，城市景观的实践是建立在人们对城市的认知和感知的基础上，更关注人的需要，在不断挖掘城市历史文化的过程中彰显城市形象。这两个阶段的发展体现了我国城市景观从单一到多元的趋势。城市景观的思想理念发生了根本的变化，在满足人的多元需求基础上注重整体而系统的、具有历史文化内涵的城市景观塑造。

随着新世纪的来临，人们更加重视城市中自然与文化的关系问题，“人居环境的可持续发展”是这一理性思索的结果，也是人类城市面临的重大发展主题。城市景观设计是一门极为综合的艺术，人类所创造的城市环境是人类抽象观念在自然界中的具体体现，这一切正以历史上从来没有构想过的尺度和规模，推动着城市景观的发展。

第2章

中西方古代城市景观的发展与变迁

城市景观代表着城市整体的精神与风貌，体现了城市全方位、全局性的形象。在西方古代城市建设发展史上，在城市景观的理论研究和实践方面，表现最为丰富、系统的是欧洲19世纪末以前的城市发展过程，古希腊、古罗马、欧洲中世纪、文艺复兴和巴洛克时期是其间最具有代表性的几个阶段，不仅在城市空间设计上呈现出鲜明的特色，对近现代城市设计理论的产生、发展与应用也具有深远的影响。

2.1 西方古代城市景观的发展过程

欧洲文明起源于古希腊的爱琴文明，发祥于克里特岛，也是人类文明最重要的源头之一。因此，本小节以古希腊时期的城市景观作为古代西方城市景观发展史的开端。

2.1.1 古希腊时期的城市景观

2.1.1.1 古希腊的发展简史

古希腊位于欧洲南部，地中海的东北部，包括今巴尔干半岛南部、小亚细亚半岛西岸和爱琴海中的许多小岛（图 2-1-1）。古希腊被视为西方历史的开源、西方文明的奠基，尤其在

图 2-1-1　古代希腊疆域示意图

公元前5～6世纪期间，其经济生活高度繁荣，产生了光辉灿烂的希腊文化，对后世有着深远的影响。古希腊人在哲学思想、历史、建筑、文学、戏剧、雕塑等诸多方面有很深的造诣。这一文明遗产在古希腊灭亡后，被古罗马人破坏性地延续下去，从而成为整个西方文明的精神源泉。然而对于古希腊时期的开始，历史学家们的观点是不一致的。一些学者认为应该将克里特岛的米诺斯文明和希腊大陆的迈锡尼文明包含入内，可以追溯到公元前2000年、甚至更早，而另一些学者则认为这些文明与更晚的古典希腊文明之间的差异过大，应另作划分。

公元前3000年代初期，希腊爱琴地区进入早期青铜时代；公元前2000年代则为中、晚期青铜时代，先在克里特、后在希腊半岛出现了最早的文明和国家，统称爱琴文明。自此，古代希腊的历史大致分为五个阶段：①爱琴文明或克里特、迈锡尼文明时代（公元前20～12世纪）；②荷马时代（公元前11～9世纪）；③古风时代（公元前8～6世纪）；④古典时代（公元前5～4世纪中期）；⑤希腊化时代（公元前4世纪晚期～公元前34年）。公元前8世纪以前的时期可归入到早期文明阶段，进入公元前8世纪，希腊城邦逐渐发展起来，古希腊城市的发展达到了一个新的阶段。本书从城市建设的视角，主要简述公元前8世纪～公元前146年（约650年）的古希腊城市景观特点。

2.1.1.2 古希腊的城邦精神

希腊语“Polis”，译为城邦，有城市国家之意，通常是以城或市镇为中心，结合周边农村形成的经济政治共同体，一城一邦、独立自治，故称希腊城邦，它一般是指一座自治城市，但也可能由多座城市组成。这些城市在公元前8～6世纪摆脱了各自的王权统治，逐渐发展成为城邦，到了古典时期，整个希腊估计有500到700个城邦。城邦的居民数量现在难以查考，可多达几万人、甚至10万人的规模。经过长期的斗争，希腊城邦初期的王权为贵族政治所取代，而到了公元前6世纪末，政治权利回到了城邦公民手中。城邦的社会政治意义要大于地域概念，因为城市和农村并没有明确的界定，城市人口和农业人口在那个时代并没有明确的区别。

希腊城邦的社会基础是公民，即自由民阶级的所有成员，公民大多来自于贫穷的农民、牧民与外来的手工业者，相对贫穷的生活与对自由生活的向往造就了古希腊人的独立意识以及闲适优雅的生活态度。希腊城邦即使在最繁荣的时代也没有十分丰富的物质产品，但古希腊人却拥有充足的时间和自由，能够充分地进行精神交流、进行思考和追求审美享受，因此不仅在戏剧、诗歌、建筑、雕刻、绘画、逻辑学和哲学等方面涌现出许多杰出的思想和人物，同时它的城市社会生活也空前的充满活力，富于美学表现和理性价值。

古希腊信奉多神教，强调神、人“同形同性”。在崇拜神的同时，承认人的伟大与崇高，相信人的智慧和力量，重视人的现实生活。因此希腊的神被视为各行各业的守护神，是人类精神的化身，对神的崇拜实质上是对人类本身的自我崇拜。在这种背景下，纪念性的神庙建筑群迅速发展起来，成为城邦公民礼仪活动的场所和公共活动的中心。神庙建筑群与自然环境高度协调，不追求整体对称式布局，而是利用各种复杂的地形，构成错落多变、层次丰富的建筑景观，并由殿堂统率全局，既考虑到建筑群体的整体形象，又考虑到建筑群内部不同位置的观赏效果，充分反映了平民文化的人本主义特征。

2.1.1.3 城市空间形态

古希腊时期的城市一般规模小而且分散，城墙与街道都依地势而筑，由于信奉多神教和实行城邦共和制，用于召开公民大会的广场（位于交通便利的平地上）与神庙（一般位于高台上）共同构成了城市的中心。广场具备政治、法庭、宗教仪式和集市等多重用途，并围绕广场建有一系列公共建筑，广场的平面形状不规则，周边建筑缺少统一规划。古希腊的城市建设已经能明显地看出，将居民私人和城市公共用地及建筑分离的思想，而广场和公共建筑大部分都是位于街道交叉处的空旷地带。

早期的古希腊城市大多自发形成，自由发展，城市路网、广场空间、街道形状依据地形布局，没有统一规则的模式，在这些城市自由的发展中，古希腊城市中神的发展、自然的发展以及人的发展均得到了充分的体现，并且相互交融，体现了一种全新的城市生活氛围（图 2-1-2）。

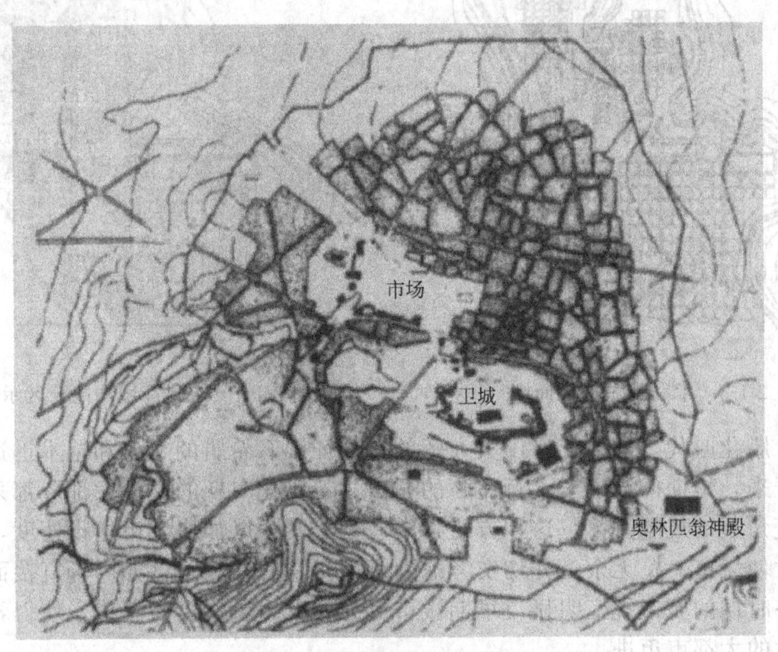

图 2-1-2　古希腊城市总平面图

然而，受社会发展的制约，这样的城市模式并没有得到持续发展，贵族寡头政治和并不充分的民主严重地阻碍了古希腊城邦社会生活进一步向前发展，统治者试图将城市引向绝对的理性和强制的秩序。希波战争后，在米利都城的重建中，古希腊建筑师希波丹姆的城市规划便体现了这一倾向。米利都城采用了一种几何形状的、以方格网为骨架、以城市广场为中心的城市结构形式（图 2-1-3）。其典型平面为两条垂直大街从城市中心通过，中心大街的两侧布置城市中心广场、公共建筑区、宗教区和商业区，城市居民则用更密集的方格网划分为许多整齐的街坊（图 2-1-4）。

这种更加几何化、程序化的城市设计形式，一方面满足了希波战争后大规模殖民城市更迅速和简便化的城市建设要求，同时，也确立了一种新的城市秩序和城市理想，满足了城市中富裕阶层对典雅生活的追求。方格状的规划使城市街道系统可以开始独立存在，从而可以根据交通组织的需要对其进行调整和拓宽，进而为城市轴线的产生奠定了基础。同时，宽度一致的街道和尺度相同的城区街坊产生了方整规则的矩形广场，广场两侧排列着整齐的柱廊或拱廊，长长的大街和绵延不断的柱廊所带来的秩序感和视觉连贯性增进了城市的典雅和舒适，也更加符合古希腊数学和美学的原则。希波丹姆在空间设计上追求几何形体的和谐、秩序和不对称的均衡，寻求几何图像与数字之间的和谐与秩序的美。由此，希波丹姆模式成为一种城市规划的主要典范，而希波丹姆也被冠以“城市规划之父”之名。然而从城市社会生活的角度看，希波丹姆模式使城市从灵活走向了呆板，给城市活力及城市的进一步发展带来了一定影响，也为城市专制主义创造了条件。

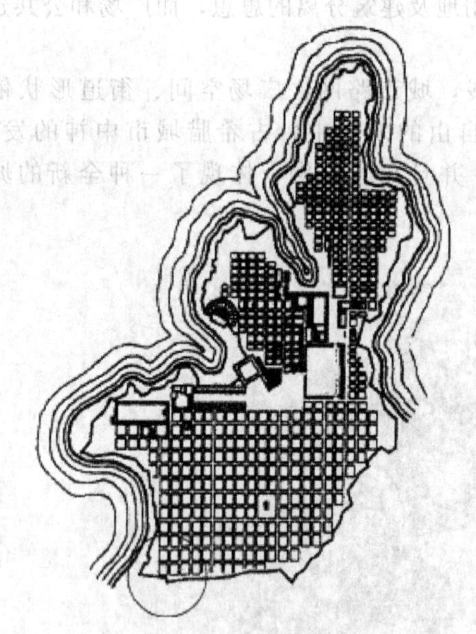

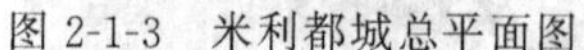

图 2-1-3 米利都城总平面图

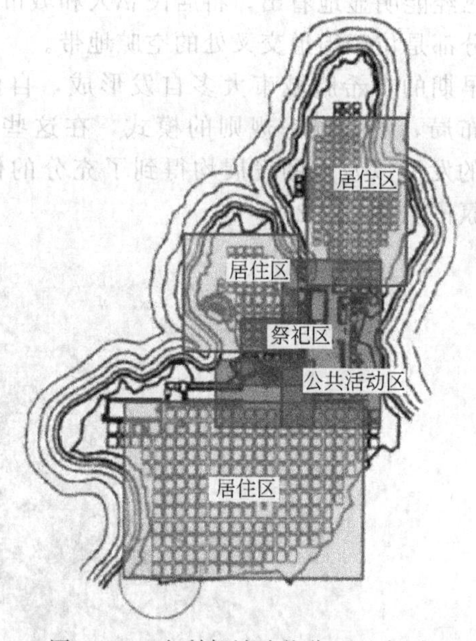

图 2-1-4 米利都城功能分区示意图

发展到希腊化时代，随着亚历山大大帝的对外征服，希腊的文化和艺术迅速从希腊向周边地区扩展开来，短期内兴建了上百座新的城市。希腊化时期的城市大部分都采用的是古典希腊时期的直角型的规划方案。这种方格状的规划方案可以加快城市建设速度，也便于城市的扩建，同时使城市一览无余，并切实考虑到市场交易的便利，譬如广场直接面对海港和交通要道。这一时期的城市规模明显较早期城市更为宏大，风格更为奢华，使得希腊城邦开始向希腊化时代的大都市迈进。

希腊化时期城市的典型特征主要有以下几个方面：①在地形允许的条件下，新城规划一般都采用规则的直角和方形，即方格网状；②城市路网开始根据其功能划分等级，主干道路通过自身道路宽度以及柱廊凸显在城市空间格局中的骨架地位；③道路规划开始注意轴线关系，并考虑到山、水等自然景观的作用；④建筑呈现有组织的布置，公共建筑成组依次布置，并保持一致性；⑤公共广场和街道的交叉口之间的空间关系有特别的设计处理；⑥城市空间关系通过艺术雕塑、柱廊和喷泉得以体现；⑦建筑中引入花园和植物等自然景观要素；⑧通过运用阶梯、坡道、平台和喷泉等具有三维体量的景观元素来打破直线型路网的单调性。

2.1.1.4 城市主要公共空间

在古希腊城邦中，城市用地主要包括两大类：城邦领域，即公共空间；家庭领域，或称私人空间。公共空间是承载城邦公共活动的重要场所，诸如参与议事会议和法庭陪审，以及参战和体育竞赛等，都需要有一定的公共空间，这些公共空间绝大多数是依托于公共建筑及其外部周边环境形成的。

早期的古希腊城市是在卫城的周围发展形成的。卫城最初是指奴隶主和贵族居住的地方，是城邦的政治军事与宗教中心，是建于高处的神圣之所。一般卫城内部建有宫殿、神庙、粮库、卫兵住所与水源等，卫城建筑群不考虑与周围环境的协调关系，主要以防御为目的，属于专政时期的产物。每座古希腊城邦都拥有自己专属的卫城，均建于城邦的最高点，战时则发挥堡垒作用，成为居高临下的作战指挥中心。前城邦时代的卫城及其附属的圣室或圣殿等宗教建筑主要为王室成员所用，并不向公众开放，因此不是严格意义上的公共建筑。随着迈锡尼文明的结束，王室和贵族的府邸搬离卫城，遗留的祭坛和圣殿等逐渐发展为城邦的宗教性公共建筑。

古希腊是个泛神论国家，人们把每个城邦、每个自然现象都认为是受着一位神灵支配的，因此希腊人为祀奉各种神灵建造神庙，神庙成为了古希腊崇拜的圣地。圣地的宗教含义是“献给神的和专供神使用的一块土地”，或“神庙的围地和境域”，亦即是一块与不圣洁物相隔绝、专门划分出来供奉给神或英雄的土地。从狭义上说，圣地主要指神庙和祭坛等宗教祭仪活动的场所。随着古希腊城邦经济的不断发展，圣地也不再仅仅是宗教活动中心，后来也成为城邦公民社会活动和商业活动的场所，围绕圣地又建起竞技场、会堂旅舍等公共建筑，从而形成了圣地建筑群。雅典卫城是古希腊最具代表性的圣地建筑群。

雅典卫城始建于公元前 8 世纪，它位于雅典西南部一座 150 多米高、孤立的石灰岩山顶的台地上。台地西低东高，四面悬崖峭壁，原本是战争时期坚固的要塞，公元前 480 年，在当时希腊最有名的雕塑家费迪亚斯领导下重建，从此成为雅典人膜拜、崇尚诸神，尤其是雅典城的守护女神雅典娜的宗教圣地。在雅典卫城的建设中，建筑布局形式并不是事先在图纸上规划设计出来的，而是经过长期的实地步行观察得到的结果，整个布局都是按照祭神仪式的过程而设计的。雅典卫城总体布局自由，顺应地势安排，因考虑到从山下四周仰望卫城的良好景观，建筑物基本沿周边布置，建筑群布局自由，高低错落，主次分明（图 2-1-5）。山上各种建筑贴边而立，柱廊朝外。因考虑到在卫城内外的实际观赏效果，它们相互之间既不平行也不对称，而是利用地形把最好的角度朝向人们。因为卫城的设计与布局不是按平行或直角关系布置建筑，而是相互各成一定角度，从而创造了变化极为丰富的景观和透视效果，无论是身处其间还是从城下仰望，都可看到完整而丰富的艺术形象（图 2-1-6）。朝圣行列中的每一个人无论在山上山下，或无论在前在后都能够观赏到不断变化的绚丽的建筑景象。雅典卫城在西方建筑中被誉为建筑群体组合艺术的成功实例，达到了古希腊圣地建筑群、庙宇、柱式和雕刻的最高水平（图 2-1-7）。

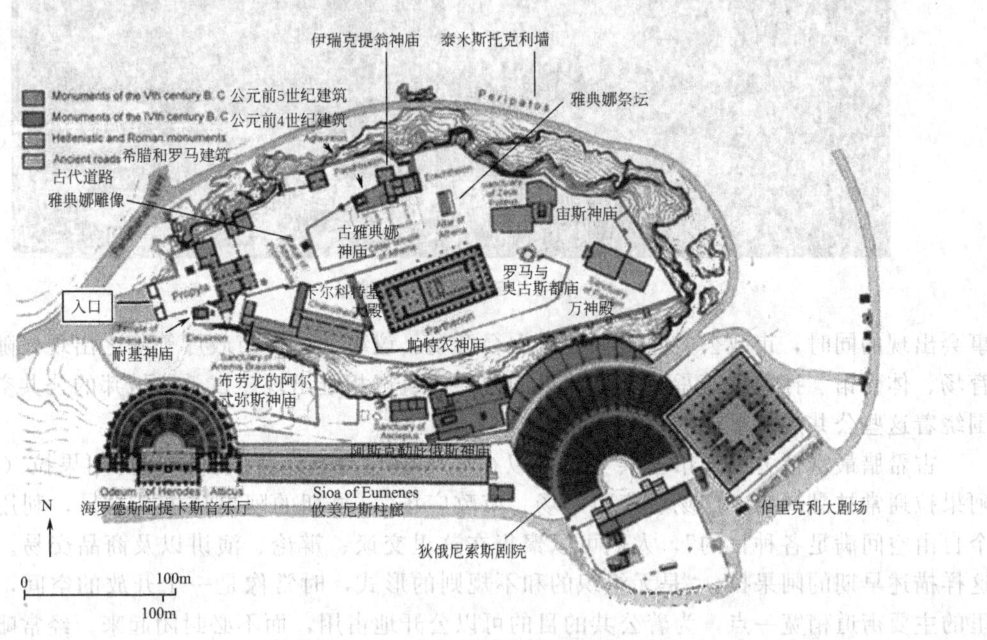

图 2-1-5 雅典卫城总平面图

古希腊公共建筑的出现同城邦的兴起基本同步。大约在古风时代初期，随着希腊城邦的兴起，公共建筑开始在希腊各地涌现。作为宗教公共建筑的神庙最早出现于公元前 8 世纪，在时间上也同城邦的兴起相吻合。大约在同一时期，在城邦基本的政治机构如公民大会和议

图 2-1-6　雅典卫城模型鸟瞰图

图 2-1-7　雅典卫城遗址

事会出现的同时，市政公共建筑如公民大会会场、议事会厅和市政厅等随之出现。随后，体育场、体育馆、摔跤场等承载文体活动的公共建筑也相继出现。古希腊城邦的公共空间即是围绕着这些公共建筑形成的。

古希腊最富活力的城市公共空间是以神庙为中心的圣地建筑群附近的阿果拉（agora）。阿果拉通常被翻译为“广场、集市广场、市政广场”，早期的阿果拉极其简易，利用“同一个自由空间满足各种目的”，人们可以聚集在这里交谈、辩论、演讲以及商品交易。芒福德这样描述早期的阿果拉：“是无组织的和不规则的形式，时常像是一个开放的空间，比城市里的主要街道稍宽一点，为着公共的目的可以公开地占用，而不必封闭起来。经常毗连的建筑在不规则的柱式周围建造。这里是神殿，那里是英雄的雕塑或喷泉，或者可能是一排排、一组组向路人开放的手工作坊”。随着城邦的不断发展，阿果拉的功能也越来越综合，许多大型的市政建筑物都分列在其周围，从而构成为城邦公共生活的中心区域，它具备很强的政治功能，也是多种公共活动的集中地，包括宗教生活、司法活动、戏剧表演和商业活动；同时，很多哲学家和普通公民也在此相聚，它成为古希腊城邦综合性最强的公共活动空间。发展完备的阿果拉通常为正方形或长方形，包括众多外围建筑，诸如议事会厅、柱廊、纪念雕塑、泉水房、圣殿甚至神庙（图 2-1-8）。阿果拉不仅是古希腊城市公共空间的一种类型，而且也是城市的中心区，是城市世俗生活的核心。

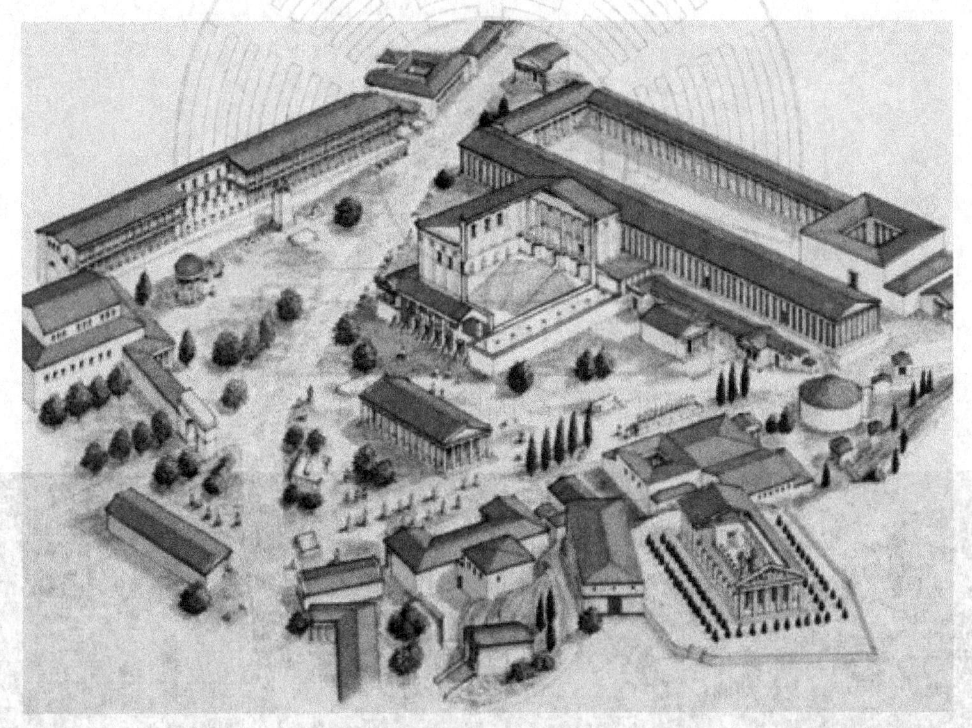

图 2-1-8 雅典集市广场（agora）复原图

总体来说，阿果拉是以市政功能为主的综合性公共空间，古希腊城市的宗教性公共空间则主要是指依托于神庙和祭坛等宗教圣地，以满足城邦宗教事务需求为目的而形成的公共空间。古希腊城邦形成后，由于对城邦守护神的崇拜，古希腊人逐渐将神庙由城邦的边缘移到城邦的中心或最高处。除了一些古老的圣地外，许多城邦还在阿果拉周围建起了神庙，神庙不仅是一种宗教建筑，更是城邦的标志，是国家意识的体现。

娱乐性公共空间主要是指依托于露天剧场、音乐厅、田径场、跑马场和健身房等公共建筑，以满足城邦文体娱乐性活动需求为目的而形成的城市公共空间。古希腊的剧场大约出现于公元前 6 世纪，出于宗教祭祀活动的需要，大多数城邦的宗教圣地都有剧场。剧场一般随山坡或凹地自然倾斜而就势而建，平面多为 D 字形或半圆形，所有的剧场都是开放式的建筑，一般包括三个主要的组成部分：观众区、乐队区和置景屋（图 2-1-9、图 2-1-10）。健身房是男子们的裸身体育锻炼场所，只有男子体育锻炼项目，如跳高、投掷、田径训练以及球类活动等。健身房的大规模建筑出现于公元前 4 世纪晚期，在希腊化时期，健身房是希腊文化的核心组成部分。田径场主要是竞走运动的场地，有时也有其它体育项目。跑马场是战车和马比赛的场地，此项比赛是节日竞技项目中最引人注目的赛事。

由上文可以看出，古希腊城市的公共空间主要是以市政功能、宗教功能和娱乐功能为主，形成了由建筑群围合而成的、具有一定综合性的城市公共空间。

古希腊城市公共空间的最大特点是为城邦公有，向公众开放，是真正意义上的公有和公用空间。公共建筑所承载的公共空间是城邦公共宗教节庆、戏剧演艺、竞技比赛和公民教育

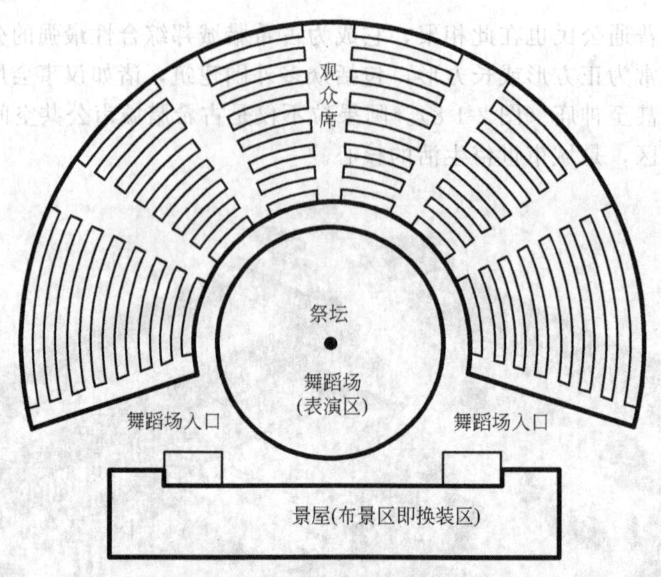

图 2-1-9 古希腊剧场平面示意图

图 2-1-10 古希腊剧场遗址

等公共活动的中心，“权力不再限于王宫之中，而是置于这个公共的中心”。雅典等古希腊城邦强盛的重要因素之一，就是很好地利用了城市公共空间对公民施行文化教化而非军事强化。以城市公共空间为中心的政治、经济和社会文化活动，使人们逐渐获得的是一种集体的认同感和归属感，在潜移默化中培养了公民的自我觉醒意识和爱国情怀。从这个意义上说，基于城市公共空间而迸发出的文化创造力是古希腊城邦对外争霸扩张，维系城邦活力的强大精神支柱。

2.1.1.5 古希腊时期的园林设计

古希腊位于欧洲南部，半岛内全境多山，山峦之间形成一块块平原和谷地。半岛内部交通不便，但是海岸曲折，天然港湾很多，为海上交通提供了良好的条件，海中诸岛的航海事业则更为发达。

古希腊园林与人们的生活紧密结合，不仅仅是单纯的室外活动空间，更被视为是建筑物在室外空间的延续，是属于建筑整体的一部分。由于古希腊建筑多为规则的几何形体，因此园林的布局形式也采用规则式样以求与建筑相协调。不仅如此，基于数学和几何学的发展，以及哲学家们对美的含义的理解，当时的审美主流认为美是有秩序的、有规律的、合乎比例的、协调的整体，只有强调均衡稳定的规则式园林，才能确保美感的产生。正如哲学家、数学家毕达哥拉斯指出的："美就是和谐"，并且探求将美的比例关系加以量化，提出了"黄金分割"理论；亚里士多德则十分强调美的整体性，在他的美学思想中，和谐的概念建立在有机整体的概念上，他认为："一个有生命的东西或是由各部分组成的整体，如果要显得美，就不仅要在各部的安排上表现出一种秩序，而且还需要有一定的体积大小，因为美就在于体积大小和秩序"。由此，比例与尺度的原则，为西方古典主义美学思想打下了坚实的基础。

古希腊园林的类型多种多样，虽然在形式上还处于比较简单的初始阶段，但是仍可以将它们看作是后世某些欧洲园林类型的雏形，并对其发展与成熟具有深远的影响。古希腊文化不仅对古罗马文化产生直接的影响，而且通过古罗马人对欧洲中世纪及文艺复兴时期的意大利文化产生作用。后世的体育公园、校园、寺庙园林等，都留有古希腊园林的痕迹，因此可以说，从古希腊时期开始就奠定了西方规则式园林的基础。

古希腊人信奉多神教，他们曾经编纂了丰富多彩的神话，希腊神话堪称世界神话之最。公元前10世纪的《荷马史诗》中有大量的关于树木、花卉、圣林和花园的描述。在祭祀爱神阿多尼斯的节日中，每户屋顶上都竖起阿多尼斯雕像，周围环以土钵，钵中种的是发了芽的莴苣、茴香、大麦、小麦等植物，这种屋顶花园就称为阿多尼斯花园。此后，以绿色花环围绕雕像的方式逐渐固定下来，节日期间，不但屋顶，地面的花坛中也矗立优美的雕像，这对欧洲园林花坛艺术产生了重要影响。同时，古希腊人因战争、航海等需要，酷爱体育竞技，由此产生了奥林匹克运动会，促进了大型公共园林、体育及娱乐建筑和设施的发展。

古希腊园林由于受到特殊的自然植被条件和人文因素的影响，出现许多艺术风格的园林，主要包括以下几种类型：

（1）宅园——庭园园林

古希腊时代，贵族们的目光关注着海外的黄金和奇珍异物，而对国内的政治权力不甚关心。与此同时，平民甚至奴隶都可以议论朝政，管理国家大事，他们通过个人奋斗可以跻身贵族行列。因此，古希腊没有东方那种等级森严的大型宫苑，王宫与贵族庭园也无显著差别，故统称庭园园林。

《荷马史诗》曾经描述了阿尔卡诺俄斯王宫富丽的景象：宫殿的围墙用整块的青铜铸成，上边有天蓝色的挑檐，柱子饰以白银，门为青铜，门环是黄金制作的；宫殿之后为花园，周围绿篱环绕，下方是整齐的菜圃；园内有两座喷泉，一座喷出的水流入水渠，用以灌溉，另一座流出宫殿汇入水池，供市民饮用。虽然《荷马史诗》出自神话，我们不能完全相信，但至少可以认为古希腊早期庭园具有一定程度的装饰性、观赏性、娱乐性和实用性。据记载，园内植物有油橄榄、苹果、梨、无花果和石榴等果树，还有月桂、桃金娘、牡荆等观赏花木。

公元前5世纪波希战争之后，古希腊高度繁荣，大兴园囿之风，昔日实用、观赏兼具的庭园也开始向纯粹观赏游乐型庭园转化。园林观赏花木逐渐流行，常见有蔷薇、三色堇、荷兰芹、罂粟、百合、番红花、风信子等，还有一些芳香植物也为人喜爱。这一时期的庭园采用四合院式布局，一面为厅，两边为住房，厅前及另一侧常设柱廊，而当中则是中庭。以后逐渐演变成四面环绕柱廊的庭院，被称为中庭式庭园或柱廊园。中庭是家庭生活起居的中心，中庭内是铺装的地面，内有漂亮的雕塑，华美的瓶饰和大理石喷泉等，还种植着各种美丽的花卉。

(2) 圣林——寺庙园林

古希腊庙宇的周围种植着大片树林，它不仅使神庙增添了神圣与神秘之感，也被当作宗教礼拜的主要对象。古希腊人对树木怀有神圣的崇敬心理，相信有主管林木的森林之神，因而把庙宇及其周围的森林统称圣林。最初，圣林内不种果树，只栽植庭荫树，如棕榈、槲树、悬铃木等，后来才以果树装饰神庙。在荷马史诗中也描写过许多圣林，而当时的圣林是把树木作为绿篱围在祭坛的四周，以后发展为苍茫一片的林地景观。如奥林匹亚祭祀场的阿波罗神殿周围有长达 60～100m 宽的空地，据考证就是圣林遗址（图 2-1-11）。在奥林匹亚的宙斯神庙旁的圣林中还设置了小型祭坛、雕像、瓶饰和瓮等，被称为“青铜、大理石雕塑的圣林”。因而，圣林既是祭祀的场所，又是祭奠活动时人们休息、散步、聚会的地方；同时，大片林地也创造了良好的环境，衬托着神庙，增加其神圣的气氛。

图 2-1-11　阿波罗神殿的圣林遗址

(3) 公共园林

① 竞技场——体育公园的前身

由于当时战乱频繁，而且战败国的公民无论贵贱一概沦为奴隶，因此，需要培养一种神圣的捍卫祖国的崇高精神。而打仗又全凭短兵相接，这就要求公民有强壮、矫健的体魄。这些推动了希腊体育运动的发展，运动竞技应运而生。公元前 776 年，在希腊的奥林匹亚举行了第一次运动竞技会，以后每隔四年举行一次，杰出的运动员被誉为民族英雄。因此大大推动了国民中的体育运动热潮，进行体育训练的场地和竞技场也纷纷建立起来。开始，这些场地仅为了训练之用，是一些无树木覆盖的裸露地面。以后在场地旁种了遮阳的树木，可供运动员休息，也使观看竞赛的观众有良好的环境，此后便有更多的人来这里观赏比赛、散步、集会，逐渐发展成大片林地，直到发展成公共园林，其中除有林荫道外，还有祭坛、园亭、柱廊及座椅等设施，成为后世欧洲体育公园的前身。

另外，体育场也与祭祀的神庙有关。如雅典近郊塞拉米科斯著名的阿卡德弥体育场是哲学家柏拉图设计的，用体育竞赛的方式祭祀英雄阿卡德弥。场内种植有洋梧桐林荫树和灌木，殿堂、祭坛、柱廊、凉亭及座椅等遍布场内各处，还有用大理石嵌边的长椭圆形跑道。雅典、斯巴达、科林思诸城的体育场不仅规模宏大，而且占据了水源丰富的风景名胜之地。德尔斐城阿波罗神殿旁的体育场，建造在陡峭的山坡上，分成上下两个台层。上层有宽阔的练习场地，下层为漂亮的圆形游泳池。帕加蒙城的季纳西姆体育场规模最大，它建筑在山坡上，分为三个台层，层间高差12～14m，有高大的挡土墙，墙壁上有供奉神像的神龛。上层台地周围有柱廊环绕，周边为生活间及宿舍，中央是装饰美丽的中庭，中台层为庭园，下层也是游泳池（图 2-1-12）。周围有大片森林，林中放置了众多神像及其他雕塑、瓶饰等。

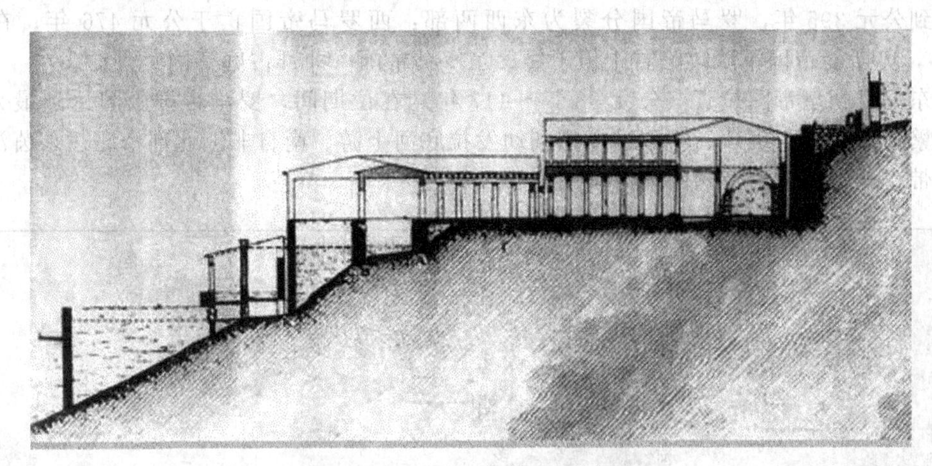

图 2-1-12　季纳西姆体育场剖面图

可以看出，这种类似体育公园的运动场，一般都与神庙结合在一起，其原因主要是由于体育竞赛往往与祭祀活动相联系，是祭典活动的主要内容之一，并且这些体育场常常建造在山坡上，可以巧妙地利用地形布置成观众的看台。

② 文人园——哲学家的学园

古希腊的文人喜欢在优美的公园里聚众讲学，如公元前 390 年柏拉图在雅典城内的阿卡德莫斯公园开设学堂，发表演说。阿波罗神庙周围的园地，也成为演说家李库尔格的讲坛。公元前 330 年，亚里士多德也常去阿波罗神庙聚众讲学。此后，为了讲学方便，文人们又开辟了自己的学园。园内有供散步的林荫道，种有悬铃木、齐墩果、榆树等，还有爬满藤本植物的凉亭。学园里设有神殿、祭坛、雕像和座椅以及杰出公民的纪念碑和雕像等。如哲学家伊壁鸠鲁的学园占地面积较大，被认为是第一个把田园风光带进城市的人。再如哲学家提奥弗拉斯特，也曾拥有一座建筑与庭园合成一体的学术园林，园内有树木花草及亭、廊等设施。

综上所述，古希腊的园林景观特点：贵族宅邸中不筑城堡，其宫殿向周围的景观敞开；普通公民的住宅花园则往往是由中庭、果园或希腊人特有的书院构成的。古希腊园林的总体格局呈规则的几何形体，规律秩序感强，具有协调的比例和尺度感。园林景观主要包括花坛、草地、林地、雕像、亭台、柱廊、神庙和集会广场等。

2.1.2　古罗马时期的城市景观

在人类历史长河中，“罗马”始终是一个熠熠发光的名字，它是在西方人心目中经典的、伟大而光辉的文明和时代。从人类文明发展的全局看，古罗马文明在取得自身伟大成就的同时，也在西方文明传统的形成上起了承先启后、继往开来的关键作用，它把极具开创、进步意义的古希腊文明继承下来，并在辐射欧、亚、非三大洲的帝国范围内发扬光大。古希腊和古罗马文化共同被视为西方文化的摇篮。

2.1.2.1　古罗马的发展简史

古罗马指从公元前 9 世纪初在意大利半岛（即亚平宁半岛）中部兴起的文明，古罗马的历史一般可以分为三个时期：王政时代（约公元前 8 世纪～公元前 6 世纪）；共和时代（约公元前 509 年～公元前 27 年）；帝国时代（公元前 27 年～公元 476 年）。

公元前 510 年罗马建立了共和国，逐步征服了意大利半岛。公元前 2 世纪，历经多次战争，罗马成为地中海霸主。到公元 1 世纪前后扩张成为横跨欧亚非、称霸地中海的庞大罗马帝国。到公元 395 年，罗马帝国分裂为东西两部：西罗马帝国亡于公元 476 年；在公元 1453 年，奥斯曼帝国军队攻陷君士坦丁堡，东罗马帝国（即拜占庭帝国）灭亡。

安东尼王朝皇帝图拉真（公元 98 年～117 年）在位期间，罗马帝国版图达到最大，经济空前繁荣，西起西班牙、不列颠，东到幼发拉底河上游、南自非洲北部，北达莱茵河与多瑙河一带，地中海成为帝国的内海（图 2-1-13）。

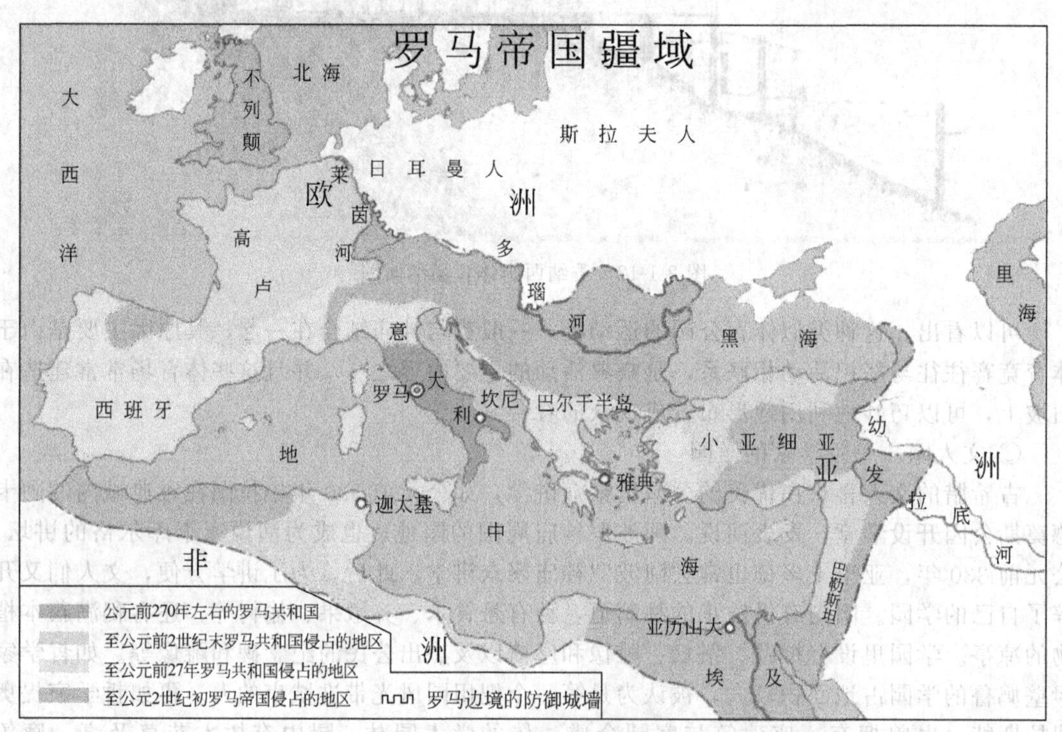

图 2-1-13　古罗马疆域示意图

奴隶制的发展在古罗马时期达到顶峰，古罗马在继承了希腊艺术成就的同时，融合欧洲、北非、西亚艺术的地方因素，在壁画、肖像雕刻等艺术领域都有极大的发展。同时，古罗马在建筑设计与城市建设方面取得了非常大的成就，建筑技术取得了长足的进步，建造工程系统化，由于混凝土与穹顶的应用，古罗马时期的建筑类型和建筑规模都大大超越了古希腊时期，因此城市规模迅速扩大，凯旋门、广场、斗兽场等场所成为城市空间的焦点。

2.1.2.2　古罗马时期的社会背景

如果说“古希腊是科学型文化，突出科学精神，强调科学与理性”，那么古罗马则是政治型文化，主要表现为罗马法的制定与应用以及罗马帝国的不断扩张。古罗马商品经济比较发达，使得社会利益结构趋于多元化，市民享有一定的自由和民主权利，私有财产得到国家应有地尊重和保护，并且在此期间进行了大量的、广泛的立法。

罗马原是意大利半岛中部西岸的一个小城邦国家，在经历了二三百年的王政时期后，公元前 5 世纪起实行自由民的共和政体。罗马共和国时期经历的时间比较长，这一时期的显著标志是形成了由执政官和被称为平民代表的护民官共同治理国家的所谓民主政体，当时这一政体已相当完备，足以确保给予所有贵族和平民均等的权利。到了公元前 4 世纪，罗马在拉丁姆（即现在的拉齐奥）一带确立了统治，而后它又将统治范围扩张到意大利半岛全境。从公元前 3 世纪起，罗马开始向半岛以外扩张，并逐渐控制了整个地中海地区，势力范围辐射欧、亚、非三大洲，这一时期罗马国力达到鼎盛。在奥古斯都当政时期，罗马由共和国变成了帝国。罗马文明首先是城市的文明、公民社会的文明，虽然它由共和国转变成帝国，却由于公民权的普及、自治市的发展和法制的加强而保持了古典文明以人为本的核心价值。尤为重要的是，罗马人在创造历史的过程中体现出一种百折不回的意志和兼容并包的胸怀，这在今天或许更具现实意义。

2.1.2.3 古罗马的城市设计

古罗马时代毫无疑问是西方奴隶制发展的最繁荣阶段，该时期的城市设计与建筑风格明显表现出世俗化、军事化、君权化的特征。

目前普遍认为，古罗马城市文化的基石主要来自古伊特鲁里亚文化与古希腊文化。前者给罗马城市设计带来了宗教思想与规整平面；后者使希腊化时期希波丹姆斯式城市设计原则在罗马城市中得到进一步的运用和发展，并同时吸收了非洲、亚洲等城市的先进做法。

就城市设计精神而言，古希腊人强调人与宇宙的和谐，并表现出他们在城市设计中的人文意识与理想主义。与古希腊相比，古罗马人是更重视实践的民族，善于逻辑思维，在制定法律、工程技艺、管理城市和国家方面优于其他种族，在城市设计艺术上，古罗马城市更强调以直接实用为目的，而并非是为了纯粹审美的艺术追求。因此，古罗马人的城市设计更倾向于拿来主义与适当改造的强烈的实用主义态度，更多融合了来自其他国家或地区的多元文化风格与手法。

如果说希腊城市空间秩序应用得比较活泼，而城市格局却过于自由的话，古罗马城市设计的最大贡献是城市开敞空间的创造与城市秩序的建立，尤其在其政治体制由共和转向帝制以后，城市空间的秩序更加强烈起来，这集中反映在由轴线形成秩序并组织一个庞大的建筑组群，城市由若干个这样的组群组成。通过轴线的交汇，在交汇处制造可感受的空间，通过这种空间的过渡产生连续感、整体感。在规模宏大的哈德良别墅中，这种过渡空间得到了进一步发展，它以一种明确的方法使建筑组群进一步形成了连贯的秩序，即通过各组群间的连接部分，以一些圆形或可以产生多个方向轴线的其他形状的建筑物的过渡，使每个组群的轴线可以连续发挥作用，从而使其产生整体意义的秩序（图 2-1-14）。

罗马城市设计的最成功之处是不再强调和突出单体建筑的个体形象，而是使建筑实体从属于广场空间，并照顾到与其相邻建筑的相互关系。因此，即使是在罗马城市中心最密集和巨大的建筑群中，也可以通过空间轴线的延伸、转合以及连续拱门与柱廊的连接，使相隔较长时间修建的具有独立功能的建筑物之间建立起某种内在的秩序，并使原本孤立的城市空间形成一连串空间的纵横、大小与开合上的变化（图 2-1-15）。古罗马城市空间设计方法与建筑群体秩序的创造成为后世城市设计的典范。

公元前 3 世纪至公元 1 世纪是古罗马的鼎盛时期，其代表城市为古罗马城，建有华丽的宫殿、浴池、斗兽场等（图 2-1-16）。在这一时期，古罗马几乎征服了全部地中海地区，在被征服的地方建造了大量的营寨城，后来发展成为许多欧洲城市的基础，如巴黎、庞贝等，

图 2-1-14　哈德良别墅复原鸟瞰图

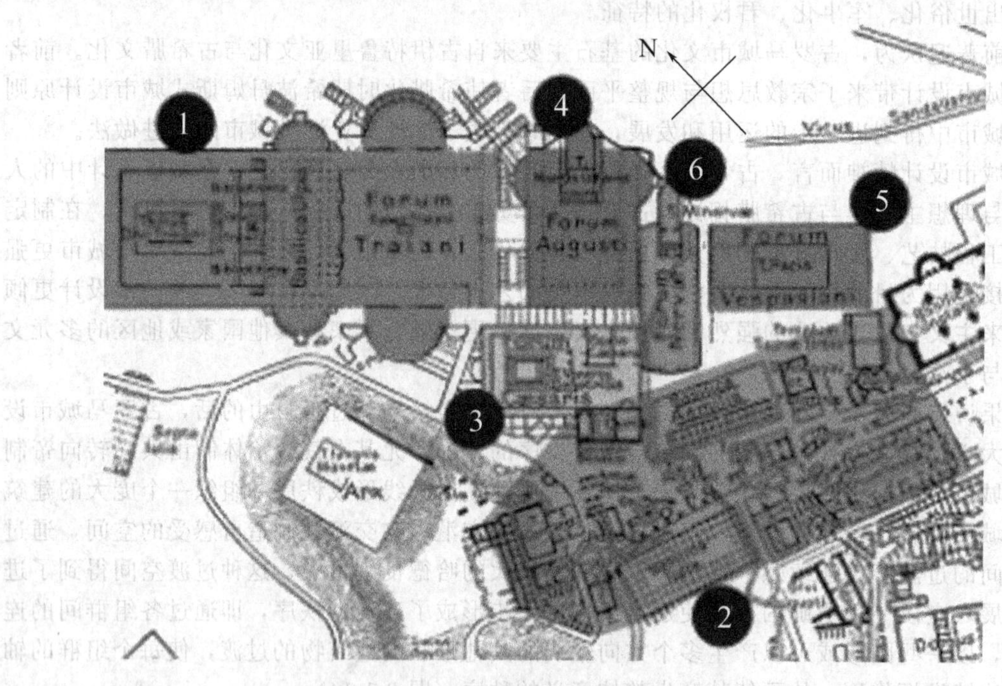

图 2-1-15　古罗马城市广场群平面图

1—图拉真广场；2—罗曼努姆广场；3—凯撒广场；4—奥古斯都广场；
5—威斯帕西安广场；6—涅尔瓦广场

其中有代表性的是阿尔及利亚的提姆加得城（图 2-1-17、图 2-1-18），建于公元 100 年。这些营寨城有一定的规划模式，平面呈方形或长方形，中间十字形街道，通向东、南、西、北四个城门，交点附近为露天剧场或斗兽场与官邸建筑群形成的中心广场。古罗马营寨城是防卫性的殖民城市，其规划思想深受军事控制目的影响，旨在被占领地区的市民心中确立为罗马当臣民的思想。这些城市和古希腊的米利都城一样，服从一个整体形式的图案化的布局，产生了更为清晰完整的街道网络。

图 2-1-16　古罗马城的复原鸟瞰图

图 2-1-17　提拇加得城总平面图

图 2-1-18 提拇加得城遗址鸟瞰图

2.1.2.4 城市广场设计

古罗马城市设计的最大贡献是城市开敞空间的创造与城市秩序的建立，其城市设计的杰出智慧与辉煌成就体现在其城市中心的广场（forum）设计上。他们将古希腊广场自由、不规则、多少有些零乱的空间塑造为城市中最整齐、典雅、规模巨大的开敞空间，并通过娴熟地运用轴线系统和透视手法建立起整体壮观的城市空间秩序。

古罗马时期的广场一般位于公共建筑前，是公众集会的场所，也是美术展览的地方。人们在广场上进行社交活动、娱乐和休息，它可以看作是后世城市广场的雏形。古罗马城市中心广场的演变，鲜明地表现出建筑型制同政治背景之间的密切关系。

（1）共和时期的广场

古罗马共和时期的广场和希腊晚期的相近，是当时城市社会、政治和经济活动的中心，也是市民们进行聚会的公共活动场所。广场四周散布着巴西利卡、庙宇、政府大厦、市场和成排的柱廊，面对宽敞的大街。它们零乱地建造起来，没有统一的规划，具有希腊化时期城市广场的特征。罗曼努姆广场就是在共和时期陆续零散地建成的：广场大体成梯形，完全开放，城市干道从中穿过，在它周围，有罗马最重要的巴西利卡和庙宇，是一个公众活动的地方（图 2-1-19）。

（2）帝国时期的广场

帝国时期，罗马城市广场逐渐演变成帝王们为个人树碑立传与体现国家威严的象征。广场形式逐渐由开敞变为封闭，由自由转为严整、连续的柱廊、巨大的建筑、规整的平面、强烈的视线和背景构筑起这些广场群华丽雄伟、明朗而有秩序的城市空间。图拉真广场型制参照了东方君主国建筑的特点，不仅轴线对称，且做多层纵深布局，在近 300m 的深度里布置了几进建筑物，室内外空间大小、开合、明暗交替（图 2-1-20）。正面是三跨的凯旋门，进门是 120m×90m 的广场，两侧敞廊在中央各有一个直径 45m 的半圆厅，形成广场的横轴线，使宽阔的广场免除了单调感。在纵横轴线的交点上，立着图拉真的镀金骑马青铜像。末端是巴西利卡，四周是柱廊。主次分明和层层深入的空间组合，使广场具有庄严雄伟的艺术效果。

从罗曼努姆广场到图拉真广场型制的演变，清晰地反映着皇权一步步加强的过程。

图 2-1-19　罗曼努姆广场

2.1.2.5　建筑艺术成就

古罗马建筑的类型很多，既有罗马万神庙等宗教建筑，也有皇宫、剧场、角斗场、浴场以及巴西利卡（长方形会堂）等不同功能的公共建筑；居住建筑有内庭式住宅、内庭式与围柱式院相结合的住宅，还有四、五层公寓式住宅等。

古罗马在建筑材料、结构、施工与空间的创造等方面均有很大的成就。在建筑结构方面，拱券结构得到了极大的丰富与运用，券洞、连续券和券柱式、拱顶和穹顶等把圆弧、圆球和圆拱这些曲线造型因素带进了建筑，大大丰富了建筑造型，在此基础上发展了集东西方建筑技术大全的梁柱结构与拱券相结合的承重体系。在建筑材料方面，除了传统的砖、木、石外，还开创性地运用火山灰制成天然混凝土，加之与拱券技术的结合，使得古罗马建筑能够获得更加宽阔的内部空间，建筑种类、建筑功能更趋于多样化，坚固耐久性也更为突出。在空间创造方面，重视空间的层次、体形与组合，并使之达到宏伟与纪念性的效果。此外，古罗马人还在古希腊三种古典柱式的基础上发展成为五种，即多立克柱式、爱奥尼克柱式、科林斯柱式、塔司干柱式和混合柱式，并创造了券柱式构图。在建筑理论方面，维特鲁威的著作《建筑十书》十分系统地总结了古希腊和古罗马早期建筑的实践经验，把理性原则和直观感受结合起来，把理性化的美和现实生活中的美结合起来，论述了一些基本的建筑艺术原理，并且相当全面地建立了城市规划和建筑设计的基本原理，以及各类建筑物的设计原理。全书分十卷，内容包括建筑教育、城市规划和建筑设计原理、建筑材料、建筑构造作法、施工工艺、施工机械和设备等。书中记载了大量建筑实践经验，阐述了建筑科学的基本理论。《建筑十书》在文艺复兴时期颇有影响，对 18、19 世纪中的古典复兴主义亦有所启发，至今仍是一部具有参考价值的建筑科学全书。从某种意义上可以说，它奠定了欧洲建筑科学的基本体系。

下述实例为古罗马时期有代表性的经典建筑类型。

(1) 万神庙

万神庙位于古罗马的都城，始建于公元前 27 年，后又陆续经历重建和扩建，它是罗马最古老的建筑之一，也是古罗马宗教建筑的代表作。万神庙采用了穹顶覆盖的集中式形制，

(a) 图拉真广场复原透视图

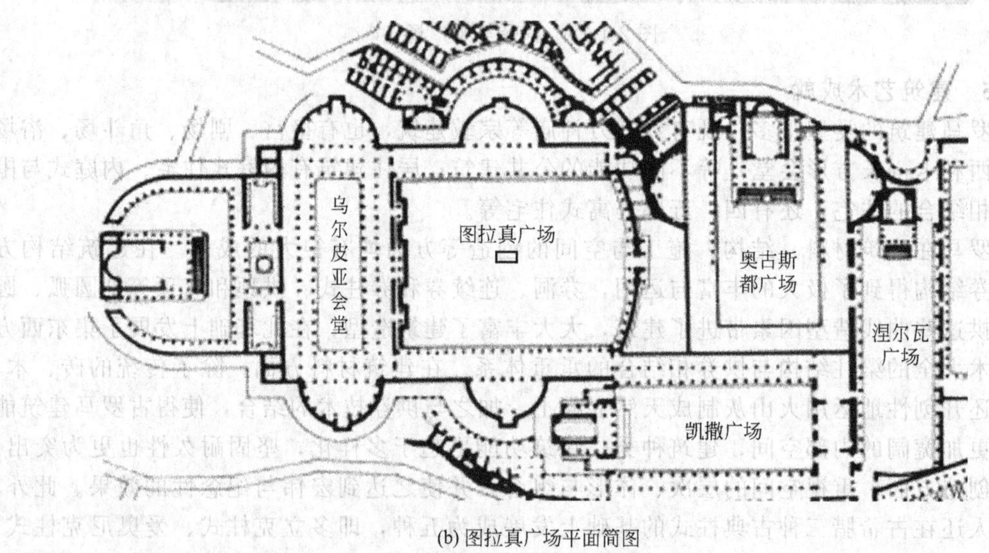

(b) 图拉真广场平面简图

图 2-1-20　图拉真广场

重建后的万神庙是单一空间、集中式构图的建筑物的代表。万神庙正面呈长方形，平面为圆形，内部为无窗无柱的圆顶大厅。这个古代世界最大的穹顶直径 43.3m，大厅直径与高度也均为 43.3m，四周墙壁厚达 6.2m。穹顶正中有一个直径 8.92m 的圆洞，这是除大门外的唯一采光洞。按照当时的观念，穹顶象征天宇。可以想象，穹顶之下除边墙外无任何支撑物，从圆洞进来柔和的漫射阳光，照亮空阔的大厅内部，有一种宗教的宁谧气息，人们站在万神殿的穹顶下，仿佛置身于宇宙之中。

万神庙门廊高大雄壮，也华丽非凡，代表着古罗马建筑的典型风格。它面阔 33m，正面有长方形柱廊，柱廊宽 34m，深 15.5m；有科林斯式石柱 16 根，前排 8 根，中、后排各 4 根。柱身高 14.18m，底径 1.43m，用整块埃及灰色花岗岩加工而成。柱头和柱础则是白色大理石。

穹顶的材料有混凝土和砖，混凝土用浮石作骨料。先用砖沿球面砌几个大发券，然后再浇筑混凝土，这些发券的作用是：可以使混凝土分段浇筑，还能防止混凝土在凝结前下滑，并避免混凝土收缩时出现裂缝。为了减轻穹顶重量，越往上越薄——下部厚5.9m、上部厚1.5m。

万神庙是罗马穹顶技术的最高代表（图2-1-21、图2-1-22）。

图2-1-21　万神庙鸟瞰

图2-1-22　万神庙穹顶内景

（2）斗兽场

斗兽场是古罗马帝国专供奴隶主、贵族和自由民众观看斗兽或奴隶角斗的地方。古罗马城的斗兽场是为纪念征服耶路撒冷的胜利兴建的。从公元72年开工建造，到公元80年完成，历时8年，动用几万名战俘，所用材料全部是混凝土和砖石。它的平面为椭圆形，外墙高约48.5m，长径约188m，短径约155m，总占地面积约2万平方米；从基层到高层，共60圈座位，可容纳观众5万多人。这座斗兽场还有很多别称：因其规模巨大，被称为科洛西姆竞技场，拉丁语巨大之意；因其形状椭圆形，也被叫做圆形竞技场；因其主要用途为斗兽和角斗，又叫大斗兽场或大角斗场。

从外面看，它共分为四层，其中下三层采用的是柱式与拱门联合结构，每层都有80根立柱和80个拱门（图2-1-23）。底层的拱门作为入口，据说数万观众不出10分钟便可完全退场。实际上斗兽场的内部看台共为三层，看台逐层向后退，形成阶梯式坡度。在混凝土制的筒形拱上，每层80个拱形成三圈不同高度的环形券廊（即拱券支撑起来的走廊），最上层则是50m高的实墙（图2-1-24）。

图2-1-23　斗兽场外部

图2-1-24　斗兽场内部

大斗兽场是连续的拱券支撑的，在它的表面，巧妙地“贴”上了一层古希腊柱式，它虽然只起装饰作用，却给人感觉起着实际支撑的作用。建造者将多立克柱式放在最下层，让人感到它们在有力地支撑着上面巨大的重量；第二层的爱奥尼柱式则是一种过渡，它们优雅地举起斗兽场的上半部分；科林斯柱式被放在最后一个承重层，它们华贵的仪态使斗兽场充满生机，好像花环盘绕在斗兽场的顶部。由多立克到科林斯的过渡顺序，被恰到好处地发现并运用了。

这座斗兽场，远看给人气势磅礴之感，近看又错落有致虚实相间，是希腊柱式建筑风格与罗马拱门式建筑风格的完美结合。其内部结构布局的精巧更是让现代建筑师都叹为观止，成为现代体育场馆的先驱。

大斗兽场记载了古罗马人一段残忍的历史，它是罗马暴政残忍的历史见证，同时它也彰显了罗马帝国的强盛，是罗马帝国辉煌的历史见证。

(3) 公共浴场

公共浴场是一种典型的罗马发明。在古罗马，沐浴几乎成为人们的一种嗜好，城市里建有很多公共浴室，早期的浴场除了提供洗浴功能以外，人们还可以在这里洽谈贸易、和解讼事等。公共浴场一般都有集中供暖设施，从火房出来的热烟和热气流经各个大厅地板下、墙皮内和拱顶里的陶管，散发热量，拱券与穹窿的组合，能够覆盖复杂的内部空间。

浴场是非常有特色的建筑群，也是一种综合性极高的城市公共建筑，其附属建筑包括音乐厅、图书馆、花园、林荫道、运动场、商店和健身房等，浴场实际上已经成为一种公共社交活动场所，人们在此可以消磨很长时间，它在古罗马人的日常生活中具有无比重要的地位。

在为数众多的王宫和贵族宅第中也建有浴室，设有冷水、温水、热水及蒸汽浴。罗马帝国时期，大型的皇家浴场也增设图书馆、讲演厅和商店等，附属房间也更多，还有很大的储水池，同时平面布局渐趋对称。公元2世纪初，叙利亚建筑师阿波罗多拉斯设计的图拉真浴场确定了皇家浴场的基本形制：主体建筑物是长方形、完全对称，纵轴线上是热水厅、温水厅与冷水厅；两侧间各有入口和更衣室、按摩室、涂橄榄油与擦肥皂室、蒸汗室等；各厅室按健身与沐浴的一定顺序排列；锅炉间、储藏室和奴隶用房在地下。以后的卡拉卡拉浴场等公共浴场大体仿此建造（图 2-1-25、图 2-1-26）。这些浴场的主体建筑都很宏大：卡拉卡拉浴场长 216m，宽 122m，可容 1600 人；戴克利先浴场长 240m，宽 148m，可容 3000 人。它们的温水厅面积最大，用 3 个十字拱覆盖，是古罗马建筑结构技术成就的代表作之一。在各种类型拱券覆盖下的厅堂，形成室内空间的序列，它们的大小、形状、高低、明暗、开合都富有变化，对以后欧洲古典主义建筑和折衷主义建筑有很大影响。

(4) 巴西利卡

在古希腊巴西利卡是对君主或者最高贵族执政官办公建筑的称呼，而古罗马人引入了巴西利卡，作为一种公共建筑的结构形式，其特点是平面呈长方形，外侧有一圈柱廊，主入口在长边，短边有耳室，采用条形拱券作屋顶。内部空间一般被两排或四排柱子分为三或五部分，中厅要比两旁的偏厅高些，并在顶部开窗，中厅的两端或一端有半圆形后厅；两侧偏厅窄而低，称侧廊，侧廊上常有夹层（图 2-1-27、图 2-1-28）。

古罗马的巴西利卡是用作法庭、商贸交易场所、会堂大厅等公共建筑。它在古罗马数量众多，是从神庙建筑和柱廊的基础上发展出来的一种大空间建筑，有着更多的采光和更轻巧的结构。并且，经过了近三个世纪的革新，其结构形式从简单的条形拱券演变出交叉拱结构，能更大地扩展建筑内空间。这种结构简单、建筑容量大的建筑形式，后来成为基督教堂的基本形式。

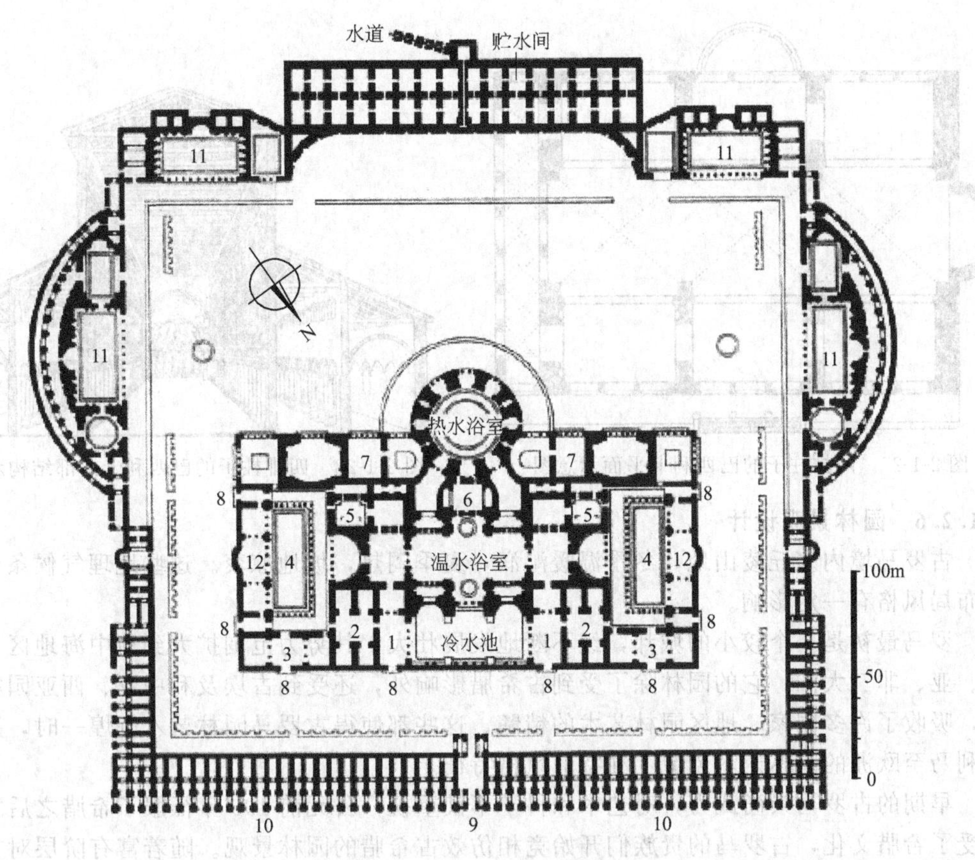

图 2-1-25　卡拉卡拉浴场平面图

1—前室；2—更衣室及楼梯间；3—入口厅；4—露天廊院；5—蒸汽浴室；6—温水浴室；7—浴室；8—入口；9—主入口；10—小浴室及店铺；11—演讲厅及图书室；12—健身房

图 2-1-26　卡拉卡拉浴场鸟瞰剖视图

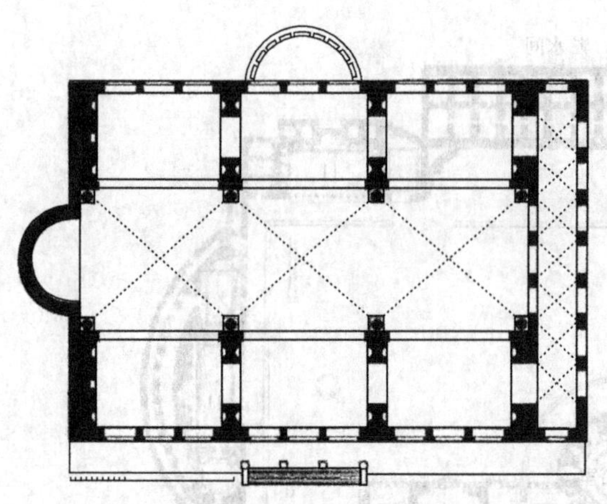

图 2-1-27　两排柱子的巴西利卡平面示意图

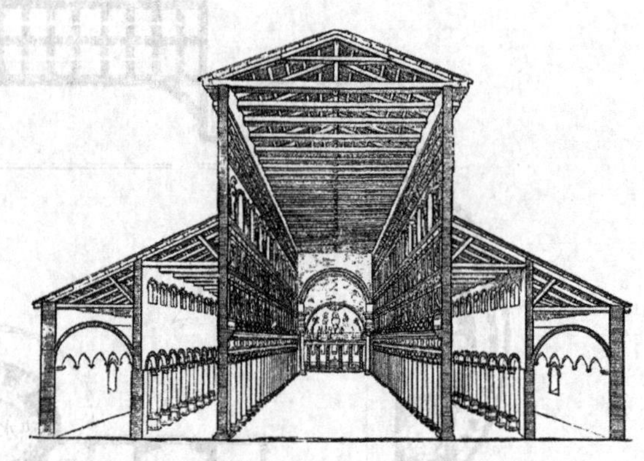

图 2-1-28　四排柱子的巴西利卡内部结构示意图

2.1.2.6　园林景观设计

古罗马境内多丘陵山地，冬季温暖湿润，夏季闷热，坡地凉爽。这些地理气候条件对园林布局风格有一定影响。

罗马最初是一个较小的城邦，经不断地发展壮大，其势力范围扩大到地中海地区，横跨欧、亚、非三大洲，它的园林除了受到古希腊影响外，还受到古埃及和中亚、西亚园林的影响，吸收了许多国家、地区园林艺术的精髓，这些都使得古罗马园林艺术辉煌一时，并为意大利乃至欧洲的园林艺术创造了独特的风格特征。

早期的古罗马崇尚武力，对艺术和科学不甚重视，公元前 190 年征服了希腊之后才全盘接受了希腊文化，古罗马的贵族们开始竞相仿效古希腊的园林景观。随着富有阶层对古希腊风格的了解，农庄住宅渐受推崇，花园的营造也成风气，并逐步完善了园林诸多要素。因此，早期的古罗马园林以实用为主要目的，包括果园、菜园和香料园等，后期才逐渐加强园林的观赏性、装饰性和娱乐性。

受古希腊园林规则式布局的影响，古罗马园林多选择山地，地形处理上是将自然坡地切成规整的多层台地，辟台造园，园内的水体、园路、花坛、行道树、绿篱等都有几何外形，无不展现出井然有序的人工艺术魅力。古罗马园林后期盛行雕塑作品，从雕刻栏杆、桌椅、柱廊到墙上浮雕、圆雕，与园林相得益彰，更添艺术魅力。

(1) 古罗马园林的类型

古罗马园林分类明确，主要包括以下几种类型。

① 宫苑

在古罗马共和国后期，罗马皇帝和执政官选择山清水秀、风景秀美之地，建筑了许多避暑宫苑。其中，以皇帝哈德良（117～138 年在位）的山庄最有影响。哈德良山庄是一座建在蒂沃利山谷的大型宫苑园林，占地约 300 万平方米，位于两条狭窄的山谷间，地形起伏较大。山庄的中心区为规则式布局，其他区域如图书馆、画廊、艺术宫、剧场、庙宇、浴室、竞技场、游泳池等建筑能够顺应自然，随山就水布局。园林部分富于变化，既有附属于建筑的规则式庭园、中庭式庭园（柱廊园），也有布置在建筑周围的花园。花园中央有水池，周围点缀着大量的凉亭、花架、柱廊、雕塑等，饶有古希腊园林风味，是古罗马的繁荣与品位在建筑和园林上的集中表现（图 2-1-14、图 2-1-29、图 2-1-30）。

② 庄园

古罗马人吸收希腊文化的同时，也促进了别墅庄园的流行。当时著名的将军卢库卢斯被

图 2-1-29　哈德良山庄总体鸟瞰图

图 2-1-30　Canopus 卡诺普水池

称为贵族庄园的创始人；政治家与演说家西赛罗提倡一个人应有两个住所，一个是日常生活的家，另一个就是庄园，成为推动别墅庄园建设的重要人物。

小普林尼是古罗马时代的著名作家，在他本人的数座别墅中，曾详细记述了位于罗马城附近山上的洛朗丹别墅（图 2-1-31、图 2-1-32）和位于奥姆布里亚的托斯卡那庄园。在这两处别墅庄园设计中，特别重视借景，着重处理好建筑与园林景色的关系，以及人工园林与自然景观的关系，以实现四季皆有风景的完美效果。

图 2-1-31　洛朗丹别墅鸟瞰图

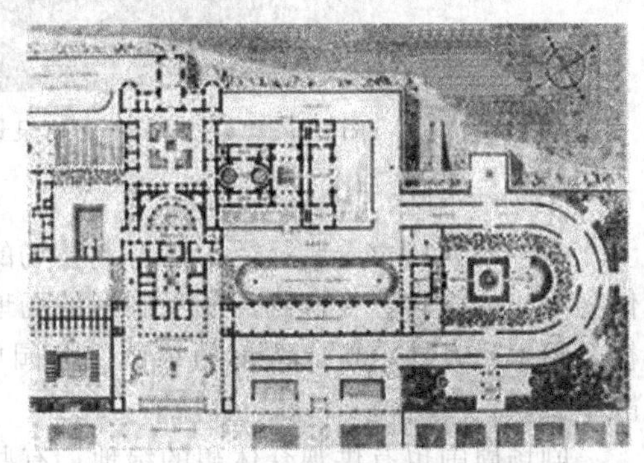

图 2-1-32　洛朗丹别墅平面图

贵族的别墅庄园多选择修建在罗马城附近的山区，充分利用自然形成的小气候避暑纳凉，还可登高远眺自然景观。园林整体规划依照贯穿主景的轴线建造而成，在地形处理上，将自然坡地砌筑成多层台地，因此园中的台阶也成了设计重点，并从此成为了古典风格的典型元素之一，变化丰富且品种繁多。同时，在处理园林与建筑的关系时，绿化和山石水景等主要构景元素，逐渐延伸到建筑内部，完善了建筑与园林间的过渡空间。别墅庄园的娱乐性与实用性相结合，逐渐成为招待上流人士，显示主人身份、地位及财富的场所。

③ 宅园

古罗马宅园通常由三进院落组成，第一进为迎客的前庭，第二进为柱廊式中庭，第三进为露坛式花园，是对古希腊中庭式庭园（柱廊园）的继承和发展。前庭的中央天井下一般设有水池，用以接续雨水、灌溉花木，前庭也围建有立柱，与中央天井构成一个小巧的中心式庭园。后院大都是柱廊环绕的花园。通常宅园中庭的面积不大，庭院风格主要追求简洁、雅致的装饰效果，其中柱廊、泉池和雕像组成了简单而清晰的轴线对称式框架，加上花草、喷泉的点缀，创作出一幅轻松的生活画卷。

古罗马人不仅从希腊继承了的柱廊园，还发展出观赏性的水景观，其种类有水池、水渠、喷泉和泉台（池），同时借鉴埃及的方式把木本植物种在很大的陶盆或石盆中，草本植物则种在方形的花池或花坛中（图 2-1-33）。

图 2-1-33　柱廊园中的喷泉景观（葡萄牙的柯宁布里加，3 世纪）

④ 公共园林

古罗马人从古希腊接受了体育竞技场的设施，却并没有用来发展竞技，而把它变为公共休憩娱乐的园林。在椭圆形或半圆形的场地中心栽植草坪，边缘为宽阔的散步马路，路旁种植悬铃木、月桂，形成浓郁的绿荫。公园中设有小路、蔷薇园和几何形花坛，供游人休息散步。

剧场周围也有供观众休憩的绿地，有些露天剧场建在山坡上，利用天然地形和得天独厚的山水风景巧妙布局，令人赏心悦目。另外，公共浴场周围除了音乐厅、图书馆、体育场等附属建筑群外，还设有室外花坛，也成为公共娱乐休闲的场所。

(2) 古罗马园林的特点

① 实用性强

古罗马早期的园林是以实用为主要目的的，包括果园、菜园和种植香料及调料植物的园地。之后逐渐加强了园林的观赏性、装饰性和娱乐性，真正的游乐性园林在后期才逐渐出现。

② 重视植物造型

古早期的罗马人继承了希腊的传统，非常喜爱在园内种植花卉，除采取一般的花台、花池等种植形式外，开始出现了专类园的布置，如蔷薇园，至今仍深受人们的喜爱。专类园的出现是植物品种日益丰富的结果。由于罗马帝国疆域辽阔，不少著名帝王及将领在远征中都常常将外地的植物带回罗马种植，大大丰富了罗马的植物品种。

古罗马的园林中不仅植物种类繁多，同时也很重视植物造型的运用，有专门的园丁从事这项工作。开始只是将一些萌发力强、枝叶茂密的常绿植物修剪成篱，之后逐渐修剪成各种几何形体、文字、图案，甚至一些复杂的人或动物形体，称为绿色雕塑或植物雕塑。常用的造型树木为黄杨、紫杉和柏树。植物造型艺术在以后的欧洲园林中得到很大发展，造型变化十分丰富，成为一种受人喜爱的园林装饰。

花卉种植形式有花台、花池、蔷薇园、杜鹃园、鸢尾园、牡丹园等专类植物园，另外还有"迷园"。迷园图案设计复杂，迂回曲折，扑朔迷离，娱乐性强，后在欧洲园林中很流行。古罗马园林中常见乔灌木有悬铃木、白杨、山毛榉、梧桐、槭、丝柏、桃金娘、夹竹桃、瑞香、月桂等，果树按五点式栽植，呈梅花形或"V"形，以点缀园林建筑。

③ 重视雕塑的运用

古罗马人从希腊运来大量的雕塑作品，有些被集中布置在花园中，形成花园博物馆，可谓是当今雕塑公园的始祖。各类园林中雕塑应用很普遍，从雕刻的栏杆、桌、椅、柱廊，到墙上的浮雕、圆雕等，为园林增添了装饰效果。雕塑的主题与古希腊一样，多是受人尊敬爱戴的神祇。

古罗马园林在园林史上具有重要地位，园林的数量之多、规模之大，十分惊人。据记载，罗马帝国崩溃之时，罗马城及其郊区共有大小园林达 180 处。古罗马园林基本继承了古希腊园林规则式的特点并对其进行了发展和丰富，同时，由于古罗马版图曾扩大到欧、亚、非三大陆，其园林风格除了直接受到古希腊的影响以外，还有其他各地（如古埃及和西亚）的影响，在古罗马也曾出现过类似巴比伦空中花园的作品，人们在高高的拱门上铺设花坛，开辟小径。其实，在古罗马时期盛行的台地式园林就吸收了美索布达米亚地区金字塔式台层的做法，这种园林风格对文艺复兴时期意大利台地园的兴起有很大影响。

2.1.2.7 古罗马城市景观中的问题

古罗马帝国辽阔的版图和巨大的财富促进了城市建设的高速发展。一方面，城市的繁荣促进了城市道路、桥梁等市政设施的发展，为满足奴隶主奢靡享乐和宣扬帝王功绩的浴场、斗兽场、剧场、广场、宫殿、府邸、凯旋门、纪功柱、陵墓等建筑大量出现；另一方面，这些场所领地的无限扩张带来了交通拥挤、环境恶化和众多贫民窟的出现。

虽然在城市建设、市政技术乃至城市管理等方面古罗马均超过了古希腊，但罗马人却对城市功能有着片面的认识，他们努力将城市建造成为一个巨大的、舒适的容器，却忽视了城市的文化与精神功能。古罗马曾创造出辉煌的城市设计成就，但终究未造就出健康的城市生活与城市文化，城市物质的繁荣与城市精神的空虚使罗马人逐渐失去了方向。古罗马城市设计的智慧满足了少数人对物质享乐与虚荣心的追求，却对广大市民的实际生活并没有多大改善。超越人体功能尺度和规模的城市空间和建筑群，追求浮夸的傲岸、无节制的艳丽和鄙俗的趣味，古罗马在城市发展和空间设计这些方面存在的缺陷是非常值得后人借鉴和反省的。

2.1.3 中世纪时期的城市景观

中世纪（the middle age）一词最先是由意大利人文主义史学家比昂多于15世纪提出来的，他把西欧5～15世纪的一千年时间称为中世纪，指古典文化与文艺复兴这两个文化高峰期之间的一段历史时期。这段时期包含着欧洲封建制度的诞生、兴盛和衰退的历史。中世纪的许多地区和国家既是封建制度的社会又是宗教盛行的时代，封建政权和宗教势力的结合是这个时代的特点。教会实行思想文化的垄断，所以许多国家产生了大量的基督教艺术，因此，中世纪的城市发展史和基督教是分不开的。基督教会统领了中世纪整个欧洲的思想文化达千年之久，其教义给人的世界观、道德观、文学和艺术打上了极深的烙印。

2.1.3.1 社会背景

罗马帝国后期，欧洲社会普遍缺乏劳动力，物质生产匮乏，财富挥霍无度，奴隶起义迭起。公元476年，罗马帝国最终走向灭亡，欧洲社会进入了中世纪时期。

基督教教义的倡导和修道院的出现，建立了一种新型的生活方式。教民们在修道院和平、规则和宁静的环境内共同生活，渐渐地确立起克制、秩序、精神约束等一整套平静而有秩序的道德标准，随后这些品格便通过新的生活方式和商业活动流传给了西欧中世纪的城镇，造就了一种完全不同于古罗马时代的新的市民生活方式。教会从人们的信仰与精神生活入手，最终建立起严密、理性、规范，多少又有一些亲密与人情味的社会组织和社会秩序，奠定了西欧中世纪最稳定、最密切的城市社区，对西欧中世纪的城市文化、城市生活与城市设计产生了极大的影响。

中世纪市民阶级的兴起创造了一种新的城市历史与城市文化。与古希腊、罗马时期的城市文化不同，中世纪的市民文化更多地代表了大多数市民的公共利益及其价值观的要求，建立起社会生活中相对公平的游戏规则，营造出城市生活中平等相待、亲切和睦的交往氛围和广泛参与城市建设与管理事务的公众意识。

与希腊、罗马城市相比较，西欧中世纪城市独有一种和平、安详、亲切怡人的特质，少了些许的喧嚣，多了一份宁静。虽然在这一时期，人们受基督教严格的思想管束，但由于自然经济的农业占着统治地位，他们的行为却非常的自然主义化。表现在城市设计中，就是一直遵循着自然规律。

2.1.3.2 城市格局特点

罗马帝国的灭亡标志着欧洲进入封建社会的中世纪。在此时期，欧洲分裂成为许多小的封建领主王国，封建割据和战争不断，使经济和社会生活中心转向农村，手工业和商业十分萧条，城市处于衰落状态。中世纪早期，由于神权和世俗封建权力的分离，在教堂周边形成了一些市场，并从属于教会的管理，进而逐步形成为城市。在教会控制之外的大量农村地区，为了应对战争的冲击，一些封建领主建设了许多具有防御功能的城堡（图2-1-34），围绕着这些城堡也形成了一些城市。

就整体而言，中世纪的欧洲城市基本上多为自发生长，很少有按预先规划建造的；同时，由于城市因公共活动的需要而形成，城市发展的速度较为缓慢，从而形成了城市中围绕公共广场组织各类城市设施以及狭小、不规则的道路网结构，构成了中世纪欧洲城市的独特美丽：教堂占据了城市的中心位置，教堂的庞大体量和高耸塔尖成为城市空间和天际轮廓的主导因素，成为城市天际线的焦点；城市的道路网多为环形和放射形，焦点一般在中心广场；城市色彩鲜明统一，个性突出、尺度适中，具有明确的视觉格局秩序。

随着工商业的发展，在一些无历史遗迹的新建城市，也出现过方格网状的城市格局。当

图 2-1-34　中世纪的防御性城堡

然，由于中世纪战争的频繁，城市的设防要求提到很高的地位，因此也出现了一些以城市防御为出发点的规划模式。10 世纪以后，随着手工业和商业逐渐兴起和繁荣，行会等市民自治组织的力量得到了较大的发展，许多城市开始摆脱封建领主和教会的统治，逐步发展成为自治城市。在这些城市中，公共建筑如市政厅、关税厅和行业会所等成为城市活动的重要场所，并在城市空间中占据主导地位。与此同时，城市的社会经济地位也得到了提升，城市的自治促进了城市的更快发展，城市不断地向外扩张。如意大利的佛罗伦萨（图 2-1-35），在

图 2-1-35　佛罗伦萨鸟瞰图

1172 年和 1284 年两度突破城墙向外扩展，并修建了新的城墙，以后又被新一轮的城市扩展所突破。

综上所述，中世纪的欧洲城市主要有三种类型：①要塞型：罗马帝国留下来的军事要塞居民点，其后发展为适宜居住的城镇；②城堡型：从封建主的城堡周围发展起来，周围有教堂或修道院，教堂附近的广场成为城市中心；③商业交通型：处于交通要道位置的贸易中心。

中世纪城市的空间特点有以下几个方面：

(1) 封闭而连续的城市空间

在中世纪的城市中，由于城市边界有城墙的围合，城市规模有限，即城市空间是被预先确定的。因此，城市内的建筑物逐渐蔓延填充了整个城市空间，外部空间仿佛是一个实体包裹着整个城市。这就形成了西欧中世纪特有的封闭型城市空间秩序。

中世纪城市封闭型秩序的特征是不规则的街道和广场体系，密集而自由的建筑布置；城市的主要街道、次要街道和中心广场之间具有强有力的联系，构成了连续而向心的空间形态。大大小小不规则的广场、曲折幽深的街道、新旧参差的建筑……细致且富有韵味，形成了浪漫幻想式的城市氛围。

(2) 宜人舒适的尺度感

欧洲中世纪城市设计的最精彩之处是对建筑围合而成的城市空间尺度的完美把握和对连续视觉景观的美学处理。城市完全按照人们的步行尺度设计，亲切宜人，没有压迫感。所有建筑物的造型、色彩及细部设计均按照人的视觉要求处理，由于街道的弯曲，避免了狭长的单一街景，同时也把人的注意力引向附近的建筑细部。欧洲中世纪城市中几乎所有的街道都很窄，经过窄小的街道进入开阔的广场，这样的空间尺度的对比常常具有非常戏剧性的视觉变化效果。由于城市规模较小，且空间尺度宜人，欧洲中世纪城市极富亲切感和连续性，城市景观永远不会使人感到单调。

(3) 城市与自然环境的有机契合

欧洲中世纪的城市设计在处理人工环境与自然环境相互关系方面亦达到了相当的高度，城市与自然地形有机契合，充分利用河湖水系与茂密山林，使人工环境与自然环境相互依存。建于山岗上的山城，强调房屋的高度集中，毗邻河谷、水网地区的城市，通过开放空间与建筑的布局排列，加强了与山林水系的依从关系。同时还采用延伸、强调和对比等多种手法，使城市与自然山水相互映衬，相得益彰（图 2-1-36）。

(4) 具有综合的城市功能

中世纪欧洲城市规模通常来说比较小，集中表现为整个城市的人口密度和建筑密度都比较高，在相对小的城市区域内，集中了城市的各种功能，如商店、作坊、住宅、纪念性建筑等，表现为整个城市范围的功能高度综合。

(5) 向心性布局

由于中世纪特殊的社会背景，宗教因素及相关的社会地位差别也体现在城市空间上，显现出一种密集的同心圆特征，城市的中心是混合功能区，即商业中心，也是贵族阶层等的生活区域，从贵族生活的城市中心向外，逐渐过渡到社会地位低的各个阶层的生活区，城市中间地带是社会普通中下阶层，最边缘则是无产者和流浪者。除了在整个城市范围内的居住分层隔离外，城市通常被划分为若干教区，每个区各有一个或者几个教堂，有各自的市场、供水设施等。教区类似于后来出现的邻里单位，每个教区内都是功能混合的，有商业、文化、政治、居住功能，具有某种程度的自主权和自给自足的能力。除了教区，中世纪城市还表现出以职业的不同划分区域的特征。由于商业和手工业发达，在社会结构中逐渐形成了行会，

图 2-1-36　城市中的水系

行会是代表成员集体利益的机构，行会成员也倾向于工作生活在同一街区，从而也形成了以行业划分的城市生活区。

2.1.3.3　城市主要公共空间

由于欧洲中世纪城市多为自发成长，而非设计师们主观性的设计，即从实际的生活需要和社会状况出发，进行城市建设并不断修正，客观地反映出一定时空框架内的城市社会生活，最终产生一个复杂而又和谐统一的城市形态。整个城市空间，由宜人的街道和广场，形成一个组织良好的有机系统，提供了一种城市脉络，既充分表现又极大地支持着丰富的公共生活。

中世纪的城市设计没有大师，也未曾出现过系统经典的设计理论，也不像古希腊、罗马时期的城市那样气势恢宏。在中世纪的城市里，每一条街道和每一处广场的建设都体现出一种不懈的执着与追求，表现出十分精巧缜密的设计技巧：建筑立面与相邻建筑和空间的关系，广场空间的连续和封闭，狭窄空间中的教堂侧面以及每一处入口视觉与听觉效果的变化等。中世纪的欧洲城市中，最具代表性、最经典的公共空间就是广场和街道。

(1) 广场

中世纪城市继承了古希腊城市和古罗马城市的文明，但人的社会观念发生了相当大的变化，突出地表现于人们崇奉宗教的价值观念上。当时建造教堂为的是聚集众多的民众，进行宗教礼拜和宣讲教义，企图用艺术形象进行宗教观念的渗透，因此教堂常常以庞大的体积和超出一切的高度占据了城市的中心位置，控制着城市的整体布局。围绕教堂布置的广场是进行各种宗教仪式和活动的地方。除了宗教功能，中世纪的广场还具有市政和商业两大功能，该时期集市广场出现的原动力首先来自于贸易活动，具有强烈的经济特征。集市广场为市场交易提供了场所，因此成为中世纪城市最重要的经济设施。在所有中世纪城市中，集市广场、市政厅和教堂总是相依为伴，共同构成城市及城市生活的中心。可以说，该时期的城市广场是市民生活的大起居室，是各种民间活动和政治活动的中心，是集市、贸易的中心，是具有生活气息的场所。

中世纪的城市广场和城市空间虽然没有固定统一的模式，但一般来说，一个城市常常由几个区组成，每一个区有自己特殊的地形和小广场，几个区结合的共同焦点是城市的主教堂和主广场，即城市标志性的场所，小教堂周围则是社区居民聚会的社区生活中心。城市公共广场常常与大、小教堂连在一起，市场通常设在教堂的附近，围绕教堂和市场分布着市政厅、住宅和各种商业作坊，贵族的住宅则大多建在地势略高的地方，有人工的护城河围绕。

卡米勒·西特在《城市建设艺术》一书中分析中世纪城市广场设计具有以下特征：①城市广场尽可能通过公共建筑的围合或各种柱廊的环绕形成连续、整体和丰富多样的界面，造成封闭的空间；②广场形式和大小根据场地的具体情况及公共生活的需求确定，同时也取决于广场主体建筑的重要性及视觉要求，采用横阔型或深远型的布局，类型灵活；③广场平面不规则，教堂、钟楼或雕塑不放在广场的几何中心，通常避开交通位置偏于一侧或一角，以利于视觉上的变化以及从多个角度及侧面来观赏主体建筑或雕塑；④建筑物、纪念性雕塑与广场之间有紧密的功能上、视觉上及意义上的联系。

（2）街道

中世纪城市的街道系统是为了满足步行和手推车等小型运载工具的要求而产生的，以人的尺度为基础，狭窄、曲折、蜿蜒，给人以给亲切愉快、舒适实用之感。街道在满足有限的交通的前提下，更成为容纳人们日常生活的公共场所：它是邻里的焦点，是城市中形式最简单的多用途场所，也是城市空间中最具生命力的部分。它就像脉络一样交织成网，像黏合剂一样在功能和社会两方面把城市的各个部分紧密结合起来。

朴素的城市景观和宜人的空间尺度与摄人心魄的教堂节点成为鲜明对比，城市通常呈现如下的布局：在教堂面前有一个不规则但围合感强烈的广场，作为城市的公共活动中心；城市建筑彼此之间相互照应，尺度亲切，视线连贯，城市街道的曲折幽深使一个个教堂节点景观若隐若现，富于变化。

正如扬·盖尔所说："中世纪城市由于发展缓慢，可以不断调节并使物质环境适应于城市的功能，城市空间至今仍能为户外生活提供极好的条件，这些城市和城市空间具有后来的城市中非常罕见的内在质量，不仅街道和广场的布局考虑到了活动的人流和户外生活，而且城市的建设者也具有非凡的洞察力，有意识地为这种布置创造了条件。"

2.1.3.4　主要建筑艺术风格

欧洲的封建制度是在古罗马的废墟上建立起来的。古罗马帝国经历盛期之后，由于社会危机日益严重，公元395年正式分裂为东西两个帝国（图2-1-37）。西部以罗马为中心，称西罗马帝国；东部以君士坦丁堡为中心，称东罗马帝国，又称拜占庭帝国。西罗马帝国于公元479年灭亡，经过一个漫长的混战时期，西欧形成了封建制度；东罗马帝国从4世纪开始封建化，7世纪后逐渐衰落，直到1453年被土耳其人灭亡。封建分裂状态和教会的统治，对欧洲中世纪的建筑发展产生了深深的影响，宗教建筑在这时期成了唯一的纪念性建筑，成了中世纪建筑的最高代表，主要有三种建筑风格，即东欧的拜占庭建筑、西欧的罗马风建筑和哥特建筑。

（1）拜占庭建筑

拜占庭建筑的代表是东正教教堂，它的主要成就是创造了把穹顶支承在4个或者更多的独立支柱上的结构方法。建筑平面为集中式布局，往往以一个大厅为中心，以纵横两条中轴线布局，大厅多用半圆形的穹窿为顶，四周也都有半个或者四分之一个穹窿顶呈对称式布置，在高度上层层跌落，形成庄重、辉煌的造型效果。在色彩的使用上，既注意变化，又注意统一，使建筑内部空间与外部立面显得灿烂夺目。

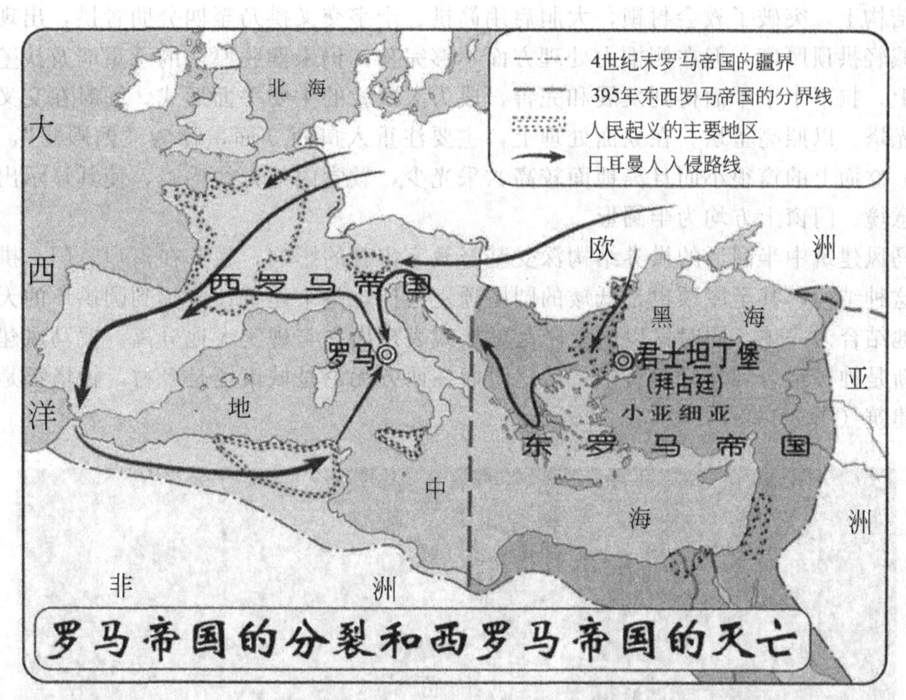

图 2-1-37 东西罗马帝国地图

土耳其圣索菲亚大教堂位于东罗马帝国君士坦丁堡（现为土耳其伊斯坦布尔），建于公元 532～537 年，当时为东正教的中心教堂；公元 1453 年，奥斯曼土耳其苏丹穆罕默德二世攻入了君士坦丁堡，将大教堂改为清真寺，并在周围修建了四个高耸的尖塔——宜礼塔，为这座经典的拜占庭式宗教建筑增添了一丝梦幻、灵动的效果（图 2-1-38）。

图 2-1-38 圣索菲亚大教堂（拜占庭）

(2) 罗马风建筑

公元 11～12 世纪，西欧的建筑艺术继承了古罗马的半圆形拱券等结构式样，很多建筑材料又取自古罗马废墟，因此被称之为罗马风建筑。罗马风建筑文化在总体上厚重、坚固，宣泄了一种宗教激情，具有强烈的精神表现性，是建筑文化发展史上重要的阶段性型制。

在结构上，突破了教会封锁，大胆启用筒拱、十字交叉拱乃至四分肋骨拱，出现骨架券承重，减轻拱顶厚度，但在侧推力处理方面不够完善，仍未摆脱厚实的承重墙及扶壁。在平面形式上，拉丁十字平面得到发展和完善，成为天主教的主要平面形式，同时在交叉点上方出现采光塔，以照亮圣坛。在立面处理上，主要注重入口西立面，称为“西殿堂”，并出现透视门；立面上的窗很小而且离地面较高，采光少，教堂内部光线昏暗，使其显示出神秘与超世的意境；门窗上方均为半圆形。

罗马风建筑中半圆形的拱券结构深受基督教宇宙观的影响，教堂在窗户、门、拱廊上都采取了这种结构，甚至屋顶也是低矮的圆屋顶。这样，整个建筑让人感到圆拱形的天空与大地紧密地结合为一体，同时又以向上隆起的形式表现出它与现实大地分离。罗马风建筑的另一个创新是钟楼组合到教堂建筑中，从这时起在西方无论是城市还是乡村，钟塔都是当地最醒目的建筑（图 2-1-39）。

图 2-1-39　比萨大教堂（罗马风）

（3）哥特式建筑

哥特式是在 11 世纪下半叶起源于法国，13～15 世纪流行于欧洲的一种建筑风格，也影响到了一些世俗建筑。最早的哥特式是从罗马风自然地演变过来的，如对罗马式十字拱的继承和发展，哥特式建筑创造了新的建筑型制和结构体系，在建筑史上占有重要的地位；同时也形成了自身强烈的风格，以尖券、尖形肋骨拱顶、坡度很大的两坡屋面和教堂中的钟楼、扶壁、束柱等为其特点，垂直线是其统治的要素，具有强烈的向高空升腾之感。

无论在建筑风格上，还是建筑结构上，哥特式都达到了技术和艺术的高度和谐，哥特式建筑代表了欧洲中世纪建筑艺术的最高成就。其建筑特点主要表现在以下几个方面：①使用骨架券作为拱顶的承重构件，十字拱成了框架式的，拱顶大为减轻，侧推力也随之减小；②创造了“飞扶壁”这种轻巧的结构，既分散了原来实心扶壁的重量，外观上又十分有跃动感，有的在扶拱垛上又加装了尖塔改善平衡，扶拱垛上往往有繁复的装饰雕刻，轻盈美观，高耸峭拔；③全部使用两圆心的尖券和尖拱，尖拱很明显可以使承受到的重量更快地向下传递，这样一来，侧向的外推力减小，整个建筑更容易建成竖高耸立的形式，在垂直的方向上也能建得更高（图 2-1-40、图 2-1-41）。

图 2-1-40　巴黎圣母院（哥特式）

图 2-1-41　米兰大教堂（哥特式）

2.1.4　文艺复兴时期的城市景观

在公元 14～16 世纪的西欧，曾经兴起过一场波澜壮阔的反神权、反封建的近代思想解放运动——文艺复兴。这一运动不仅推动了西方从中世纪封建制度向近代资本主义的转型，而且为西方近代文化、科学的产生发展其定了坚实的历史基础，它推动了人们的思想解放，“是一次人类从来没有经历过的最伟大的、进步的变革”。

2.1.4.1 社会背景

中世纪的欧洲，基督教统治着全部文化，神是宇宙的中心，排斥理性思维，认为人一生下来就是有罪的，只能通过禁欲修行，寄希望于死后的“来世”。随着中世纪后期城市经济的发展，在佛罗伦萨出现了资本主义萌芽，为了打破思想禁锢对生产力的约束，人文主义思想应运而生。文艺复兴的核心是人文主义，它提倡人性、人权、人道，提倡科学、理性，主张个性解放，但是人文主义并没有否定宗教中的“神”，只是试图摒弃悲观主义和宿命论的思想，对宗教教义中消极的顺从的思想进行驳斥。人文主义者主张与命运抗争，认为只有通过自己的努力才能决定命运。

在城市设计领域，人文主义的特点之一是建筑师和人文学者、哲学家以及艺术家们紧密结合在一起，普遍提高了文化和艺术修养。从此，城市规划与建筑设计不再是那种匠人们从师学艺的经验传承，而成为一种文艺构思，并开始形成整套科学理性的设计理论。人文主义的另一特点就是十分重视“人”的力量与创造力，以此为原则，文艺复兴时期阿尔伯蒂等著名建筑师重新确定了建筑与城市空间的比例和尺度，尤其是透视学的理论和方法进一步导致了新的空间关系概念的建立。因此，文艺复兴时期的城市设计比以往任何时代更具科学与理性，更易于实现人的艺术构思与创造力。

文艺复兴运动是一场伟大的文化运动，它利用了古典的成就展示了人类自身的伟大力量。文艺复兴时期所涌现的城市设计理论和方法，在西方城市设计史中占据着很高的地位，并成为后世城市设计的思想根源。文艺复兴时期的城市设计通常是在几个世纪的时间内由几十位建筑师和艺术家前赴后继精心设计的结果，他们始终不渝地贯彻了和谐与整体美的艺术法则。这一时期，对艺术法则的追求达到了顶峰，无论是在理论还是实践方面，都达到了无与伦比的高度。

2.1.4.2 城市改建与理想城市

文艺复兴的艺术成就突出体现在城市改建中。由于经济的发展、文化的繁荣，西欧大多数中世纪城市已不能适应新兴资产阶级生产力发展的要求，因此，文艺复兴试图在中世纪城市基址上建立它新的秩序。但经过岁月漫长的积累，此时的建筑型制已远非古希腊、罗马时期那么单一。因此，建筑组群要达到和谐的境界，要面对更多的困难。结合文艺复兴特有的人文主义立场，设计师在工作中需要树立更为强烈的统一秩序的概念。

教皇西斯塔五世时期的罗马规划可以看作是文艺复兴时期城市改建设计的典型。它提出了全城性结构设计的新概念，并意识到完整的城市街道系统和视觉走廊系统对城市改建有着决定性的作用。因此，它用方尖碑和具有标志性的纪念建筑物确定城市中的关键性地标，然后用宽阔的街道相互联系，构成整个城市的骨架。其设计出发点是街道不仅连接城市中的一些中心地区，而且在视觉上应得到进一步加强。方尖碑的作用如同是整个城市的路标，并可为以后的设计提供参考尺度。

另一方面，在文艺复兴的精神下，维特鲁威的《建筑十书》被新时代的建筑师继承和发扬，并提出了各种新的理想城市的模型。建筑师阿尔伯蒂是文艺复兴时期用理性原则考虑城市设计的第一人，他提出了利于防守的多边星型平面。他将城市思想归结为两点——便利和美观。在阿尔伯蒂的城市模型中，城市主要街道从城市外围向中心聚集，形成具有防御优势的星形平面或者多边形平面。城市中心设置教堂、宫殿或者城堡，整个城市呈现规整的几何秩序。这个城市模式基本沿袭了维特鲁威的理想城市模型。另有一些设计师在实际的设计中，考虑到建筑的布局曾经提出将星型平面同方格路网相结合的理想城市。公元15～16世纪欧洲出现了大量理想城市设想，大都呈现出这种放射型的规整向心图形。

在威尼斯以南不远，帕尔玛诺瓦是付诸实施的少数理想城市案例之一。它是一座完美的多边形城市：整个城市是一个规则的九边形，城市的中央广场呈六边形，十八条放射道路连接城墙和中央广场（中央广场和城墙之间的区域是市民区），但是其中的十二条并不直接进入广场，而是通过一个道路转折分别与其余六条汇合后再衔接中央广场。这样的设计一方面保证了中央广场空间领域的完整性，另一方面保证了不会有过多的城市道路进入广场产生负面影响。其中不直接进入广场的十二条道路中的六条分别串联着一个方形小广场。直接进入广场的三条道路通向城门，建立与城外的联系，另外三条道路通向棱堡。三条平行于城墙的环路将整个城市划分成六个大小不同的地块，其中的六条环路与六个小广场相交，在这些相对私密的小广场设置小教堂（图 2-1-42）。

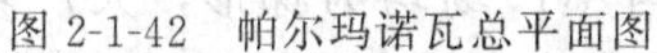

图 2-1-42　帕尔玛诺瓦总平面图

图 2-1-43　帕尔玛诺瓦航拍图

帕尔玛诺瓦城因其堡垒平面规划与结构而闻名，被誉为“星之堡垒”（图 2-1-43、图 2-1-44），并且是意大利国家级文物。这座城市在历史中只短暂地发挥了作用，其后便失去

图 2-1-44　帕尔玛诺瓦鸟瞰图

了最初的活力，变成了一个结构单一的小型聚居区。固定的模式限制了城市对时代生活的适应，是城市失去活力的重要因素之一。由于缺少集中的资源和强大的政治控制力量，意大利文艺复兴理想城市的多数模型都没有实施。即使是像帕尔玛诺瓦这样实施了的理想城市，因为形态的过于固定僵化，保持活力和处于纯粹状态下的时间也很短。15～16 世纪文艺复兴时期真正进行的城市建设活动更多是小范围内对城市空间进行的改建，在中世纪城市随机肌理的基础上制造某种局部空间秩序，如威尼斯圣马可广场、罗马市政广场等。

2.1.4.3 经典的城市公共空间

文艺复兴时期的设计师们在人文主义的旗帜下，在古希腊、古罗马的基础上对城市广场和建筑群的设计提出了更为详尽的设计法则和艺术原则，并在实践的基础上推进了理论，如广场的高宽比例，雕像的布置、广场群的组织与联系等，为后世以视觉美学为原则的学院派奠定了基础。这些法则与原则对后世城市空间设计具有很高的实用价值。建筑物逐渐摆脱了孤立的单个设计和相互间的偶然凑合，而逐渐注意到建筑群的完整性。克服了中世纪的狭隘，恢复了古典的传统，对后世有开创性的意义。作为经典的城市公共空间设计实例，文艺复兴时期的城市广场有以下几个。

（1）圣马可广场

威尼斯的圣马可广场是世界上最完美的建筑群之一。

圣马可广场始建于中世纪，广场的核心建筑圣马可教堂是一座原本建于公元 828 年的巴西利卡，1063～1085 年重新建造成为拜占庭式建筑。高耸的 99m 大钟塔（原本与它下面的建筑物联成一体）始建于公元 888 年，总督宫建于 1309～1340 年，在 1496 年又在广场北部加建了一个小钟楼。来自佛罗伦萨的设计师尚诺威诺在 1536～1553 年的图书馆改造中将建筑后退，使得大钟塔与图书馆分离开来，从而把圣马可广场的大小两个广场有机地统一起来，与此同时他还扩建了钟塔底部的敞廊。大广场与小广场均为梯形，大广场东西长 175m，东宽 95m，西宽 56m，面积约为 1.32hm^2；临海的小广场南北长 95m，南端宽 40m，北端宽 55m，面积约为 0.45hm^2。大广场与小广场的相交点刚好是大钟塔的位置，与圣马可教堂呼应。广场四周矗立着艺术价值很高的建筑佳作：圣马可教堂、总督府、连拱廊和高耸的钟楼。

圣马可广场的空间变化很丰富，由于脱离了城市交通，只有步行才可以进入，并且从城市内部的各个地方，要经过曲折幽暗的小街陋巷，进入到广场之后，突然置身宽阔的空间，让人产生豁然开朗的感觉。广场是封闭的，绕过大广场东南角上的钟楼和敞廊便是小广场，两侧连绵的券廊导向远方，远处的一对柱子标志着小广场的南界，同时丰富着景色的层次。

两个广场都有明确的对景，但是手法各自不同，大广场主景是华丽的圣马可教堂，广场两侧逐渐打开的边界强化着教堂的空间效果；小广场南端几乎完全开放，仅有两根石柱界定着空间，通向大海的视线一直引向对面圣乔治岛上由帕拉第奥设计的圣乔治教堂。广场的建筑物都有着十分规整的轮廓和建筑立面造型，铺地也简洁统一。从广场内部来看，圣马可教堂与总督宫占据着支配地位，其余的建筑衬托出它们的宏伟。大钟塔起着标志的作用，成为远远望去第一个映入眼帘的城市标志物（彩图 2-1-45）。

除了举行节日庆典之外，圣马可广场只供游览和散步，完全与城市交通无关，意大利人习惯于在广场上约会亲友，它是“欧洲最漂亮的客厅”。

（2）罗马市政广场

科学知识的进步为人类增添了创造力量，人类变得更理性起来。对透视法则的掌握，使人对空间秩序有了新的认识和应用。

罗马卡比多山上（古罗马七山之一）的市政广场建筑群是米开朗基罗的精美作品之一，

这个设计为以后的同类城市设计提供了光辉的榜样。市政广场原是在小山顶上的两座略成锐角的建筑物围合而成，教皇保罗三世要求在两幢建筑间的空地上布置一个骑马人雕像。米开朗基罗首先确定了秩序的方向，以元老院的中轴为轴线，与两侧建筑中轴的交汇点上安置铜像。随后，他重建了雕像背后三层高的元老院，使市政广场形成一个梯形的封闭广场，同时用一个坚实而朴素的基座将元老院高高抬起，并且设计了左侧的卡皮托博物馆，两座新建筑与原有老建筑在空间界面上构成统一，梯形高 76m，短边长 41m，宽边长 60m，面积约为 0.39hm^2。元老院作为广场空间的统帅，并用三层高的巨大壁柱与两侧原有的建筑取得形式上的统一并形成装饰。米开朗基罗还在台地的梯形范围内设计了他有代表性的椭圆形图案，使地面起到了连接整体的作用，并使空间效果更加强烈起来，他完成了整个广场的空间及界面设计，为骑马雕像提供了一个理想的观赏背景和空间。除此之外，该广场的一个独特之处，是在梯形广场的下面设计了一个逐步向上放大的大台阶，由此，使台阶产生了缩短距离的错觉，同时为广场上两幢不平行、向后分开的建筑创造了比较深远的效果，使骑马铜像更加突出。

广场的空间巧妙地利用了现有的建筑和地形，卡皮托博物馆与原有宫殿对称，他们的夹角构成广场的空间形态，广场的短边彻底开放，以一个逐步向上放大的台阶进入广场，广场的平面形式强化了这一空间轴线，充分展示了元老院的立面，突出了骑士雕像，雕像作为广场的几何中心，以一个放射形的椭圆曲线作为装饰。罗马市政广场是一个彻底利用轴线进行造型的完美实例，轴线结合竖向高度的变化建立起基本的空间序列，沿轴线设置的坡道、台阶、铜像和塔楼，轴线两边对称布置的栏杆上的雕像，以及立面相同的建筑，使沿轴线产生了完美的视觉感受。这是文艺复兴以前的城市中不曾有过的透视效果（图 2-1-46）。

图 2-1-46　罗马市政广场

罗马市政广场被认为是从文艺复兴到巴洛克时期承上启下的作品。

从文艺复兴开始，城市广场出现了多元化的现象。中世纪时期以一个集市广场控制城市空间结构的秩序被打破，形成了多个广场共存或组成广场群组的格局。每个广场有着不同的空间形态，代表着不同的空间性格和居民活动，它们共同创造了城市新的公共空间。中世纪时期的城市空间造型对实际需求和功能方面的关注远远大于美学和形式，而文艺复兴则改变了这一现状，它一方面开始用理性的原则设计城市空间，同时传承了古典的审美倾向，强化了城市空间的形式美感和空间品质。

文艺复兴时期，资产阶级的诞生意味着城市市民的阶级分化。资产阶级新文化一方面同封建文化对立斗争，另一方面也开始脱离市民大众。当时，一大批人文学者、艺术家和建筑师聚集在贵族和教皇的宫廷里，利用后者的权势和财富实现自己的艺术理想。同时，以严谨的古典柱式和巨大尺度为特征的新的建筑文化和城市空间也很快被宫廷所利用，自上而下的城市设计逐渐成为主流。设计师们普遍采用古罗马时期帝制条件下形成的模式化的手法，并予以光大，造就了一种与中世纪市民城市大相径庭、脱离市民大众生活需要的所谓精英文化。因此，文艺复兴最终滑向巴洛克，并催生了法国的宫廷文化也是顺理成章的事情。

2.1.4.4 文艺复兴建筑的特点

文艺复兴建筑是欧洲建筑史上继哥特式建筑之后出现的一种建筑风格。公元15世纪产生于意大利，后传播到欧洲其他地区，形成了带有各自特点的各国文艺复兴建筑。意大利文艺复兴建筑在此类建筑中占有最重要的位置。

文艺复兴建筑最明显的特征是摒弃了中世纪时期的哥特式建筑风格，而在宗教和世俗建筑上重新采用古希腊罗马时期的柱式构图要素，建筑师和艺术家们认为，哥特式建筑是基督教神权统治的象征，而古代希腊和罗马的建筑是非基督教的，他们认为这种古典建筑，特别是古典柱式构图体现着和谐与理性，并同人体美有相通之处，这些正符合文艺复兴运动的人文主义观念。

文艺复兴时期的建筑特点是推崇基本的几何体，如方形、三角形、立方体、球体、圆柱体等，进而由这些形体倍数关系的增减创造出理想的比例；在建筑设计及建造中大量采用古罗马的建筑主题：高低拱券、壁柱、窗子、穹顶、塔楼等，不同高度使用不同的柱式。建筑物底层多采用粗拙的石料，故意留下粗糙的砍凿痕迹，有些门窗也采用这种作法。文艺复兴时期的建筑结构、建筑风格是全新的，突破了风格主义的常规，创造出一种新颖而生动的活力。其发展过程大致可分为以下几个阶段：以佛罗伦萨的建筑为代表的文艺复兴早期（15世纪），以罗马的建筑为代表的文艺复兴盛期（15世纪末至16世纪上半叶）和文艺复兴晚期（16世纪中叶和末叶）。

意大利文艺复兴早期建筑的著名实例有：被誉为“文艺复兴第一朵报春花”的佛罗伦萨大教堂中央穹窿顶（1420～1434年），设计者是勃鲁涅列斯基，大穹窿顶首次采用古典建筑形式，打破中世纪天主教教堂的构图手法，是文艺复兴开端的标志（图2-1-47）；佛罗伦萨的育婴院（1421～1424年）同样也是勃鲁涅列斯基设计的；佛罗伦萨的美第奇府邸（1444～1460年，图2-1-48），设计者是米开罗佐；佛罗伦萨的鲁奇兰府邸（1446～1451年），设计者是阿尔伯蒂。

图2-1-47 佛罗伦萨大教堂

图2-1-48 美第奇府邸

意大利文艺复兴盛期建筑的著名实例有：罗马的坦比哀多神堂（1502～1510年），设计者是布拉曼特；圣彼得大教堂（1506～1626年，图2-1-49）又称梵蒂冈大殿，由米开朗基罗设计；罗马的法尔尼斯府邸（1515～1546 年），设计者是小桑迦洛等。

意大利文艺复兴晚期建筑的典型实例有维琴察的巴西利卡（1549 年）和圆厅别墅（1552 年，图 2-1-50），两座建筑设计者都是帕拉第奥。

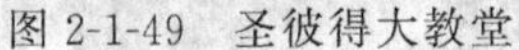

图 2-1-49　圣彼得大教堂

图 2-1-50　维琴察圆厅别墅

在这一时期出现了不少建筑理论著作，大多是以维特鲁威的《建筑十书》为基础发展而成的。这些著作渊源于古典建筑理论。特点之一是强调人体美，把柱式构图同人体进行比拟，反映了当时的人文主义思想。特点之二是用数学和几何学关系如黄金分割（1.618∶1）、正方形等来确定美的比例和协调的关系，这是受中世纪关于数字有神秘象征说法的影响。意大利 15 世纪著名建筑理论家和建筑师阿尔伯蒂所写的《论建筑》（又称《建筑十篇》），最能体现上述特点。文艺复兴晚期的建筑理论使古典形式变为僵化的工具，定了许多清规戒律和严格的柱式规范，成为 17 世纪法国古典主义建筑的范本。晚期著名的建筑理论著作有帕拉第奥的《建筑四论》（1570 年）和维尼奥拉的《五种柱式规范》（1562 年）。

2.1.4.5　意大利台地园的艺术特征

文艺复兴初期，文学和艺术飞速进步，文人、贵族开始追求田园趣味，园林建设大行其道。意大利是文艺复兴时期的经济中心，佛罗伦萨更是文艺复兴的发祥地，因此意大利园林是最具代表性的文艺复兴园林，其造园艺术成就很高，被誉为世界四大古典园林流派之一，在世界园林史上占有及其重要的地位，其园林风格影响到法国、英国、德国等欧洲国家。

别墅园是意大利文艺复兴园林中最具代表性的一种类型。别墅园林多半建立在山坡地段上，就坡势而作成若干的台地，即是被后世熟知的意大利台地园。意大利的山地和丘陵占国土总面积的 80%，是个多山多丘陵的国家，这里夏季在平原上既闷且热，而在山丘上，气候就令人感到迥然不同，白天有凉爽的海风，晚上有来自山林的冷空气，因此意大利的地理、地形和气候特点，是台地园形成的重要原因。

文艺复兴初期的庄园多建在佛罗伦萨郊外风景秀丽的丘陵坡地上，选址时比较注重周围环境。园地顺山势辟成多个台层，各台层相对独立，还没有贯穿各台层的中轴线。建筑位于最高层以借景园外，喷泉、水池常作为局部中心，并与雕塑结合，注重雕塑本身的艺术性。水池形式则比较简洁，理水技巧也不太复杂。绿丛植坛是常见的装饰，但图案花纹也很简单，多设在下层台地上。这一时期对植物学的研究有很大发展，创办了帕多瓦植物园和比萨植物园。在其影响下，如雨后春笋般兴建起来的植物园，丰富了园林植物的种类，对园林事业的发展起到积极的推动作用。同时，植物园本身也逐渐加强了装饰效果和游憩功能，以后发展成为一种更具综合效益的园林类型。这一时期代表性的实例有：卡雷吉奥庄园、卡法吉奥罗庄园、菲埃索罗美第奇庄园等。

文艺复兴中期的台地园主要有以下特征：①园林布局严谨，有明确的中轴线贯穿全园，联系各个台层，使之成为统一的整体。中轴线上以水池、喷泉、雕塑及造型各异的台阶、坡道等加强透视的效果。景物对称布置在中轴线两侧，各台层上常以多种理水形式，或理水与雕塑相结合作为局部的中心；②园中的理水技巧已十分娴熟，注重水的光影效果和音响效果，甚至以水为主题，形成丰富多彩的水景。水风琴、水剧场、秘密喷泉、惊愕喷泉等，加强了园林的游乐功能；③植物造景日趋复杂，由密植的常绿植物形成的高低不一的绿篱、绿墙、绿色剧场的天幕、侧幕、绿色的壁龛、洞府等比比皆是，花坛、水渠、喷泉等细部造型也由直线变成各种曲线造型，令人眼花缭乱。这一时期代表性的实例有：罗马美第奇庄园、埃斯特庄园（图 2-1-51）、兰特庄园（图 2-1-52）、波波里花园等。

图 2-1-51　埃斯特庄园

图 2-1-52　兰特庄园

2.1.5 巴洛克时期的城市景观

巴洛克时期是西方艺术史上的一个时代，大致为17世纪，其最早的表现，在意大利为16世纪后期，而在某些地区，主要是德国和南美殖民地，则直到18世纪才在某些方面达到极盛。

在城市设计领域，一般认为，早期文艺复兴只是对西欧中世纪城市进行了一定程度、恰到好处的修改，扩建了广场和新建了部分建筑群。而真正对西方城市设计产生决定性影响并改变其城市格局的，则是16世纪以后的巴洛克城市设计。

2.1.5.1 社会背景

巴洛克从形式上看是文艺复兴的支流与变形，但其思想出发点与文艺复兴截然不同，它是为了教权与君权的强化而服务、应运而生的。

与早期的文艺复兴相比较，巴洛克城市设计有着明确的设计目标和完整的规划体系。在指导思想上，它是为中央集团政治或寡头政治服务的；在观念形态上，它是当时几何美学的集中反映。当时，西方社会以权力至上的君主、贵族和有雄厚财力的新兴资产阶级权贵为主流的城市生活，具有明显的豪华虚张的社会特性，如盛大的阅兵、铺张的宫廷生活和繁琐的社交仪式，都需要一种戏剧化的环境和场所来展开。于是，建筑的外观和内部装饰出现了利用透视幻觉和增加层次来产生戏剧化布景的效果，同时还采用波浪形曲线与曲面以及光影变化来产生虚幻与动感的气氛。

2.1.5.2 城市空间特点

在城市设计中，巴洛克的典型做法就是彻底打破西欧中世纪城市自然、随机的城市格局，代之以整齐的、具有强烈秩序感的城市轴线系统。宽阔笔直的大街串起若干个豪华壮阔的城市广场，几条放射性大道通向巨大的交通节点，形成城市景观的戏剧性高潮。在当时城市生活的背景下，贵族们享乐需要以及轮式马车的出现，催生了宏伟的城市轴线和城市大街。街道两侧的建筑安排得整整齐齐，建筑檐口高度也整齐划一，一望无际，消失在远处广阔的空间里。巴洛克城市设计就是为当时新贵们的生活提供一种前所未有的城市体验，这种极端“戏剧化”的形式与效果也正好迎合了当时君主与教皇们的心理需求。

公元17世纪封丹纳所作的罗马改建规划可以看作是巴洛克城市设计的典范。他拓宽了罗马城的主要街道，建造了若干广场和喷泉，其中有三条笔直的道路从不同方向通向罗马北端波波洛广场。它们的轴线在椭圆形广场上相交，并在交叉点上设置一个方尖碑作为几条放射式道路的对景（图2-1-53）。在街道两侧整齐的街景衬托下，广场和纪念性建筑群便是整个城市空间的高潮。

波波洛广场的主体部分长165m，宽103m，总面积约为1.75hm^2。主体平面由一个长方形和两个半圆构成，所有轴线汇集于方尖碑。广场的引力伸向三条轴向道路，而三条道路的汇入点由卡洛拉伊纳尔迪于1662年设计的双子教堂控制。整个广场以严密的轴线、穹顶、方尖碑、悠长的街道对景作为设计要素，将广场空间纳入城市空间结构，成为城市的一部分。波波洛广场是巴洛克艺术首次将城市广场空间与城市道路体系紧密结合的实例。

巴洛克广场的代表作首推圣彼得广场（图2-1-54、图2-1-55），它作为圣彼得大教堂的前广场，是西方天主教的中心。广场由三个相互连接的单元构成：教堂正面的梯形列塔广场，中间由两个半圆和一个矩形构成的近似于椭圆形的博利卡广场，以及东端的鲁斯蒂库奇广场，但通常意义上的圣彼得广场指前两者。其中列塔广场面积约为1.27hm^2，博利卡广场椭圆长轴为194m，短轴125m，面积约为2.1hm^2。广场与大教堂共同确定了一条东西走向的主轴线，但博利卡广场的长轴与主轴线垂直，构成整个空间群体上的方向变化。

图 2-1-53　波波洛广场鸟瞰图

图 2-1-54　圣彼得广场的中轴线

博利卡广场的两个半圆部分被宏大的柱廊包围，中间部分完全敞开。广场中心点是方尖碑，它与两侧的喷泉加强了这一空间单元的长轴线。方尖碑也是整个空间群体主轴线上的重要元素，它与圣彼得大教堂构成空间对应。广场地面的八条放射形轮辐状图案来自于椭圆的长短轴以及矩形的对角线，他们以严格的几何关系指向方尖碑，烘托着这个中心点的空间效果。从博利卡广场进入列塔广场的交界处空间收缩，形成视觉停顿。同时列塔广场的地面向圣彼得大教堂逐渐抬高，衬托出大教堂的庄严。

巴洛克城市设计对后世产生了非常深刻的影响，它催生了法国的唯理主义。几个世纪以后，它还受到某些新兴集权国家权贵们的青睐。它那种豪华铺张以及壮观的城市构图对大多数统治者们有着很大的吸引力。

唯理主义也称古典主义，在 17 世纪以法国为中心，向欧洲其他国家传播，后来又影响到其他地区。其美学的哲学基础是唯理论，认为艺术需要严格的像数学一般清晰的规则和规

图 2-1-55　圣彼得广场鸟瞰图

范。从古至今，城市设计的主要目标之一就是追求城市秩序，这一点在专制统治时期尤其明显。在城市设计与社会生活中，权力始终是决定一切的因素。17 世纪的法国，国王与资产阶级相结合建立了中央集权的绝对君权国家。随之而后，西方世界的一切科学、文学、艺术与建筑纷纷转向为君主政权服务。唯理主义与古典主义便是此时期绝对君权制度的产物。

唯理主义的奠基人是笛卡尔，他指出：检验真理的标准和获取正确知识的途径不是感觉经验，而是理性。他主张用理性代替盲目信仰，反对宗教权威，具有进步的意义。唯理主义的方法论基础是一元论，它是不依赖感性经验的、理性的、超时空的，也是绝对和唯一的，这种思想方法彻底否定了千百年来建筑与城市设计领域传统经验与建筑师个人感性的重要性，抛弃了中世纪以来自下而上的逐步累积的城市设计方法。其社会背景是占绝对统治地位的君权政体要求在社会生活的一切领域体现其唯一的、有秩序和有组织的、永恒的王权至上要求，其平面布局强调轴线对称，主从关系，中心突出，规则的几何形体和数的度量关系。由此所产生的严谨、对称与均衡的秩序才是永恒和高度完美的。

自唯理主义之后，由地标、广场和景观大道所构成的星形规划逐渐成为欧洲城市设计的主流。在巴黎，为了颂扬帝国的光荣和更好地为权威服务，主要改建了贵族区，重点建设了城市中心主轴线，并以纪念碑、纪功柱和纪念性建筑群点缀广场与街道，使之彼此呼应，形成城市中心区的帝都风貌。这种建立在数学与几何关系上的城市空间设计具有严密的逻辑关系和理性色彩。其主要手段是以若干具有纪念性的建筑物如方尖碑、凯旋门、教堂或广场作为城市中的地标或设计基点，由此放射出若干几何轴线，打通各个地标之间的视觉通廊，建立相互间的联系，并形成景观大道。这种以地标和几何轴线建立城市空间基本骨架的方法具有清晰的城市秩序感，并且更具开放性。

但是，唯理主义的城市设计和改造大部分是表面文章，并未解决实质性的城市问题，尤其是贫民窟问题。新开辟的、光鲜的林荫大道背后又立即出现了新的贫民窟，广大市民在城市改造中未得到丝毫好处。唯理主义所开创的极力美化城市的做法被后来的城市设计盲目效仿，尤其在某些殖民地和新兴的集权国家，其影响之大，甚至超出了唯理主义的发源地本身。

2.1.5.3　法国巴洛克园林的特点

巴洛克园林追求新奇，表现手法夸张，园中大量地充斥着装饰小品。园内建筑物的体量都很大，占有明显的统帅地位。园中的林荫道纵横交错，植物修剪技术发达，绿色雕塑物的形象和绿丛植坛的花纹日益复杂精细。这一时期的园林不仅在空间上伸展得越来越远，而且园林景物也日益丰富细腻。另外，在园林空间处理上，力求将园林与其环境融为一体，甚至将外部环境也作为内部空间的补充，以形成完整而美观的构图。

16世纪的法国园林最初受意大利文艺复兴和巴洛克的影响，常结合乡村别墅和花园做成台地状，后来由于宫廷活动的增加以及法国贵族喜爱狩猎，在城市郊区，尤其是巴黎郊区出现了许多几千公顷以上的巨大狩猎公园。在狩猎活动中，贵族们为了从一个森林到另一个森林寻找猎物，在森林中开辟出长、而且直的通道，于是形成了森林中两侧有列树的笔直交叉道路，有些狩猎公园甚至有复杂的、如蜘蛛网状般的交叉道路。

法国造园大师勒·诺特的成名之作就是巴黎郊外维贡府邸花园（图2-1-56），他将星形规划和规则的几何图案应用于设计之中。他以宫殿为核心，在其南北两端构成一条长达1km的放射形轴线汇集于宫殿前的半圆形广场前，宫殿东西两侧的花园采用对称几何形布置，期间分布着由多色花草组成的、修剪成几何图案的花圃，点缀着雕像、台阶和假山洞。放射形轴线两侧是茂密的树木，林间小径也是笔直的，并组成图案。所有大道和小径都有雕像、柱廊、喷泉之类作为对景，这个花园无论从艺术构思还是布置手法上看，都彻底体现了唯理主义强调轴线和主从关系、追求抽象的对称与协调、寻求艺术作品纯粹的几何结构和数学关系的原则，因此十分受君主和贵族们的青睐。国王路易十四在看到维贡府邸后，立即下令把它的造园师和建筑师调去建造凡尔赛宫和它的花园。

图2-1-56　维贡府邸花园

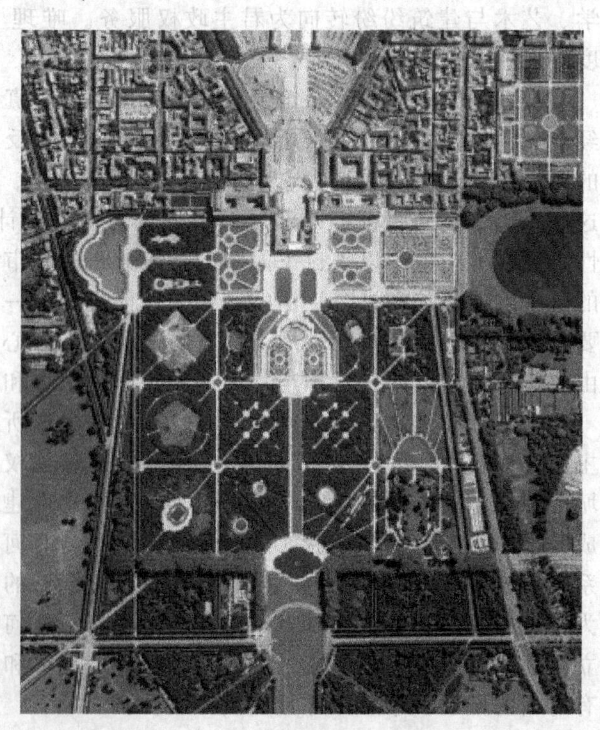

图2-1-57　凡尔赛宫航拍图

凡尔赛和它的花园设计进一步体现了勒·诺特星形规划和几何构图的原则，并首次将宫殿、花园、城镇以及周围的自然景观纳入到一个巨大的轴线体系和园林景观中，建筑、园林与城市三位一体。在凡尔赛宫的具体设计中，勒·诺特以路易十四的卧床为中心发散出一条轴线形成控制整个景观的主要道路骨架，按此修建的三条放射形林荫大道分别通向巴黎城区和国王的另外两处行宫，中央轴线则穿过宫殿贯穿整个花园（图 2-1-57～图 2-1-59）。

图 2-1-58　凡尔赛宫全景

图 2-1-59　凡尔赛宫中轴线

凡尔赛的花园布置同样概念清晰而突出，有明确的中心、次中心以及向四处发散的放射形路网。这些笔直的轴线和园路将人们的视线引向远方，向心、开放、具有无限的伸展性。整个园林及周围的环境都被置于一个无边无际、由放射形的路径和节点所组成的系统网络笼罩之下。理性、清晰的几何秩序扩展至自然当中，控制着整个园林的形态，突出地表现了人工秩序的规整美，反映出控制自然、改造自然和创造一种明确几何秩序的愿望。

凡尔赛宫的总体设计对欧洲各国的城市设计产生了十分深远的影响。首先是巴黎，它的主轴线尤其是后来建成的从卢浮宫到星形广场的一段，其总长度以及路上小广场节点的布置同凡尔赛中轴线相符（彩图 2-1-60）。它所确立的由纪念性地标、广场和景观大道所构成的星形规划，此后几个世纪风行欧美，也成为后来许多殖民地国家城市设计的样板。

总体来说，不同历史时期、不同地区、不同文化背景下的不同城市都有城市景观的独特表现，如古希腊城市的视觉流线、古罗马城市的整体秩序、中世纪城市的有机生长、文艺复兴城市的理性均衡和巴洛克城市的唯理严谨等。其实，任何一种城市设计背后都有某种城市社会生活的历史背景，都是当时社会政治生活发展的必然结果，然而其遵循的基本原则只有一条，这就是：城市景观的形成应是与当时城市社会生活相辅相成的，尤其是应与城市人文背景相互适应。

2.2 中国古代城市景观的演变

我国城市型居民点最早诞生于的原始社会向奴隶社会过渡的时期，城市从最初的雏形演变成现今的城市形态已经走过了大概 4000 年的时间，可谓历史悠久。传说从夏代开始便有了“筑城以卫君，造郭以守民”的说法。当时的城和郭所圈定的范围便是我国最早期城市的位置。与此同时，随着生产工具的进步，生产力不断提高，生产发展产生了剩余产品，而有了剩余产品和私有财产就需要交换，于是就有了固定的交换的场所，这就是“市”。我国最早期的城市的主要职能就是防御作用和交换的场所。我国城市的营造第一次有固定的规划制度产生于周代。春秋战国时期的《周礼·考工记》记录了许多详细而严谨的城市营建制度，并且对后世几千年的城市营造产生了巨大而深远的影响。当然，在我国长达几千年的城市建设史中，对于城市建设的理解并不是单一封闭的，不同时代的城市景观受到许多不同的主观思想和客观情况的影响，因而产生了一大批瑰丽的文化遗产，也对当今我国的城市建设产生了深远的影响。

2.2.1 中国古代城市的空间格局

2.2.1.1 城市的产生与发展简史

研究表明，距今约四千多年前的夏商时代中国已经有城市，到了春秋战国时代，中国城市的规模已经很大，城市功能已很复杂。由秦开始，中国就实行中央集权的郡县制，城市的职能很大程度上同行政管辖权限相关。有作为全国政治中心的都城，如秦咸阳、唐长安城、北宋开封、明清北京城等；也有地区性的中心城市，如州郡的治所。元明以后，行政区划逐渐形成“省”的建制，省会就是地区性的政治、军事、经济、文化中心，如太原、济南、南昌等。还有省以下地区性的政治、经济中心城市，或称府，或称州，如南阳、大同、潮州、泉州等。再往下是数量众多的县城。各级政治中心城市的规模不等，但都是不同官府、衙门在其中占据主要地位，并建有寺庙和文化机构如孔庙、学宫等。都城的规模最为宏大，城市的形制也最为完整，当时社会统治阶级的主流意识，在都城形态特征的发展演进过程中均有鲜明体现。

中国古代城市规划思想经过自西周时期到清代两千多年的发展，自成一体。相关的古代著作虽成书于先秦，但到两汉以后才被提到理性的高度并大规模付诸实践，之后宋代的市坊制度改革，又对古代城市的形制产生巨大影响。各朝代的都城是同一时期最具代表性的城市，为了更好把握我国古代城市的发展脉络，本书将西周以来我国不同时期古代都城的发展进程分为三个阶段。

(1) 春秋战国—秦—西汉：对西周营国制度的大胆革新

西周是我国奴隶社会制度发展更为健全的朝代，为维护宗法奴隶制度，城市建设逐渐形成了一套规制，就是传统的营国制度：“匠人营国，方九里，旁三门。国中九经九纬，经涂九轨。左祖右社，前朝后市，市朝一夫”，对我国后世都城形态特征的形成影响尤为深远

（图 2-2-1、图 2-2-2）。

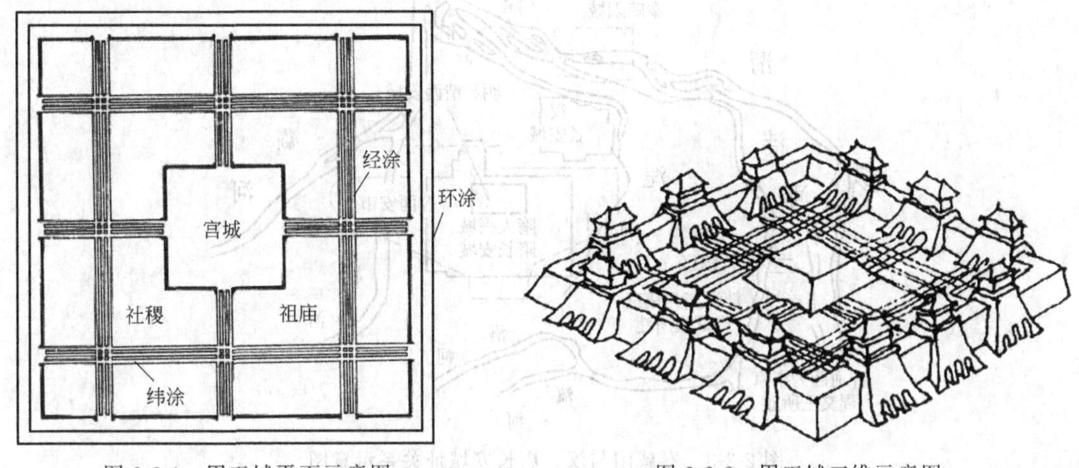

图 2-2-1　周王城平面示意图　　图 2-2-2　周王城三维示意图

春秋战国时期是我国社会发展由奴隶制转化到封建制的大变革期，原来周天子至高无上的权威，这时已岌岌可危，原来森严的礼制秩序难以维持，革新旧传统、旧制度是这一时期社会发展的主流。由于封建制度刚刚建立，新兴的统治阶级刚刚登上政治舞台，还没有来得及建立起一套适应封建专制的城市建设制度，各诸侯国的各种学术思想包括建城思想也异常活跃：因地制宜，利用地形地势，形态不必方方正正，道路不必横平竖直的城市建设思想得到广泛实践，同时城市也改变了过去纯粹的政治军事堡垒功能，经济功能日渐增强。这一时期各国都城形态，一个共同点是一般都有大小两个城池，即有“城”、“郭”之分的形态结构：政治活动中心布局在城内，经济活动中心均置于郭内。“城”和“郭”的单体形态及组合形态均呈多样化，与西周王城不同，没有统一、固定的模式，并且城内道路网虽继承了传统的经纬涂制，但道路数量、等级以及道路网规划根据实际要求而定，不为旧制所约束，道路网形态更倾向自由布局。

秦本着法家革新观念，都城建设一方面沿袭战国时代各国都城建设的精华，另一方面进一步对旧制进行革新，形成秦制。秦咸阳在总体形态上，没有城垣约束，跨渭河南北两岸，以地势高亢之渭北区布设宫城，构成以宫廷为主体的政治活动区，渭河南以市为主形成经济活动中心，借地势之高低错落，表现分区主次关系。秦都不建外郭，以咸阳宫为中心，把核心区、外围区和京畿区有机相连，采取宫自为城，依山川险阻为环卫，形成规模宏阔的都城整体形态。由此可见咸阳形态结构突破人为的约束和传统井田概念的桎梏，不追求形态上的规整，随地因形的空间结构，是对旧制的扬弃和对春秋战国城市布局规划特点的继承和发展。

西汉长安城是在秦咸阳城渭南宫殿区基础上改造重建而来（图 2-2-3），两城在规划理念上具有传承性，特别是咸阳的宏观规划形态对西汉长安影响尤为深刻，所以长安城形态具有如下特征：继承春秋战国时期城、郭组合结构，革新旧的“择中立宫”传统，以宫廷为主的政治活动中心布置在都城中南部，以市、里为中心的经济活动区在都城内的北部，并且突破城垣，以横桥为纽带联结渭河南北两岸，使经济活动区不以城垣为限，而是从区域中心的高度，做出统筹安排。汉长安城内宫城用地所占比例较大，深刻的表现了帝居在整个都城中的主体地位，主体建筑未央宫置于高地，俯瞰全城，运用“高”、“大”、“多”为贵的封建礼制等级观念，以表达帝制的尊严。与秦咸阳相比，汉长安城的布局形态又有所创新和发展。首先，它改变了秦咸阳松散的布局状态，将宫殿、官署、市场、居民区置于同一大城之内；其次，汉长安城的平面形态虽不甚规整，但基本近于正方形，多少有点附会《周礼·考工记》

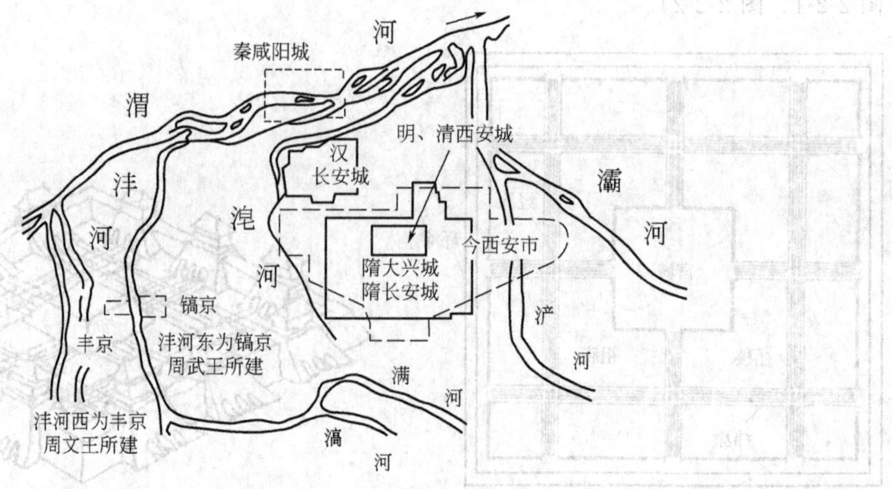

图 2-2-3　秦咸阳与汉、唐长安城址关系示意图

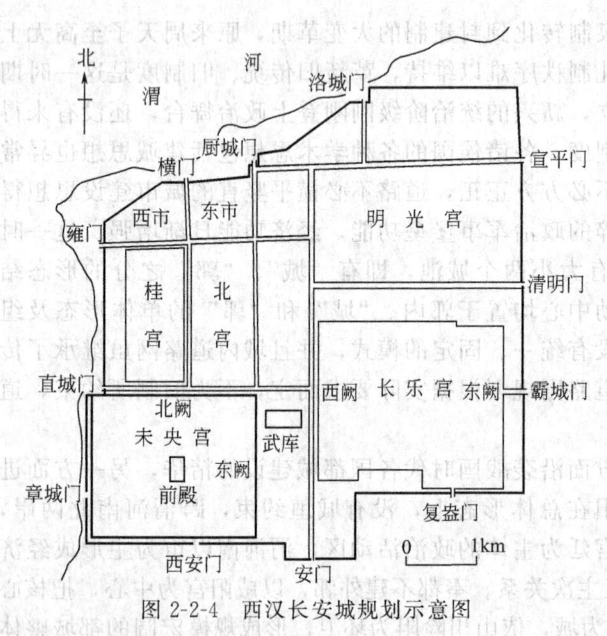

图 2-2-4　西汉长安城规划示意图

的规制（图 2-2-4）。西汉后期，儒家复古思想渐渐抬头，但这种思潮对西汉当时的都城形态影响有限，却为西汉以后都城形态的演变埋下了伏笔。

（2）东汉—隋唐：规整方正、严格中轴对称的封闭式形态

西汉前期建都之始，已有复古尊周制之意图，汉武帝独尊儒术，王莽托古改制，儒家思想影响更大，因此营国制度传统体系对都城建设影响加深。自东汉开始，经曹魏、北魏到隋唐，尽管这段时期各民族文化交流融合发展很快，但华夏文化传统的正统地位没变，崇儒尚礼思想一直是社会意识主流，儒家思想在封建社会的统治地位进一步得到确立，为继承和革新营国制度传统奠定了坚实的基础。

东汉开国继承了西汉后期的尊儒传统，都城布局形态指导思想虽部分保持了西汉时的革新，但主要是继承营国制度的复古探索。魏晋南北朝时期，儒家思想继续强化，对传统营国制度的继承和发展是这一时期城市建设的典型特点，城市形态在紧凑中追求统一，尊卑有别的礼制风格由逐步形成到十分成熟严谨。

隋唐两代是在社会长期动荡的基础上重新建立起来的大一统帝国，封建皇权政治逐步高度集中，贞观之治和开元盛世是我国封建社会盛期。在这一时代背景下，城市建设对营国制度传统的继承和发展都达到了一个新的高度，表现封建王朝强权统治的“坊市”制封闭形态也达到了顶峰。这一时期都城空间形态的共同特征是：中轴线由局部发展到贯穿全城，形成严谨对称布局的空间形态；宫城由多宫演变为单一的宫城，并且位置北移居中，形成了由宫城、皇城、外郭城组成的不完整三重环套结构，都城形态向规整化发展；道路网由简单的方格状演变为复杂的、十分完善的棋盘状结构，“坊”的排列也从不规整发展为整齐划一的形态；市场位置从

城北迁移到城南，形成“前市后朝”的形态格局，这一变化是与宫城北移和宫城面积比例减小同时产生的；都城中充分运用水系改善供排水系统，并建造园林池沼美化城郭环境。这一时期的都城形态尽管有种种变化，但都具有封闭式形态的共同特征，都城形态的扩展主要是内部结构的重组，很少突破城墙到城外发展。虽然这一时期在城市建设上取得了较大的成就，但封闭的坊市制形态严重阻碍了商品经济的发展，随着城市经济功能的增强，改变封闭的坊市制度，以适应社会经济发展的要求愈来愈强烈。封闭的坊市制在唐代中后期逐渐被打破，经过晚唐、五代十国时期的酝酿和探索，在北宋时期坊市制终于全面崩溃，诞生了新的街市形态。

（3）宋、元、明、清：革新精神与传统营国制度的辩证统一

宋元明清时期，我国封建社会政治统治中心在地理位置上发生了大的迁移，先自西向东，再从南向北，元、明、清皆在北京定都，由此确立了北京成为我国封建社会后期政治中心的地位。同一时期，封建社会的经济格局也发生了很大变化，从中唐开始，经济中心渐呈南移之势，到宋代经济中心彻底转移到了江南，政治中心与经济中心完全分离，北方政治中心对对南方经济富庶区依赖程度日益加深，这一格局一直到清末都未再发生逆转。

北宋东京的城市空间形态结构作了重大调整，最深刻的变革是封闭的坊市制的解体和街市制的诞生，之后的元明清三代都城的形态在此基础上进一步发展完善，把都城营国制度精华推向新的高峰。

与北宋东京的形态相比，元明清三代都城形态的演变倾向首先是进一步恢复传统宗法礼制思想，整个都城以皇城为中心，重点突出，主次分明，运用强调轴线的手法，在中轴线上布置了城阙、牌坊、华表、桥梁和各种形体不同的广场，配以两旁的殿堂，创造了宏伟壮丽的景象，增添了宫殿庄严的气氛，使都城政治空间形态更显示出封建帝王至高无上的权威，符合封建都城政治功能的要求（图 2-2-5）。其次是进一步完善坊市制解体后经济活动区和居民住区的形态结构，随着社会的发展，元明清都城的工商业逐渐向专业化方向迈进，不仅行业分工愈细，各行业之间的协作水平也日益提高，都城商业网形态表现出专业分区——“行业街市”类型增多、综合性商业区规模日增、基层商业网点密度增大、商业活动集中在街市等特点，这样更有利于都城经济功能的发挥及城市居民居住和生活环境的改善，也更符合都城经济功能的要求。

宋元明清时期都城建设重视革新精神与发展营国制度传统的辩证统一，以革新促进传统发展，又以发展传统促进革新，两者相辅相成，推动营国制度传统的发展，都城建设达到更高的水平，符合封建社会后期的时代精神。

2.2.1.2　古代城市规划思想概述

我国古代城市的营建具有悠久的历史传统。随着社会经济的发展，产生了许多具有极高城市规划价值的历史城市，也是世界城市规划建设艺术的瑰宝。中国古代城市规划强调整体观念和长远发展，强调人工环境与自然环境的和谐，强调严格有序的城市等级制度。这些理念在中国古代的城市规划和建设实践中得到了充分的体现，同时也影响了日本、朝鲜等东南亚国家的城市建设实践。但是总体而言，中国古代并无系统的城市规划理论，也无这方面的专门论著，而是零散地分散与《考工记》、《商君书》、《管子》、《墨子》等书籍之中。由于我国古代的政治制度很完善，风水、阴阳五行等概念也逐渐被系统化，两者结合起来也形成了一些城市规划的思想，对城市布局有很大的影响。这些传统的规划制度及规划思想虽然有些是封建迷信的糟粕，但也有一些是城市规划建设的经验总结，是优秀规划手法的汇总。总的来说，我国古代城市的营建主要受以下这三种思想的影响最大：

（1）遵从礼制的营建思想

我国古代城市形制长期受到以礼制为核心的封建政治制度的影响，礼的基本思想是天意

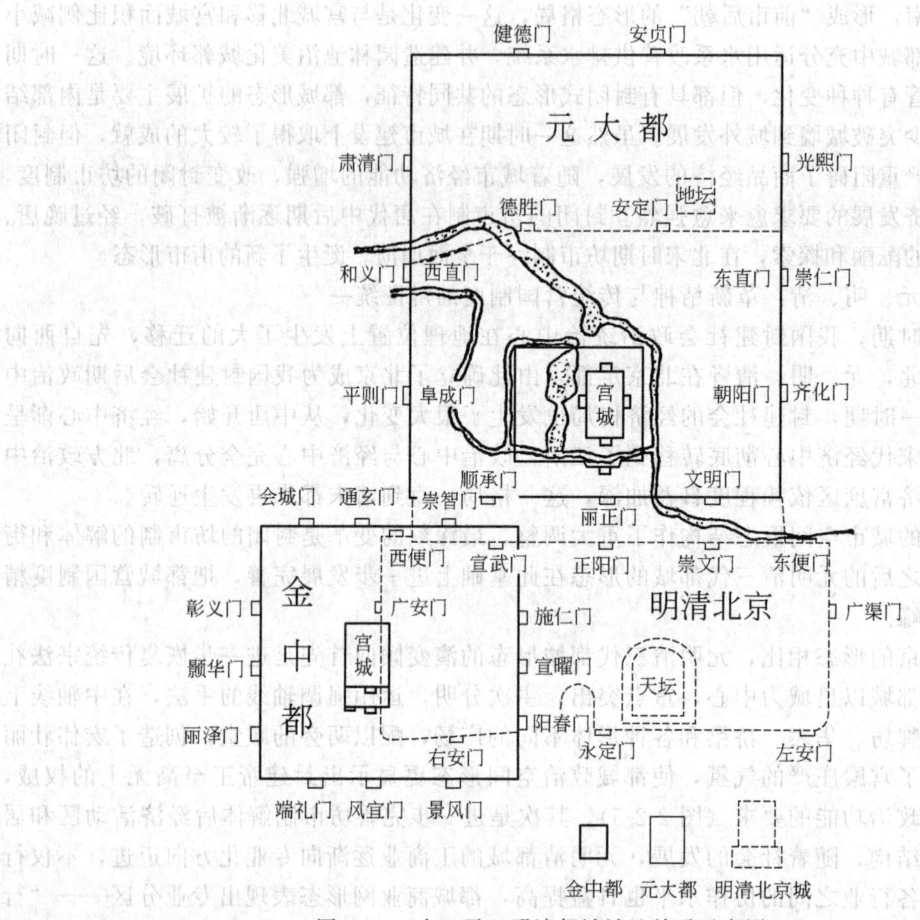

图 2-2-5　金、元、明清都城城址关系示意图

不可违，君臣、长幼等尊卑有序。表现在城市规划中特别强调方位，并借助传统文化观念中对数、方位等的尊卑高下内涵，以界定礼制的等级位序。城市内部的建筑尊位多被理解为城市的中心，故多择中而立宫，其他建筑按礼制沿轴线各行其位，如前朝后市，左祖右社，文左武右。在地方城市中，其规格一般低于都城，但也都以官署楼阁或学馆等置于城市中心或轴线上。封建政治制度的内涵，直接形成了我国古代城市较为突出的有序感、整体感和较为统一的礼制规划风格。

《周礼·考工记》中记载的周朝都城形制，在秦朝一统天下之后长达两千多年的封建社会表现得更加淋漓尽致。汉长安，洛阳、唐长安、宋汴梁、元明清北京这些政治型大都城的规划都极大地受到了《考工记》传统宗法礼制思想的影响，其中元大都无疑代表了封建社会时期以礼制秩序营建城市的巅峰。其总体布局即为前朝后市，左祖右社；除北墙只开两门，其他三面均开三门，大体上符合都城十二门的规定；南北 9 街，东西 9 街；中轴线十分严整。元大都继承发展了唐宋以来中国古代城市规划的传统手法——三套方城、宫城居中、中轴对称的布局，且比以往都城的中轴线更加对称突出。这反映了封建社会儒家礼制中的“居中不偏”、“不正不威”的传统观点，把至高无上的皇权，用建筑环境加以烘托，达到为政治服务的目的。

（2）因地制宜的营建思想

礼制营建制度的城邑一般只适用于平原地区，在山地、丘陵地区和水网充沛地区都难以应用。于是，注重环境、因地制宜、讲求实用的规划思想应运而生，《管子》则是这一思想体系的代表作。管仲的规划思想："凡立国都，非于大山之下，必于广川之上，高毋近旱，而水用足；下毋近水，而沟防省；因天材，就地利，故城郭不必中规矩，道路不必中准绳。"明南京城的规划建设就有与环境自然相协调的规划思想的具体体现。明代南京城从内到外由宫城、皇城、京城（应天府城）、外郭四重城墙构成：皇城及宫城的布置完全继承历代都城规划而加以发展，大体上按照礼制思想营建，以体现皇朝的威严；应天府城即是现在的南京城，城墙按照河流湖泊、山丘等地形，利用淮河的天险，从防御要求出发修建，故呈不规则形状；外城主要从城市防御出发，在应天府外围，西北一段也是利用长江天险作为护城河，利用了自然环境与人的利益相协调。南京城很好地将城市与自然环境融合在一起，是我国古代少有的运用环境、因地制宜建城的佳作。《管子》从思想上完全打破了《周礼·考工记》单一模式的束缚，《管子》还认为，必须将土地开垦和城市建设统一协调起来，农业生产的发展是城市发展的前提；对于城市内部的空间布局，《管子》认为应采用功能分区的制度，以发展城市的商业和手工业。《管子》是中国古代城市规划思想发展史上一本革命性的、极为重要的著作，它的意义在于打破了城市单一的周制布局模式，从城市功能出发，理性思维和与自然环境和谐的准则得以确立，其影响极为深远。另一本战国时代的重要著作《商君书》则更多地从城乡关系、区域经济和交通布局的角度，对城市的发展以及城市管理制度等问题进行阐述。《商君书》中论述了都邑道路、农田分配及山陵丘谷之间比例的合理分配问题，分析了粮食供给、人口增长与城市发展规模之间的关系，开创了中国古代区域城镇关系研究的先例。除此之外，战国时代的越国按照《孙子兵法》为国都规划选址，临淄城的规划锐意革新、因地制宜，根据自然地形布局，南北向取直，东西向沿河道蜿蜒曲折，防洪排涝设施精巧实用，并与防御功能完美结合；鲁国济南城也打破了严格的对称格局，与水体和谐布局，城门的分布并不对称；赵国的国都建设则充分考虑北方的特点，于高台建设，壮丽的视觉效果与城市的防御功能相得益彰。

（3）象天法地的营建思想

"象天法地"运用到城市的营建上来说终究是统治阶级意志的体现，以人事中的事物喻示天空和大地上的事物，以此来掌握天地的运行规律，主宰万事万物。秦咸阳宫庙的布局完全是按照"象天法地"的思想来设计的，极庙为始皇帝生前的宫庙，象征着天上的天极星座，天极星即北极星，群星拱卫而最为尊贵。在咸阳城的规划中，咸阳宫象征着天上的"紫宫"，也是天极所在，又称中宫，是主宰宇宙的"天帝"所居；地面上，咸阳宫在渭水北岸，为主宰人间的天之骄子——皇帝所居，以其为中心，各宫庙环列周围形成拱卫之势，与天上的"紫宫"遥相对应。渭河象征着天上的银河，横亘天际，各个星座分布于河中及其两岸，璀璨夺目；地面上，渭河东西横穿咸阳，南北两岸宫庙台苑建筑错落有序，与天上群星上下交辉，垂直相映。渭桥象征着天上的阁道星，是位于咸阳宫南部渭河上的桥梁，后代称横桥，并通过复道、阁道建筑把地面上的咸阳宫与阿房宫连接起来，正像天上的阁道星连接紫宫与宫室一样（图 2-2-6）。秦咸阳在城市规划中的神秘主义色彩对中国古代城市规划思想影响深远，同时其城市中出现的复道、甬道等多重城市交通系统，在中国古代城市规划史中具有开创性的意义。

我国历史悠久，历朝历代所建制的城市不计其数，除以上三种影响最大的城市营建思想，其他的城市规划理念也在建城实践中有所体现，在下一小节中将结合实例阐述。

2.2.1.3 都城空间格局的演变

在我国几千年的城市建设史上，早在公元前 11 世纪已经建立了一套较为完备的、具备华夏特色的城市规划体系，后来随着社会的发展，该套系统不断得到革新和发展，对城市建设，尤其是都城的建设起到了重要的作用。因此在各个历史朝代，出现了一批在当时世界上知名的城市，如西周洛邑、汉长安、隋唐长安与洛阳、宋东京、元大都和明清北京等，这些

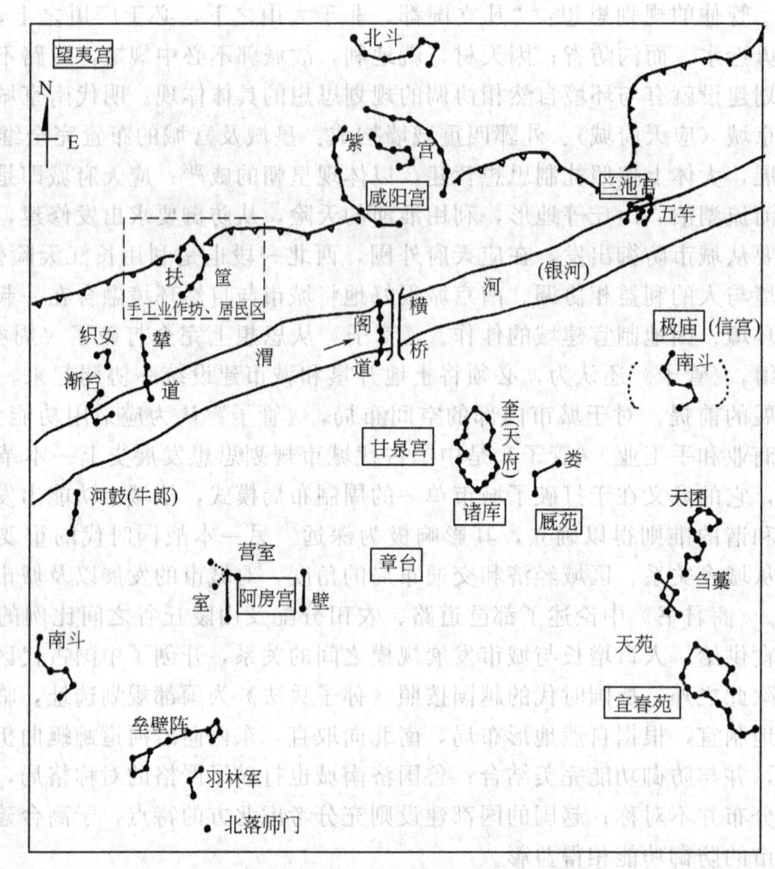

图 2-2-6　秦咸阳与星宿象征关系示意图

城市以其先进的规划，宏大的气魄和炫丽的景观一直为世人所称颂。本书将按照历史的发展顺序对这些城市的空间特点加以简要分析。

(1) 商代都城——西亳

中国在夏代已逐渐形成奴隶社会，至公元前 17 世纪，黄河下游的商部落攻灭夏朝，建立商朝，奴隶制社会有了进一步的发展。据考古发现，在殷商时代已经出现初具规模的城市，是作为奴隶主的驻地，在城市内集中着为奴隶主服务的各种手工业和商业。西亳是商朝的立国之都，位于今河南洛阳偃师城西。西亳城的布局继承了传统的以宫为主体的分区规划结构形式，表现为：宫室集中布置，并在城市外围再筑一道城墙，构成大城套小城的特殊形态，也由此构成城的中心区——宫廷区，以显示王者所居之处的尊贵；宫城位于全城中部偏南，即当时五方观念的尊贵之位，突出宫城在规划位置上的主体地位；宫城的南北中轴线作为全城规划的主轴线，各分区按此轴线布置，进一步强化了宫城对整体规划结构的控制作用（图 2-2-7）。

这些特征，不仅使中心地位的宫廷区得以突出，凸显了王者之尊的规划主题思想，而且由于宫廷区的向心凝聚力，使各种不同功能的分区结合在它的周围，从而形成一个有机总体，使城的规划结构整体性大为提高，并且试图通过建立强有力的中心区域以及按方位尊卑布置不同功能分区的办法，来建立城市的规划秩序。这种强化中心区在全局中的主导地位，建立分区规划秩序的手法，开拓了宫城的规划格局，既为传统的总体规划结构形式注入了新活力，也为后世在此结构形式上进一步发展开创了先河。

(2) 两周王城

奴隶社会发展到西周之后，已进入鼎盛时期，虽然仍继承前朝国家组织形式和宗法分封

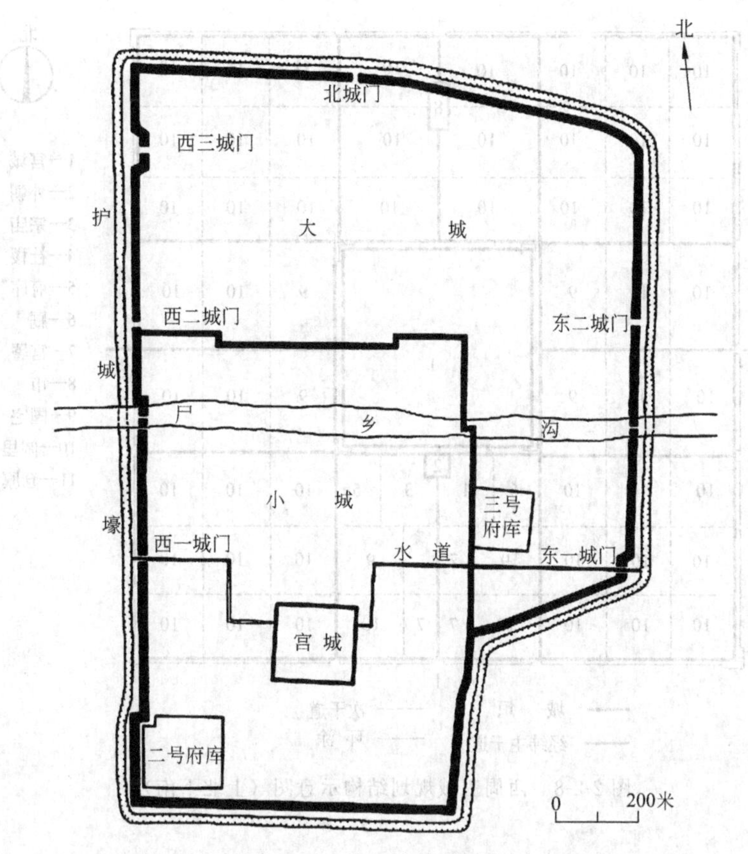

图 2-2-7 商西亳城总平面图

政体，但由于宗法制度的健全和严格的礼制制度的建立，使政权更为集中，这在都城规划方面也有所体现。西周自周公姬旦之后有两个都城：西部的镐京称为“宗周”，东部的洛邑称为“成周”，西周王城目前并无遗址被发现，只能从历史文献中有关记载来加以分析。从《考工记》王城规划制度和《逸周书》有关洛邑的记载可以了解到：总体上洛邑是继承商代国都以宫为中心的分区规划结构布局形势，在宫城外还有一道城墙，规模为方九里（周制），在外城的四边各开三门；在城内除宫廷区外，还有庙社、官署、仓库、市和闾里等功能分区（图 2-2-8）。由于周朝重视礼制秩序，再加上采用正南北的经纬制道路网，因此城按照井字被平均分为九个部分。这种做法使城的布局严谨有序，城的整体规划结构性强，比商都西亳的规划向前发展了一大步，进一步加以规律化的结果，这实际是西周礼制观念在都邑规划秩序上的具体表现。因此在城的总体布局上，中心突出，层次分明。这种逻辑性很强的严谨结构，充分体现了奴隶制王国王权之尊的规划主题思想。

如前文所述，东周春秋战国时期是我国社会由奴隶制发展到封建制的变革期，西周森严的礼制秩序难以维持，革新旧传统、旧制度是这一时期社会发展的主流。各诸侯国的建城思想也异常活跃，王城选址因地制宜，利用地形地势，形态不再方方正正，道路不必横平竖直。这一时期各国都城虽然形态各异，但有一个共同点是都有大小两个城池，即“城”和“郭”：政治活动中心布局在城内，经济活动中心置于郭内。“城”和“郭”的单体形态及组合形态均呈多样化，与西周王城不同，没有统一、固定的模式：曲阜鲁国故城的城和郭呈“回”字形；燕下都遗址、邯郸赵国故城、郑韩故城是城和郭并列；临淄齐国故城则王城位于外郭内西南角（图 2-2-9）。另外，始建于春秋末期的淹城形制也非常独特，三道城墙将城市围合划分为王城、内城、外城，每道城墙外均有护城河，三道城墙都只有一个旱路城门，

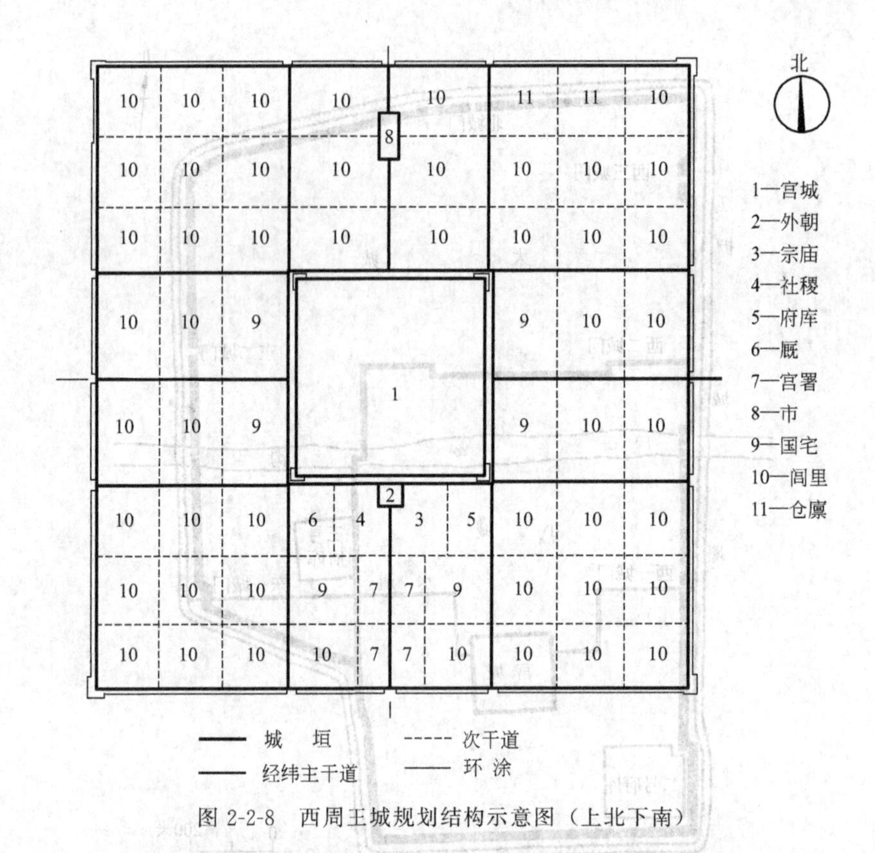

图 2-2-8　西周王城规划结构示意图（上北下南）

图 2-2-9　齐国故城遗址城郭关系示意图

且不在一个方向（图 2-2-10、图 2-2-11）。

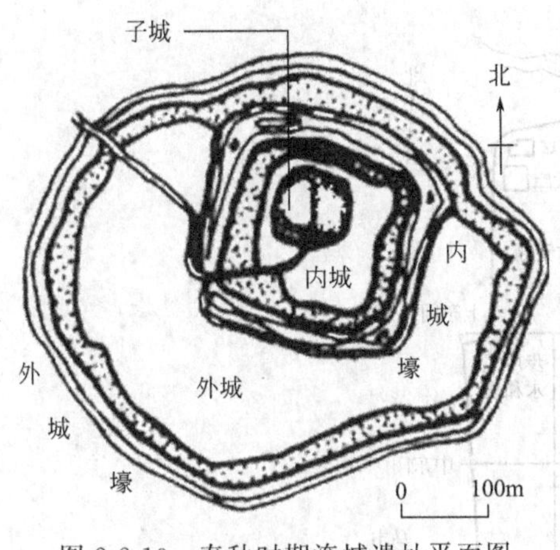

图 2-2-10　春秋时期淹城遗址平面图

图 2-2-11　常州春秋淹城遗址公园

（3）秦咸阳、（西）汉长安

城市空间布局分析与图片详见前文 2.2.1.1 小节所述。

（4）东汉洛阳

西汉之后，《考工记》作为《周礼》的组成部分，开始对都城建设造成重大持续的影响。刘秀建立东汉政权后，因为东汉王朝充斥着种种复杂的内外矛盾，刘秀不得不以西汉末期尊儒传统来作为调节手段，以巩固其统治秩序，这种统治意识必然在城市规划上有所反映，因而虽然曾经一度革新，但却仍保持着浓厚的儒家礼制观念的营国制度传统，势必被东汉所继承并进一步发展。东汉洛阳的总体布局按照以宫为中心的传统分区规划结构形式，在规划结构中贯穿了礼制的等级概念。主体宫——南宫的规划轴线，作为全城规划结构的主轴线，自南宫一直延及郊外的圜丘，借以突出天人感应的规划意识，显示君权在全城主体中的象征地位。主体宫署区置于南宫之东，权贵府第区位于宫廷区两侧近宫地带，仓库区居于城之东北角，市位于南宫之右后方，这些都按照方位尊卑布置，含有浓重的礼制气息，整个城市的总体规划结构都充分体现了营国制度中礼制规划的传统特色（图 2-2-12）。

（5）曹魏邺城

从三国开始，中国古代城市规划有了明确的意图、整体综合的观念，有处理大尺度空间的丰富艺术手法，也有修建大型古代城市的高超技术水平，在当时以及后世的城市建设中发挥了重要作用。三国时期曹魏的都城邺城（公元 213 年），虽然规模不大，但根据文献绘制的城市平面复原想象图，表明它是一个有整体规划，分区明确，以主要干道和宫殿建筑群形成中轴线布局的城市，对以后中国城市的布局影响较大。

邺城从形制上来说只能算是诸侯国的都城，但在其规划布局中，已经采用城市功能分区的布局方法，同时继承了战国时期以宫城为中心的规划思想，改进了汉长安布局松散、宫城与坊里混杂的状况。城市中间有一条通向东西主要城门的干道，把城市分为两部分：北半部为统治阶级专用地区，北部正中为宫城，其中布置一组举行封建典礼的宫殿建筑及广场；东西主干道下部为一般居住区，由若干划分方正的坊里组成。城市南北向有三条主干道，中轴线上的干道由城南门通向宫门及宫殿建筑群。宫城中大殿处于庭院正中，后为曹操寝宫，符合传统“前朝后寝”之制（图 2-2-13）。

邺城功能分区明确，结构严谨，城市交通轴线与城门对齐，道路分级明确。由于东西向的中间道路正对城门，且与南北向干道相交于宫门之前，这就把中轴线对称的手法从一般建

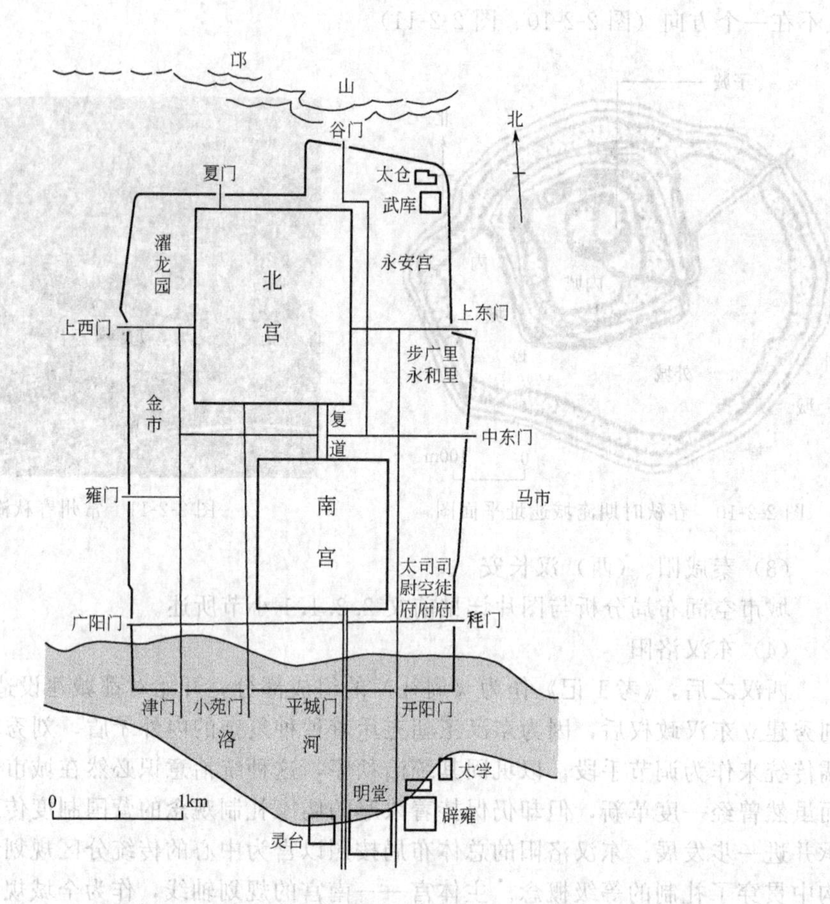

图 2-2-12　东汉洛阳城总平面图

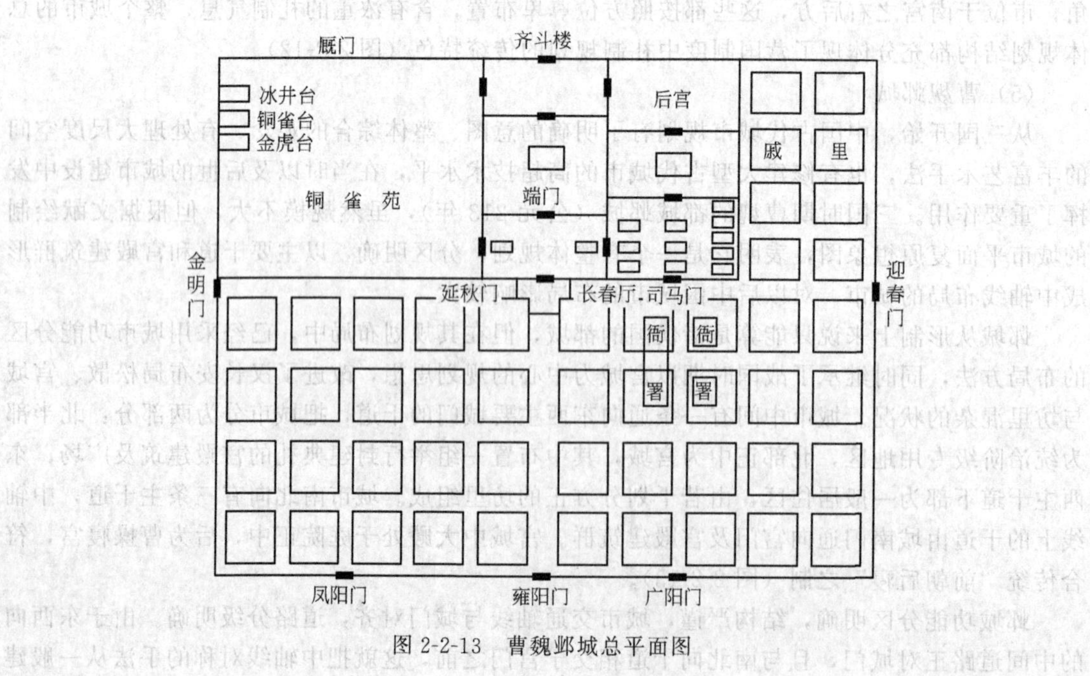

图 2-2-13　曹魏邺城总平面图

筑群扩大到整个城市。虽然曹魏邺城是在《考工记》营国制度影响下的一个新的尝试，但从平面布局上看，空间组织上缺乏《考工记》营国制度所显示出的单纯有力的秩序感。

(6) 北魏洛阳

南北朝时期，东汉传入中国的佛教和春秋时期创立的道教空前发展，开始影响中国古代城市规划思想，突破了儒教礼制城市空间规划布局理念一统天下的格局。具体有两方面的影响：一方面城市布局中出现了大量宗庙和道观，城市的外围出现了石窟，拓展和丰富了城市空间理念；另一方面城市的空间布局强调整体环境观念，强调“形胜”观念，强调城市人工和自然环境的整体和谐，强调城市的信仰和文化功能。

南北朝时的北魏由平城（今山西大同）迁都洛阳，对城市进行了大规模的扩建，在原来东汉洛阳城的东、南、西三面扩建居住里坊和市，形成王城居中偏北的布局。北魏孝文帝为了便于统治，在先人的基础上进一步发展了崇儒传统，以儒家思想作为准则来推行改制，因而儒家经典——《周礼》就成为他改革的理论依据，故《周礼》的营国制度对北魏洛阳的规划也有一定影响。其平面规划布局为：宫室集中布置在一座宫城内，置于内城中央偏西处；以宫、城、郭三重环套的城郭配置方式，按“择中”传统，将宫放在城之中部，城置于郭之中部，形成层层环卫，逐渐集中之势，显示“王者居天下之中”的威严。同时，营国制度中轴线的传统又一次被运用到极致，不但宫城的南北向轴线作为全城规划结构主轴线，而且效法营国制度中“左祖右社”之制，在中轴线主干道——铜驼街东西两侧，建置宗庙社稷，并布列主要宫署，作为宫城之前导，从而成功建立了城市中心区。从以上来看，北魏洛阳的布局，无疑与《考工记》的设计密切相关，虽然在整个空间格局上，城郭的关系相对松散，并未形成《考工记》营国制度所设计的那般严整，但在空间秩序上较曹魏邺城有明显改进（图 2-2-14)。

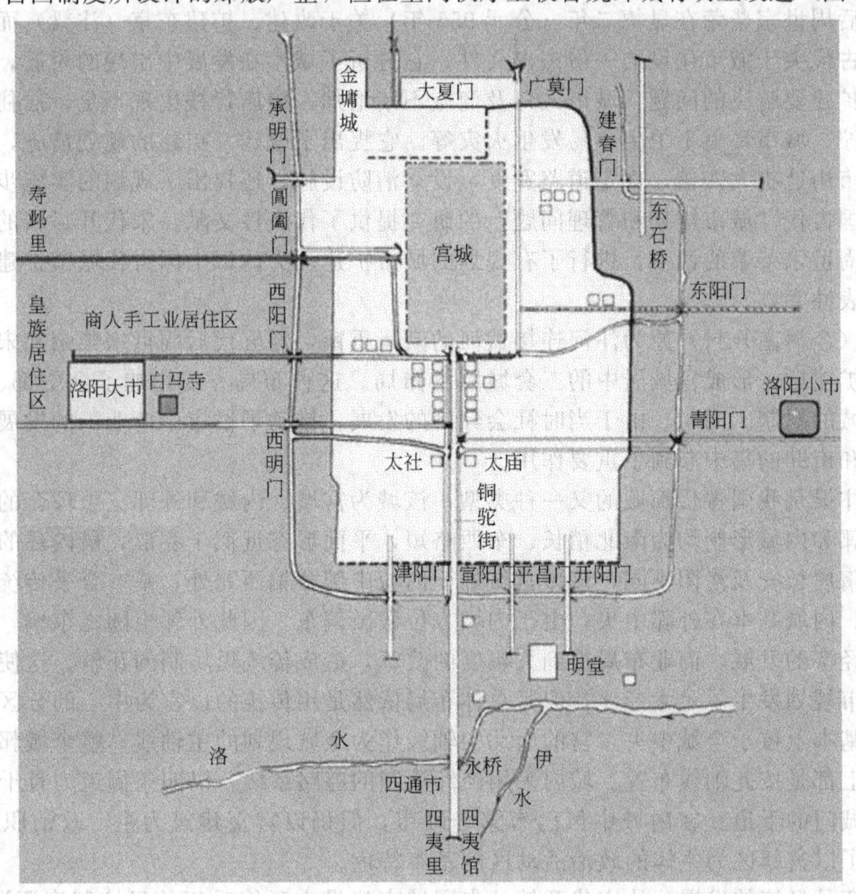

图 2-2-14 北魏洛阳总平面图

(7) 隋唐长安

隋唐长安城的规划是中国古代最杰出的城市规划成就之一，公元582年由城市规划家宇文恺制定，并按照规划进行建设。城市平面为矩形，宫城居中偏北，采取严格的中轴线对称布局，影响深远。对隋唐长安规划有直接影响的是曹魏邺城和北魏孝文帝关于洛阳的改建规划，在城市布局上，突出了将宫廷与居民区严格分开的意图。严格的里坊制度的采用更是为了便于统治，道路系统上突出宫殿，反映了城市中最高的统治者的至尊皇权。皇城和宫城沿同一轴线按顺序放在整个都城的北部中央，以承天门、朱雀门和明德门为主要节点，形成贯穿整个城市的南北大轴线。沿此轴线，把东西二市以及各个里坊对称布置，从而使整个城市结构十分清晰。这种布置格局使统治者的施政地段明确成为形象主体和空间秩序的源头。

长安城除了城市空间规划的严谨外，还规划了城市建设的时序：先测量定位，后筑城墙、埋管道、修道路、划定坊里。整个城市布局严整，分区明确，充分体现了以宫城为中心，“官民不相参”和便于管制的指导思想。城市干道系统有明确分工，道路系统、坊里、市肆的位置体现了中轴线对称的布局。有些方面如旁三门、左祖右社等也体现了周代王城的体制。里坊制在唐长安得到进一步发展，坊中巷的布局模式以及与城市道路的连接方式都相当成熟，并且108个坊中都考虑了城市居民丰富的社会活动和寺庙用地。在长安城建成后不久，新建的另一都城东都洛阳，也由宇文恺规划，其规划思想与长安相似，但汲取了长安城的建设经验，如城市干道宽度较长安城缩小等。

(8) 北宋汴梁

五代后周世宗柴荣在显德二年（公元955年）关于改建、扩建东京（汴梁）而发布的诏书是中国古代关于城市建设的一份杰出文件。它分析了城市在发展中出现的矛盾，论述了城市改建和扩建要解决的问题：城市人口及商旅不断增加，旅店货栈出现不足，居住拥挤，道路狭窄泥泞，城市环境不卫生，易发生火灾等。它提出了改建、扩建的规划措施，如扩建外城，将城市用地扩大四倍，规定道路宽度，设立消防设施，还提出了规划的实施步骤等。此诏书为中国古代“城市规划和管理问题”的研究提供了代表性文献。宋代开封城的扩建，按照五代后周世宗柴荣的诏书，进行了有规划的城市扩建，为认识中国古代城市扩建问题研究提供了代表性案例。

汴梁（今河南开封）原为汴河连接黄河的漕运重镇，经五代后周世宗柴荣和宋初大规模的改建和扩建后，形成宫城居中的三套城墙的布局。这种布局方式影响了金中都、元大都、明清北京城的规制。同时，由于当时社会经济的发展，推动了城市中商业街的发展，对里坊制的瓦解和市肆的集中起到了重要作用。

北宋汴梁是我国古代都城的又一种类型，该城为宫城、内城和外郭三重环套的城郭配置形制，外郭和内城形制均为南北稍长、东西略短，平面形态近似于菱形，最内环的宫城为正方形。与隋唐长安及洛阳不同，该城宫城处于内城中部微偏西北处，基本合乎传统“择中立宫”之制。内城基本在外郭中央，由于内城方位微微偏东，因此外郭也随之东偏。虽然后来随着城市经济的发展，商业布局得到大幅度的改革，造成传统里坊制的瓦解。这使得东京汴梁晚期城市规划发生了重大变化，但其总体布局依然是用传统的以宫为中心的分区规划结构型式：宫基本上位于全城中央，宫的南北中轴线作为全城规划的主轴线；整个城郭的各种分区，基本上都是按此轴线布置。城内采用经纬涂制的道路系统，以四条御道为骨干，分别引出通往各城门的干道。在内城中虽已有繁华闹市，但仍以宫室建筑为主，政治职能仍居首位。保持了以宫廷区为主体的政治活动区的基本特色。

随着商品经济的发展，从宋代开始，中国城市建设中延绵千年的里坊制度逐渐被废除，在北宋中叶的汴梁城中开始出现了开放的街巷制。这种街巷制成为区分中国古代后期城市规划布局与前期城市规划布局的基本特征，是中国古代城市规划思想重要的新发展。

(9) 元大都

元大都也是完全按照规划建设起来的都城，由城市规划家刘秉忠主持规划，采用汉民族传统的都城规划原则，布局严整对称，南北轴线与东西轴线相交于城市的几何中心。元朝建立后，避开了金中都的废址，在旁另开新址作为宫城所在。元大都的形制为三套方城，分外城、皇城及宫城：外城呈长方形；第二重城墙的皇城，位于全城南部的中央地区；最内一重为宫城，位于皇城东部，在整个城市的中轴线上。大都西面平则门内建社稷坛，东面齐化门内建太庙，商市集中在城北。这种布局与传统规划制度中的"左祖右社，前朝后市"的做法是一致的。在元大都中还有一条明显的中轴线，南起丽正门，向北与城市东西横轴线交于全城的几何中心——中心阁。城内的衙署布局并不集中，反映出蒙古封建制度的行政组织还不是十分健全。大都城市内道路"划线整齐，有如棋盘"。

元大都是自唐长安以来，平地新建的最大规模的都城，它继承和发展了唐宋以来中国古代城市规划的优秀传统手法——三套方城、宫城居中、中轴对称的布局，反映了封建社会儒家"居中不偏"、"不正不威"的传统观点，把至高无上的皇权，通过建筑环境的烘托，达到为其政治服务的特殊目的。现在的北京城虽是明代以后的规模，但都是在元大都的基础上加以建造建设的。

(10) 明清北京

因元大都在战争中并未受到毁坏，故明北京城是以元大都为基础改造，城址经过重新调整之后，宫城的规划位置更接近城中央，而不像元代时偏处城南。明北京城的总体布局，不仅沿用分区规划结构的传统型式，而且由于调整城址，使宫的规划布置更能符合"择中立宫"的礼制要求。同时，在规划中还按照"左祖右社"、"前朝后寝"等诸多传统制度，建立了以宫为主体的规模宏大、布局严谨的宫廷区来作为城市的中心区，从而强化其在城市全局中的主导地位。宫城的南北中轴线，作为全城规划结构的主轴线，该轴线向南一直延伸到外城正南的永定门，通过城外天坛和地坛的设置使城市中心区得以延续，更加显现宫廷区的宏伟气势。城郭的各种功能分区以及城郊祭坛，均沿主轴线按照各自功能布置，这进一步显示了城市中心在全局上的控制作用。整个城市虽由两大综合区构成，但从城内建筑的布置来看，凡属政治属性的各种功能分区，基本上均环绕宫城聚集其周围，以此来突出城的主导职能，这是作为全国政治中心的特点。由于城址的调整，在新形成的城市布局中，明北京城是一座呈"凸"字形结构的城，且外城包着内城的南面，内城包着皇城，皇城又包着宫城。

总的看来，明北京城的规划布局不仅从规划格调和城市风貌方面，充分体现了后期封建社会阶段的时代气息；在规划结构方面，由于合理地处理了两宋以来的革新精神与传统营国制度的辩证统一关系，以革新来促进传统发展，又以发展传统来丰富革新，两者取得了相互作用、相辅相成的效果。从而把传统的营国制度发展到更高的水平。因此，把明北京城的改造规划视为又一个传统营国制度的里程碑是毫不夸张的。

明朝灭亡后，清朝建都北京，因全部沿用明代基础，故整个城市布局无很大变化，就城市规划而言，明清北京作为我国古代城市规划优秀传统的集大成者，是封建社会城市规划成熟期的最高体现。

2.2.1.4 地方性城市的空间特点

中国古代的城市，除了各朝代的都城作为当时全国的政治、经济中心城市以外，还有数量众多的地方性城市，从其功能、性质上看，一般有以下几种类型：地区性行政中心城市，这类城市往往历史悠久，长期以来形成一个地区的统治中心，如太原、成都、沈阳等；边防军事重镇，即按一定等级和规模建制的边防、海防城市，如大同、宣化、奉贤等；以及商贸中心型城市，一般位于陆路或水路的交汇处，交通便利、人口稠密、商业繁荣、手工业发达，如泉州、扬州、广州等。

古代地方性城市的规模往往都要比都城小，在城市选址及空间布局方面，既受到传统营国制度的制约和影响，又能够与城市所处自然环境（如山脉、水系等）很好地协调与结合，即封建礼制观念与因地制宜理念的相互交融。因此与古代都城相比，地方性城市往往利用现有的自然条件，布局更自由，城市形态也更多样化。

一般来说，由于与都城处于城市中心的是宫城这一特点不同，地方性城市的空间格局往往回避城市中心这个突出地位，作为统治阶级机构象征的衙署并不位于城市的中心，也不做庞大的轴线与之相对；道路多采用四方格的格局，城市中心往往会有十字路口，设有并不具备居住功能的钟楼、鼓楼、牌坊等。钟楼和鼓楼在一定程度上带有公共场所的性质，是人们日常生活中与时间有关的重要设施，由于其传递的时间信息只能由国家掌管和制定，并与居民的生活有极高的相关度，因而就成了显示国家意志的有效途径，并以此来组织社会秩序，体现了君王等特权阶级专有的权利。

地方性城市的主导性空间往往是与国家概念相关的设施来承担，而且这些设施与居民日常生活的展开有相对直接的关系。衙署是城市的行政管理机构，并且具有为居民伸张利益的功能；钟鼓楼通过其传递时间信息来组织城市居民日常生活；城隍庙中的城隍作为城市的保护神，是居民祈福攘灾的对象，明朝以后的统治者更是把它纳入国家权力的象征体系，从而将百姓对城隍的认同转化为对国家权力的认同。这些具有国家象征意义的场所，成为了地方性城市居民生活中时空控制的表征，从而提升了它们在城市空间中的组织、主导作用。

2.2.1.5 代表性城市的景观特点分析

(1) 唐长安

唐长安是在隋的大兴城基础上营建发展的。隋文帝杨坚统一全国后，在渭南汉长安城附近，营建大兴城以为都城（图 2-2-3）。唐承隋旧，继都于此，更名长安。唐代奠都后，城市建设虽有所发展，但其实是在隋代经营基础上，加以充实和局部调整，城市基本规格和格局并未变动（图 2-2-15）。

① 唐长安城市总体规划结构要点，如前文所述，主要有以下几个方面：

a. 整个唐长安城包括三部分，即由“城”、“郭”、“苑”所组成。“城”居中；“郭”沿东、西、南三面半环套“城”；而“苑”居“城”北，实则取代了北郭。其总体布局仍是城郭双重环套形制，只不过形式上略有变化而已。

b. 宫是全城规划结构的核心，宫之南北中轴线，即作为全城规划结构的主轴线，祖、社、市、坊等，均据此轴线对称安排，以突出宫在全局的主导地位。整个城市格局结构十分清晰，使得统治者的施政地段明确地成为形象的主体和空间秩序的来源。在唐长安城中，皇城和宫城虽没有像《考工记》中所规定的那样居于都城中央，但它们处于城市南北向和东西向轴线交会处的北侧，结构地位重要。

c. 内城与外郭分工明确、严格，“城”内不置居里，市坊等均集中在“郭”内。唐长安城虽采取传统的经纬制道路网，但对网络布置疏密得体，结合城市分区规划结构的功能要求，灵活中又寓有严谨的规整统一性。

d. 重视地形的利用，大明宫依龙首山而建，地势较高，其正殿含元殿坐落在龙首山的高处，整个殿建于数米高的台基上，突出了其地位的重要性。远远望去，含元殿背倚蓝天，高大雄浑，可俯瞰整个长安城，既体现了皇权的高高在上和帝王君临天下的气势，又使城市

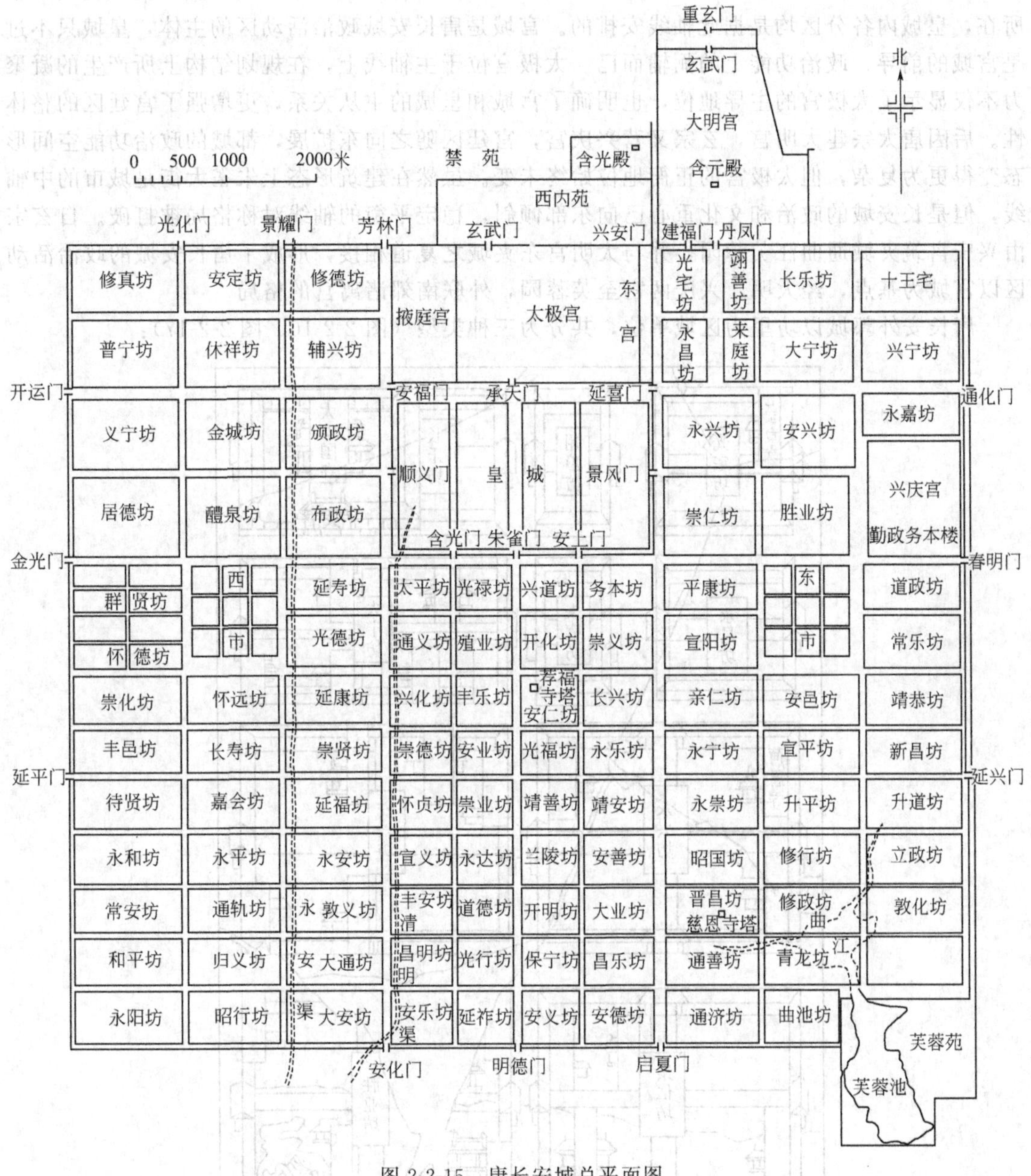

图 2-2-15 唐长安城总平面图

空间组织高低错落，富于变化。

e. 采取集中形式进行规划，因此，郭规模庞大，以备城市未来发展之需。全郭置 108 坊，盛唐时长安城市人口虽实近百万，而南郭居民仍较稀少，有的坊甚至无宅第，足见预留发展余地之广阔。

② 从城市宏观功能结构上看，唐长安城可分为两大功能空间，即政治功能空间——宫城、皇城和苑城；经济综合功能空间——外郭城。互不相参的分区突出了规划的强制性和对都城的超强政治控制。

隋文帝时期为了加强宫廷的保卫，特创皇城之制，将传统的宫前区发展成为皇城。长安城皇城内没有民居，除外朝和祖社外，主要为官署。皇城内共有南北七街，东西五街，其中自宫城正南承天门达皇城正南朱雀门的承天门街，为皇城之主干道，也是整个皇城规划主轴所在，皇城内各分区均是据此轴线安排的。宫城是唐长安城政治活动区的主体，皇城只不过是宫城的前导、政治功能上的弼辅而已。太极宫位于主轴线上，在规划结构上所产生的凝聚力不仅显示了太极宫的主导地位，也明确了宫城和皇城的主从关系，更增强了宫廷区的整体性。后因唐太宗建大明宫，玄宗又营兴庆宫，宫廷区随之向东扩展，都城的政治功能空间形态变得更为复杂，但太极宫的正衙地位始终未变。虽然在建筑形态上朱雀大街是城市的中轴线，但是长安城的政治和文化重心已向东部倾斜，稳定平衡的轴线对称格局被打破。自玄宗由兴庆宫筑夹城通曲江芙蓉园，并与大明宫东夹城之复道相接，形成了唐长安城的政治活动区以宫城为基点，经大明、兴庆两宫至芙蓉园，外联南郊诸离宫的格局。

唐长安外郭城以坊里为区域单位，共分为三种类型（图 2-2-16、图 2-2-17）：

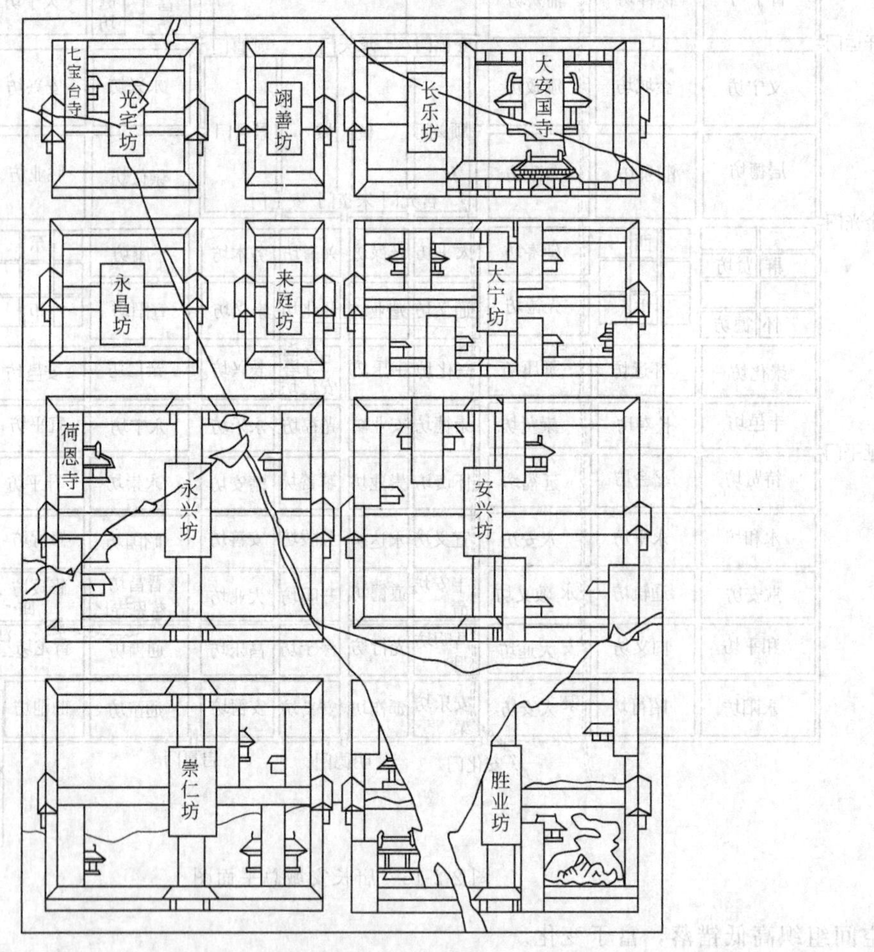

图 2-2-16　唐长安里坊碑刻复原图

首先是市坊，长安东西两市分置于皇城左右前方，在全城南北主干道——朱雀大街之东、西两侧，从整体方位上居于外郭城中部略偏北。坊市如此安排，一方面由于北部地处交通要冲，另一方面是由于城市人口分布偏重于北部。东西两市，各占两坊之地，形成长安城经济活动两大聚焦点，也是外郭城经济空间的主体。总体形态上来说，两市分居宫之东西，显出依附之势，通过市的积聚作用将外郭各种功能分区凝集到宫之周围，进一步显现了以宫为中心严谨的整体结构，也体现了都城政治功能和经济功能的结合。

其次，是以居住为主的坊里，坊里在外郭城中占地面积比例最大。坊里除具有居住功能

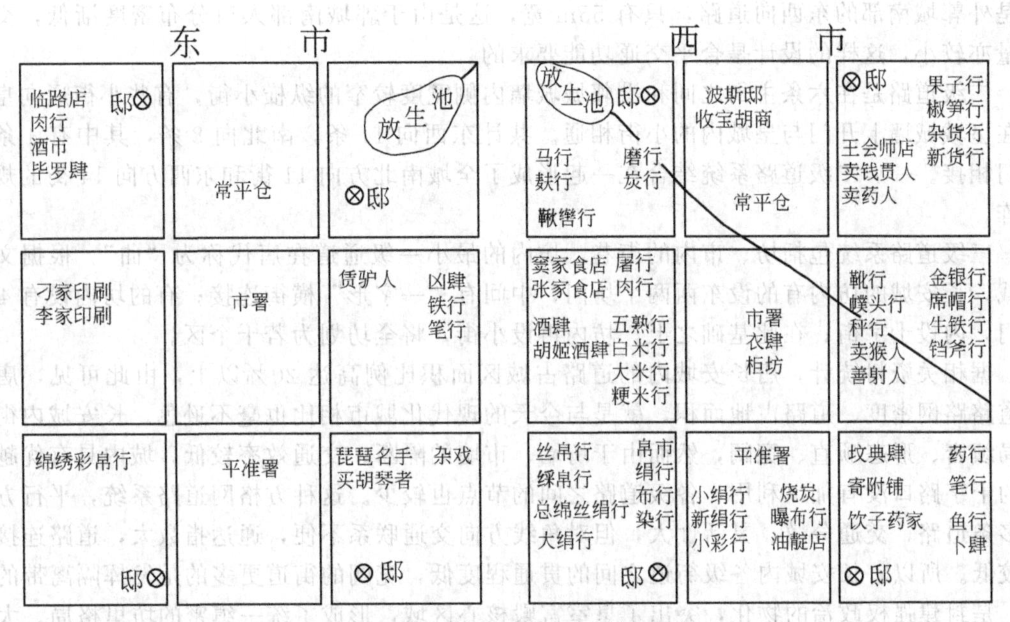

图 2-2-17 唐长安西市碑刻复原图

外，在其内还布局有寺院和官署，如地方行政机构、全国各地驻京办事机构以及部分专业性机构如太学乃至校场等，其中尤以寺院及一些事务性机构居多，它们与居民区相融杂于坊里，形成了以居住为主兼容文化、宗教以及地方行政等活动于一体多功能并存的坊里空间形态。如万年县治在东市附近的宣阳坊，长安县治在西市附近的长寿坊，京兆府治也在毗邻西市的延寿坊，这种地方行政区与市区毗邻的规划格局，加强了政府对“市”的控制，更进一步突出了“市”在外郭的主体地位，增强了“市”对所在地段各种功能分区的凝聚力，以此从城市管理体制方面来强化市在空间结构上的重要性。

再次，功能单一的坊里。外郭城中还有个别大型寺院、园林、军营校场等独占一坊之地，如大兴善寺、昊天观分别占靖善坊、保宁坊各一坊之地，大庄严寺和大总持寺占了和平坊、永阳坊两坊之地。

从总体形态上看，外郭城大部分坊里之中充斥有寺院、官署机构，内涵颇为复杂，“市”为外郭城规划结构的主体之一，经济和居住是外郭主要功能，所以长安外郭城是以经济活动为主的综合性功能区。

③ 从城市景观分类上看，唐长安城主要包括道路、水系等线性景观空间和里坊、园林绿地等面状或点状景观空间，虽然空间形态不同，但是共同承担了城市的交通、商业、娱乐、居住等主要功能。

a. 道路系统

唐长安城的道路系统形成了棋盘形网络，东西、南北呈直角相交。按道路的宽度和重要性可以分为三级：与城门相通的街道宽度最大为第一级；不与城门相接，纵横贯通东西、南北的街道为第二级；坊市内街巷为第三级。

长安城的主要大街与城门都有严谨的对位关系，南北向、东西向各有三条大街，称为长安“六街”，是全城的骨架，联结城门，通达宽阔，是城市的一级道路系统。如南北向的朱雀大街是长安城内的主干道，宽达 150m，街道全长达 7000 余米，是全城中轴线上的一段；东西向沿宫城南墙通过，位于皇城内的一段街道，实测宽达 220m 以上，是当时长安以至全国最宽的一条街道，是宫城前的横向广场，也是宫城皇城区的横向轴线；宽度最小的一级道路是外郭城南部的东西向道路，只有55m宽，这是由于郭城南部人口分布密度渐低，交通流量亦较小，这样的设计是合乎交通功能要求的。

二级道路是在六条主街之间和沿郭城城墙内侧宽度较窄的纵横小街，有些小街通向皇城时在皇城城墙上开门与皇城内的小街相通。共计东西向11条，南北向8条，其中有4条和城门相接。一、二级道路系统结合在一起形成了全城南北方向11街和东西方向14街的规整方阵。

三级道路系统包括坊、市内的街巷，坊内的最小一级通道在唐代称为“曲”。根据文献记载，长安城的坊内有的设东西两个坊门，中间有“一字形”横街连接；有的坊内设有4个坊门，内设十字街；在此基础之上，坊内再设小街，将全坊划为若干个区。

据相关资料统计，唐长安城内的道路占城区面积比例高达20%以上，由此可见，唐长安道路路网密度、道路占地面积，就是与今天的现代化城市相比也毫不逊色。长安城内街道布局缜密、形态顺直、宽阔，然而由于坊墙、市墙的隔断，交通效率较低，城内具有优越区位的十字路口没有加以利用，各级道路之间的节点也较少。这种方格网道路系统，平行方向有多条道路，交通分散，灵活性大，但对角线方向交通联系不便，通达指数大，道路连接率却较低。所以，长安城内各级街道之间的贯通程度低，宽阔的街道更多的是发挥隔离带的作用，是封建强权政治的物化，突出了皇室宫殿核心区域，形成了统一缜密的坊里格局。大街上只见封闭的坊墙、市墙、宫墙，扼杀了街道的公共性，因此大街单调、空阔而冷寂，缺少人性化。在以步行为交通工具的时代，唐长安城街道的宽度为古代城市中所少见，这样不切实际的宽度与所承载的单调的交通与隔离功能相较，实在是一种城市空间资源的极大浪费。这也是唐长安城规划设计中的重大缺憾之一。

b. 河渠水系

唐长安城地理位置优越，发源于秦岭北麓的众多河流从南向北奔流，素有“八水绕长安”之说，这些河流为长安城开渠引水、解决城市用水提供了极为便利的条件。长安城内人工河渠贯通南北，对改善城市生活和生态环境起到了重要的作用。

唐长安城河渠的开凿和布局，既为长安城内构筑数量众多的园林池沼提供了水源条件，改善了都城生态环境，又为宫廷和居民生活用水提供了便利，甚至满足了东西两市的商业用水，所以人工河渠的开凿为都城的建设和正常运转发挥了重要作用。

c. 商业空间

东、西两市是长安城的两大商业核心，分布在都城交通便利、人口密集、流动人口数量较多的区段，从商业区位上分析，东西两市布局是合理的。但由于长安城占地规模庞大，东、西两市面积相对比下实在是微不足道的，并且城内所有的商业贸易均在此进行，二市的服务半径远达三四千米以上，在步行时代必然给市民日常生活带来巨大不便。

另外，对商业空间形态影响最大的是当时的坊市管理制度，主要包括坊市分区、起闭坊门和市门以及宵禁制度等，它是统治阶级试图从时间和空间上严密控制城市生活的措施，是集权统治在城市管理中的具体体现。唐朝前期沿袭了前代关于坊市的种种管理经验并有所发展，从而使此时的坊市制度更加严密，达到了封建社会城市封闭管理的顶峰。唐长安外郭城被道路网分割为108个坊和东、西两市，坊筑有坊墙，第邸、寺观、编户和市场均被安置在坊内，一般坊里四面各开一门与大街相连，坊里居民经由坊门出入，除个别住户被允许面街开门外，其他住户一律不准向大街开门，这项规定，使城市空间形态更加整肃有致，并从空间结构上保证了坊门、市门出入通道的唯一性。长安每坊都设有坊正，掌管开启坊门的钥匙、治安和赋役，处理坊内事务。坊门均启闭有时，以“街鼓”为号，晨起夜闭，禁止人们夜间在街上行走。这些制度表明，唐长安城是一个封闭式管理的城市，这正是我国封建社会前期城市形态的主要特征。然而，在唐长安封闭式的市场内商业活动却相当繁荣，各种贸易活动主要在两市内进行，表现为对称双核心的商业空间形态。中唐以后，由于坊市制的松弛，商业空间逐渐拓展到市外，其中以城东最为集中，逐渐形成了以东市为核心，包括崇仁、平康、胜业、新昌、宣平诸坊的繁华商业区。因此，唐长安中后期商业空间表现为一核、一区的形态结构特点。

长安城商业活动空间的发展，一方面受到政府严格的限制，另一方面由于长安城区面积较大，在城内里坊区有充分的发展空间，所以，城门处没有形成相对独立的商业区，只是在东、西城门口附近衍生出商业点，既符合商业空间生长的规律，也表明了城市商业空间沿城关处交通要道生长的趋势。反过来讲，在交通要道和城关处，没有沿着生长轴线形成商业空间，只有零星的商业点分布，恰恰也说明了当时唐长安城政治功能的主导地位。

d. 公共休闲娱乐空间

在唐代，特别是唐后期，代表广大市民阶层的大众休闲娱乐文化作为多姿多彩的唐代文化的一部分得到了同步发展，娱乐活动开始面向平民，休闲娱乐活动方式多样、内容丰富，成为都城居民生活的重要组成部分。然而，由于长安城实行封闭的坊市制度，娱乐活动在内容、时间、空间上受到严格限制，贵族士大夫阶层仍是日常休闲娱乐活动的主体，仅在一些重要节日里才出现全民性公共休闲娱乐活动。根据娱乐空间要素分布的位置和密集程度，大致可以分为三种类型，其相互之间并没有形成结构关系。

a）公共园林风景区

唐长安居民的公共游览地是长安城东南角的曲江池，位于朱雀大街东靠近城南通善坊的杏园，升平坊、新昌坊一带的乐游原以及长安城西南郊的昆明池，其中以曲江风景区最为著名。曲江池既是皇帝权贵经常光临的地方，也是供城市居民日常游乐的场所。公共性质风景游览区的开辟，在封建社会都城建设中尚属一项创举，是封建社会城市生活进步和风尚开放的一种表现。

b）寺观娱乐休闲空间

长安城中寺观林立，分布在不同的里坊内，寺观以其独特的凝聚力，聚集起数量最多的中下层城市居民，是里坊居住区居民重要的公共集会场所，也是综合性的文化娱乐场所，以公共娱乐活动的标准来衡量，都城内的佛教寺院具有公共活动空间的性质，寺观内的娱乐活动主要包括庙戏、春游赏花、舞乐等。长安城寺院有供人们欣赏文艺表演的戏场，尤其是慈恩、青龙两寺，临近曲江风景名胜区，所以游人最多，带有集市性质，成为戏场集中之地。

c）东西两市

东西两市是酒肆、茶坊等比较集中的区域，也是经常性的街头艺人表演的场所，这一区域是经济、商业活动中心，人口密度大，流动人口多。因此，从整体上看，长安城的几类休闲空间要素在地域分布上有向政治中心、经济中心集中的趋势。

d）街道等其他场所

唐长安的街道更多的是具有交通功能，只在有限的几个节日里，才具有公共场所的意义，承载着居民临时性的休闲娱乐活动功能，构成城市公共休闲空间的一部分。临时性的娱乐场所多选择在都城内重要街道、市内的街巷、宫廷广场等地域，因为这些区域或是流动人口积聚地、或地形开阔便于举行大规模集体活动。唐长安的朱雀大街、宫廷前的广场都是主要的节日临时性娱乐场所。

由于唐长安城的封闭性管理制度，为普通百姓提供的专设娱乐空间还是非常有限的，大多数娱乐空间都与其他功能空间相兼容。

e. 园林绿地

唐长安城的园林绿地包括皇家园林、私家园林、寺观园林以及河渠街道绿化带等，城内街道绿化带纵横交错，成十字相交，把各类园林绿地联结起来，形成“块带式”的空间结构。

唐长安城内的皇家园林主要包括包括三内、三苑。三内即太极宫、大明宫与兴庆宫，三内是唐代几个时期政治活动的中心，总面积约 8.85km^2，约占全城面积的十分之一。三苑包括禁苑、西内苑、东内苑三部分，皆在都城北部。三内宫殿园林区和三苑风景园林区在区位上结为一体，成为唐长安城北部一处规模巨大的生态园林绿地区。除此之外，长安城中还有一些官家果园，这类生产性质的园林也是皇家园林的组成部分。曲江风景区是由芙蓉园、杏园、曲江池、乐游原等组成的一处大规模的风景园林区，除芙蓉园为皇家禁苑外，其他部分为行宫御苑而又兼具公共游览区的性质。总体来说，皇家园林规模大、占地面积广、等级高，是城市园林绿地的主体部分。

唐代的私家园林繁盛，原来仅限于贵族阶层能够拥有的私家园林，到唐代普及流行到整个上层社会，甚至于许多文人学士也开始筑园。位于城市内的私家园林称为宅园，一般紧邻邸宅的后部，形成前宅后园的格局，或位于正宅的侧面而形成跨院，也有少数不依附于邸宅单独建制的游憩园。私家宅园多为皇亲国戚所建，因地位尊崇，财力雄厚，故园林占地面积较大，建筑极宏丽，装饰奢侈，有一些甚至超过皇家规格。文人学士具有较高的社会地位和文化修养，所以他们的宅园一般规模不大，构筑小巧，以幽雅清奇为特色，成为主人日常游憩娱乐、宴饮雅集、读书静修的场所。分布在外郭城数量众多的园林池沼是城市绿地的重要组成部分，对美化城市环境、构筑城市景观起着重要作用。

唐代宗教发达，长安城佛寺道观很多，寺观中有一部分也建有园林。僧侣尼道崇尚自然，喜爱幽静，凭借着高超的园艺技巧把寺观建设成优美的园林佳境。从环境学的角度来评价，凡由寺观所占据或管理的地区，一般绿化都较好，植被覆盖率较高，对城市生态绿地建设和风景名胜区格局的形成和保护起到了重要作用。

如果说都城园林建设的直接目的是为了建造者个人的享乐需求的话，长安城沟渠街道的绿化则是政府大力倡导的，其目的是为了表现都城的壮观和整齐，优化美化城市环境。唐长安大街宽阔整齐，街道的绿化尤为政府所重视，并制定了相应的绿化规划保护措施。此外，人们还在里坊内的街道植树种草。长安城区有龙首、清明、永安等数条引水渠，纵横交错，护城河与宫廷禁苑的水沟相通，称为御沟，堤岸上多种柳树。这些街道沟渠绿带纵横交错，形成了长安城条带状绿地，把分布在城内的园林池沼连接起来，组成了长安城园林绿地网络体系。

(2) 北宋汴梁

北宋汴梁又称东京，是北宋的都城。东京城具有完整的三套重城结构、近似菱形的城郭平面形态：中轴对称的空间结构，自由灵活的城门布局，以宫城为主的政治功能空间，开放性的街巷形态及外郭城以经济功能为主的复合型空间形态。与唐长安相比，宋东京城在城郭形态上最显著的变化是封闭性的坊市形态发生了变化：封闭的坊墙被打破，沿大街分布着各种商店，包括酒楼、茶肆和饮食店，有不少繁华的商业区分布在许多交通枢纽处，由此引发了城市功能性质、物质要素、结构布局等的整体嬗变，这是都城制度的一次重大变革，在中国城市发展史上具有革命性的意义，使中国古代城市向前发展了一步。宋东京城郭形态的变化以社会经济文化的发展为背景，并最终又导致了城市社会经济文化及居民生活方式的重大变革。

① 城市空间形态

东京城是在原汴州城的基础上扩建而来，尽管五代做了扩建，但仍不理想。故北宋建立，于太祖开宝元年（968年）拓宽了皇城的东北隅，但宫城的规模仍然较小，宫城面积只有唐长安宫城的十分之一多些，外城面积仅及长安城的二分之一许。

东京为宫城、内城、外郭三重环套的城郭结构：宫城位于中心；第二重是里城，即内城，亦称旧城；第三重在里城的外围，称外城，亦称新城或罗城。与隋唐长安及洛阳不同，宫城居内城之中部微偏西北处，合乎传统“择中立宫”之制。里城基本上在外郭中央，由于内城方位微偏东，外郭亦随之稍东偏。外郭城在最外层，从四面包围里城。外郭城的平面形态近似于菱形，里城城郭形态也近似于菱形，三重城郭中只有皇城为方形。宫城是都城整个空间结构的核心，以宫之南北中轴线的延长线作为全城规划的主轴线，更有力的突出了宫城在整个都城空间结构中的核心地位（图2-2-18）。

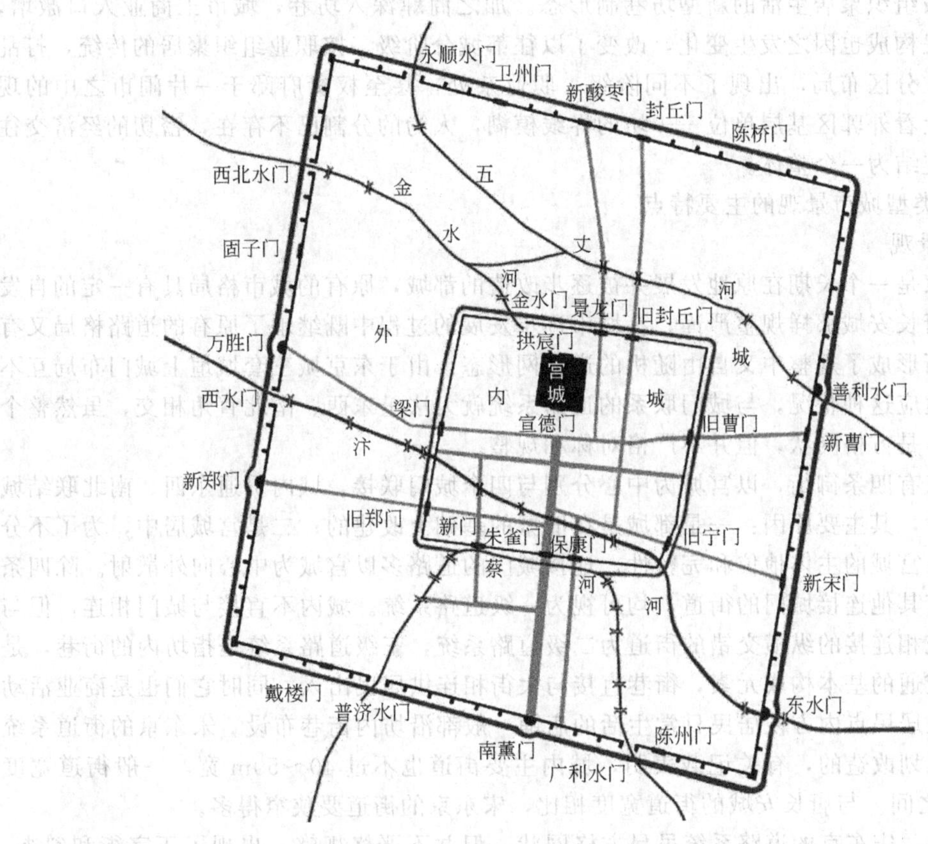

图2-2-18　北宋汴梁城总平面示意图

② 功能布局特点

从功能和形态相互适应关系上看，虽然东京晚期城市空间形态结构发生了重大变化，但由于东京城的政治中心地位，东京城仍基本上维系传统的城郭分工空间结构。内城中虽有繁华的闹市，然而宫室、官署、庙社以及宫廷园囿等政治功能空间仍占统帅地位，保持了以大内为核心，宫廷区为主体的政治活动区的基本特色。外郭则主要以商肆、服务行业、手工作坊、各类住宅以及码头仓库分布为主，构成一个以商业网为主体的经济活动区。

宫城是城市空间结构核心，其他各种功能分区，均围绕这一主体来安排，聚集而成一个以宫城为核心的政治活动区。内城是政治中心区的延伸，也是都城商业活动和居民住区。外郭城区以商肆、服务行业、手工业作坊、各类住宅以及码头仓库等经济功能区为主体，以文教、官府作坊、民营作坊、军营、码头堆垛场及皇家园林等功能区为弼辅，这些功能区与唐长安城互不相参的空间形态不尽一样，存在着一个空间承载多种功能，形成外郭以经济功能为主导的复合功能空间形态特点。外郭主要商业空间有与里城商业街相连在城关处形成的商业次中心区、外城城垣外衍生的商业区等，外郭商业重心区在外郭城的东南部，是里城商业重心的外延。居住区几乎遍布全郭，人口最为密集的主要居住区与商业中心区的分布紧密联系。

北宋后期，东京坊墙被打破，坊市制崩溃，居民自由活动的空间和时间不再受到限制，商业活动空间扩大，店铺临街而立，并深入到坊巷，与居民住区杂陈。大街既是空间单元的分界线，又是区间联系的纽带，既具有交通功能，又是商业活动的载体，与唐长安道路系统相比减少了人为的强制封闭性，人性化彰显，凸现了灵活开放的气象。外郭区逐渐演变为按街巷、分地段组织聚居生活的新型坊巷制形态。加之商肆深入坊巷，城市工商业人口激增，致使坊市居民构成也因之发生变化，改变了以往都城分阶级、按职业组织聚居的传统，打乱了原来的居住分区布局，出现了不同阶级、职业杂处，甚至权贵府邸于一片闹市之中的现象。从形态上看外郭区基层单位——坊的界线模糊，人为的分割已不存在，密切的经济交往使之紧密的连结为一个整体。

③ 不同类型城市景观的主要特点

a. 道路景观

北宋东京是一个长期在原地发展并被逐步改造的都城，原有的城市格局具有一定的自发性，没有像唐长安城那样规整严谨，在城市逐步发展的过程中既继承了原有的道路格局又有所改造，逐渐形成了规整中又自由随机的道路网形态。由于东京城三套城垣上城门布局互不对称，为了适应这种状况，与城门联系的道路系统就无法呈东西、南北直角相交，虽然整个道路系统基本是方格网状，但并不严格对称和规整。

北宋东京有四条御街，以宫城为中心分别与四个城门联接，城内贯通东西、南北联结城门的大街很少，其主要原因：一是都城是在旧城的基础上改建的；二是宫城居中，为了不分割宫城，突出宫城的主体地位和完整性，连接城门的道路多以宫城为中心向外散射。除四条御街外，还有其他连接城门的街道，均可视为一级道路系统。城内不直接与城门相连，但与一级道路系统相连接的纵横交错的街道为二级道路系统，三级道路系统是指坊内的街巷，是都城内道路交通的基本构成元素，街巷直接与大街相连供居民出入，同时它们也是商业活动的场所，深入居民点内方便居民日常生活的店铺一般都沿坊内街巷布设。宋东京的街道系统是经过多次规划改造的，有关记载表明，城内主要街道也不过 40～50m 宽，一般街道宽度在 20～30m 之间。与唐长安城的街道宽度相比，宋东京的街道要狭窄得多。

总体来说，宋东京的道路系统虽呈方格网状，但并不严格规整，出现了丁字街和斜街，道路的机理表现为自由生长的态势，显得活泼而充满生机。街道宽度更接近实用空间尺度，彰显了人性化意味。街道不仅具有交通功能，更是商业活动和居民生活的载体，街道两旁不再是单调的坊墙、市墙，而是临街开设的各类店铺。民居直接向街开门，在街道住户的内侧又有“坊”，住有大量的居民。“巷”与大街直接连接，作为“坊”出入大街的通道，因而“坊”又常被通称为“巷”。

与唐长安城相比，因东京城内交通要道上桥梁众多，城市节点类型多，道路连接率高，交通效率提高，并且在节点处形成了商业活动的中心，致使交通节点空间形态和功能复杂化。

b. 河渠桥梁景观

北宋时期，穿东京城而过的河道有四条，与三重护城河相连通，构成了东京城完整的水系网络。使东京城成为历代都城中水系发达的都城之一。横跨于四条河渠之上的 30 余座桥梁，星罗棋布于京城之间，虹桥、平桥、浮桥、吊桥，形态各异，不仅极大地方便了东京城的交通运输，同时也给这座北方城市带来了几多生机，使其在宏伟之中不失秀丽，颇具几分江南水乡的特色，这在古今的北方城市中是十分罕见的。宋东京城的街道与河流之间相互影响，形态上呼应，功能上互补，河流与街道并行，形成滨河大街，共同组成了都城水陆交通网络系统。

河流和桥梁是城市空间形态最活跃的因素，对城市空间形态的塑造起着重要作用。东京城河流纵横，桥梁广布，城市景观形态活泼而又充满生机：河流和三重护城河相互交织成网，并配以道路交通网，使东京城内交通空间形态具有河、陆并重的特点；河流带来的丰沛水源改善了城市的生态环境，为众多官私园林的营建提供了便利条件；沿河两岸和桥梁节点处是优越的商业活动空间，东京城内几处重要的商业中心区，其分布位置就与河流和桥梁有关，所以河流影响了城市土地利用结构和空间形态特点。

c. 商业空间

与唐代相比，坊市制的崩溃和街市的诞生无疑是北宋东京最为重要、最具特色的空间形态，由此也奠定了其在中国古代城市发展史上的重要地位。各种行市、酒楼、茶坊以及其他日用品商店组成的条条街市，把东京的商业区和居民区连成一体，就连宫城也被街市所包围。东京主要的街市有九条，其中以四条御街最为繁华。街市的形成标志着中国古代都城在形态和制度上的嬗变，从根本上改变了中国古代城市的内部结构。东京城纵横交错的街市，标志着商业发展达到了一个新的水平，城市商业空间类型增多，形成了远比唐长安复杂的商业空间形态结构。

东京的城市商业景观，向有“南河北市”之说，所谓南河即指都城南部围绕汴、蔡二河之旁的市场交易区，而北市是指都城北半部的街市贸易区，两者各有特点，相得益彰。北部商业区商业景观特色为：商业活动的载体和场所是纵横交错的街巷；东京南部河道是都城重要的供给交通线，这里的商业景观特色为：河道、河岸及桥头是商业交易的场所和载体，由于大宗商品交易的需要，汴河沿岸密布着停船的码头、存放货物的货栈、堆垛场，经营批发业务的店铺和接待来往商客的邸店。为河运交易服务的各种摊铺都在临河方便之处如桥头、堤岸边设置，开设在沿河桥头的摊铺鳞次栉比，拥挤不堪，经常造成交通阻塞。南河北市是对东京商业景观差异的高度概括。

在城市的出入口和市内道路网的交叉口，往往形成节点型空间，这些空间是人流、物流、信息流的汇聚处，是城市景观塑造、商业活动的最佳区位。节点处优越的商业地理区位所具有的凝聚力吸引各类商业店铺向这一区域积聚，形成了人口高度密集、具有贸易、娱乐、文化等商业功能的繁华商业区。因此，东京表现为多中心的商业形态，商业中心大多沿里城、外城城关分布，形成了以宫城外壁东部、东南部为中心，大致沿里城城垣、外城城垣呈不规则圈层结构。商业重心偏重于都城东南部，商业区各具特色，分工合理，并表现出丰富的层次结构，城关经济功能增强，都城经济边缘化趋势出现，商业空间向城垣外衍生，并沿交通轴线生长，形成了不同于前代都城的商业空间形态。

d. 休闲娱乐空间

与唐长安相比，东京的公共休闲空间形态更为全面，类型比较复杂。总体来说，城市的休闲娱乐空间主要表现为三种形态：

a）点状空间：通常是休闲娱乐空间的高潮处，大多位于城门口、桥头、街巷节点空间和交通枢纽处等；

b）线状空间：主要有两种类型，一是城市中的一些街巷，这些街巷往往承载着居民的日常休憩、体育锻炼等各种活动，这样的街巷分布很广，数量也多，只要是人口稠密之处，无论是大街还是坊巷都具有这种功能；二是由节日里全民性集体娱乐活动在某些主要街巷展开形成的带状空间，东京的节日临时性娱乐场所多选择在城市重要街巷的交叉口、桥头甚至整条街道。北宋时期节日众多，有70余个，每逢节日，或民间自发性的、或官办的游乐活动便十分兴盛，节日里游乐百戏演出的场所，除了寺院和一些固定的地点外，在很多时候，也将重要的街巷，或某些重要建筑物前面的广场作为演出场地。

c）面状空间：指兼具娱乐、商业等功能的综合性复合功能区，主要分布在以下几类区域：

ⅰ. 都城休闲娱乐中心区：这一区域包括都城最著名的酒楼和茶坊等，特点是具有极大的吸引力，对周围空间的整合能力较强，娱乐空间与商业空间复合，其多元化的功能满足了顾客多目的的出行需求，吸引了大量的人口，形成了繁华的商业区段。同时这一区域也是都城的政治中心和经济中心，消费阶层休闲娱乐需求旺盛并具有高消费能力。政治、经济、文化、娱乐和商业功能在都城中心区复合，形成了东京高级休闲娱乐复合功能区。

ⅱ. 城关休闲娱乐中心区：主要指都城交通要道枢纽处，即各城关节点处。在里城城关处的休闲娱乐中心呈半环型分布，在外城城关的休闲娱乐中心主要分布在几个皇家园囿和私家园林集中、市民出城春游踏青赏玩活动集中的区域。这些休闲娱乐中心区域，没有一个明确的边界，但基本符合距离衰减规律，即随着离中心元素距离的增大由紧密逐渐到松散，中心区形态呈现出向周边自然渗透、自发生长的态势。

ⅲ. 以寺庙为核心的娱乐中心区：北宋时期，东京的寺庙道观一方面具有非常突出的休闲娱乐功能；另一方面随着都城经济意义的扩大，庙会的性质发生了嬗变，商业功能十分突出，所以东京的寺观空间兼具宗教、娱乐、商业多种功能，相互之间并行不悖，互相促进，形成了以寺观为核心的复合性功能中心区。

e. 园林绿地

a）园林绿地的组成

宋代的园林和唐代及唐代以前的园林相比较，人为的艺术加工成分显著增加，以景寓情，讲究情景与意境的交融。园林不但是由建筑工艺、山水泉石、花草树木等熔铸而成的形象空间，而且蕴涵着丰富的天时因素。

东京坐落在黄河南岸冲积平原之上，由于这里地势平坦，水域广阔，为城市园林绿地建设提供了便利的条件，所以园林种类丰富，数量众多。既有大量的皇家园林和官办园林，也有官僚、贵族、富商自己兴建的私家园林，还有众多大小不等、情趣各异的寺观园林。

ⅰ. 皇家园林：北宋东京的皇家园林以规模大、造园技巧高、园林动植物种类丰富等特点，成为东京园林的代表，主要包括宫城、后苑、艮岳和东京“皇家四园苑”（即琼林苑、宜春苑、玉津园、瑞圣园）。宫城位于都城的中心部位，其内既有殿堂楼阁，又在殿庭周围和宫城道路两旁培育花草，植树造林，营造环境优美的宫城园林胜景。后苑位于宫城北部，是北宋皇帝光顾最频繁的御花园。艮岳位于宫城外东北，是皇家园林中规模最大的，气势恢宏，构思缜密，一改汉唐皇家园林对于宏伟、壮阔、天然之美的单纯模仿，转向对于细腻、幽深、自然之美的高度提炼。艮岳将自然山水经过剪裁概括加以典型化，集山岳之壮丽于一身，设计可谓独具匠心，园中山态水势、竹树花草绝无雷同，考虑到时序之景物，朝昏之变化，形成了多方位，多层次的立体景观。从城市园林绿化的角度，可把宫城、后苑和艮岳一起视为都城中心规模巨大的园林绿地区。

ⅱ. 私家园林：主要指官员、宦官的宅园，东京私家园林遍布京城内外。某些私家园林之奢华，不亚于一般的皇亲园林。

ⅲ. 寺观园林：北宋东京寺院道观数量很多，寺观本是宗教活动的场所，在传统中国社会，虽然不曾有过占绝对支配地位的宗教，但是带有宗教性质的民间信仰，却是绝大多数人、特别是下层民众的主要精神寄托。于是，寺观成为市民特定的公共集会场所，且又有按时举行的约定俗成的宗教祭祀活动，即人们通常所说的“庙会”，具备了宗教与商业的双重性质，并逐渐被人们称作“庙市”。据史料记载，在东京城内外分布的寺院道观约为107处，且多数构筑有园林小景，有的寺观专门辟地为园为池，进行寺观园林建设。

宋东京虽然没有像唐长安曲江那样专门的公共园林风景区，但有一部分官办园林和私家园林向居民定期开放，在一定程度上具有公共园林的性质。

总的来说，东京园林总数百余座，其中著名者有几十处。城内以宫城、后苑、延福宫、艮岳为精粹，城外以四苑园为骨干，形成官办园林的主体；而大多数私家园林小而别致，适合居住与游赏两用；郊外的官私园林分布区域则更为广大。都城内外星罗棋布分布的各类园林绿地，对城市生态系统良性循环和城市景观塑造起着重要作用，也是都城空间形态的重要组成部分。

ⅳ. 街、渠绿化带：除上述诸类园林外，东京城内外的街道、护城壕、河渠绿化带也是都城绿化的重要组成部分。宋都曾划定以宫城为中心，经过里城四面城门，通向外城四面城门的四条大街为御街。这四条御街中，南面的御街，是城市的中轴线，政府对其绿化规划布局尤其重视，形成一条独具特色的景观大道。东京城内的街道绿化以御街为主干，十分注重植物景观效果；一般街道两旁也栽种榆、柳、桐等林木，作为辅助性绿带，绿化的规模和受重视程度虽不如御街，但绿化效果也相当不错。

穿东京城而过的河流有四条，自宋初以来，屡有诏令，要求沿河堤岸广植榆柳。东京城有三重护城壕。外城之护龙河，“阔十余丈，壕之内外，皆植杨柳”。这个周长50余里（1里≈500米）的城壕，无疑是一个巨大的环形绿带。宫城城壕“水深者三尺，夹岸皆奇花珍木”。里城四周，依然保留有护城的河道，东京城的二重护城河形成了三重相套的环形绿带，与四条主要街道、四条河流形成的八条放射状的条形绿带相互交织，把分布全城的各类绿地联系起来，构成了一个完整的城市生态绿地网络。这些园林绿地不仅美化了环境，调节了气候，也满足了人们观赏及休闲娱乐生活的需要，并对构建都城空间形态特色和良好景观意象具有重要意义。

b）园林绿地的分布特点

ⅰ. 皇家园林以集中和分散分布相结合：分布在都城内的皇家园林以皇城宫殿园林区为中心，包在都城中心形成了一个面积约5km² 的园林生态绿岛区。在城外毗邻外城城垣交通便利、临近城门的地方分散分布几处皇家园林区。这主要是由于东京城人口众多，商业繁荣，城内可以利用的空间有限，毗邻宫城扩展禁苑阻力很大，为弥补都城内禁苑局促狭小之不足，只有到城外去发展。

ⅱ. 城内官、私园林和寺观园林主要集中在外城：东京城内各类园林众多，但其中只有不足四分之一分布在里城，其余均分布在外城，这也从另一个侧面说明了里城地域狭小，官、私造园皆受限制。并且与唐代相比，宋代园林的规模变小，由自然山水园林向取材于自然、人工摹拟自然的写意式园林发展，空间条件的限制应是促使宋代园林格调发生变化的因素之一。

ⅲ. 郊外分布的园林别墅相对集中：园林别墅集中于西郊、南郊和东郊，并且在地域上又相对集中分布在城门外交通要道两侧。由于宋东京经济功能边缘化发展的趋向，商业区向城外扩展，城关区已形成了集观赏游览、农副产品批发、餐饮、娱乐文化的综合性商业贸易区，所以在此建造园林别墅，不仅交通便利，生活也很方便。因此形成了“大抵都城左近，皆是园圃，百里之内，并无闲地”的城市边缘区景观风貌。

ⅳ. 道路、护城河和河渠绿化带纵横交错：东京城有四条御街、以宫城为中心向外散射，御街的绿化别出心裁，形成了数条绿化带；东京有三重城垣，同时有三重护城河环绕，由此形成了三重环状绿化带；对四条穿城而过河渠堤岸进行绿化，又形成了贯穿全城连接中心绿岛的四条绿带。御街的绿化、美化是为了凸显皇权至上，而其他街道和河渠的绿化则是东京城在扩建改建时就已经规划好的，形成了“环带式”的园林绿地结构。

综上所述，宋东京城内星罗棋布的私家园林和寺院园林形成点状绿地系统，位居都城中心的宫城、后苑和艮岳宫殿园林区连在一起，形成城市中心生态绿岛，放射状的街道是绿色长廊，与河堤岸条形绿带一起把点状绿地结合起来，形成城市绿带网络。由宫城护城河、内城护城河所形成的环带使城市内部的绿地网络更趋完整，纵横向绿带、放射状绿带和环状绿带相交织所形成的绿带网络，把自然风光引入城中，与城市中心的园林区联结起来，使自然与城市融为一体。分布在城外的“皇家四苑”、周长达 50 余里的环带状外城护城河及其他园林绿地共同形成了规模巨大的绿色生态保护带，都城内外分布的园林绿地一起形成了完整的城市绿色生态系统，由此构成东京园林绿地空间形态的环带状结构特征。并且，建在入城口交通要道处的皇家园林和私家园林，营造了优美的城市景观视廊，有利于建构良好的城市整体景观形象。

(3) 明清北京

明清是中国封建社会发展的晚期，这一时期的封建政治、经济、文化、艺术的发展逐步完善，达到封建时代最后的辉煌。明清北京作为都城，集中体现了政治、经济、文化、艺术在城市建设领域的影响，成为中国古典城市形态发展的最终代表。作为中国历史上最后一座封建王朝的都城，其宏大的规模、清晰的轴线、对称严谨的布局、整齐划一的道路体系和繁华优美的园林体系，都反映了晚期古典城市形态的日臻成熟。

① 区位环境

城市形态的构成不仅包括城市内部的各种系统，外部环境也是其重要的组成部分，这不仅仅是生态学或美学上的考虑，也有政治、经济、军事、水利等方面的考虑。北京城区地势平坦，整个地势从西北向东南倾斜。北靠燕山，西依太行山，东近渤海，南望华北大平原。永定河、温榆河、潮白河、拒马河、泃河穿越市郊，汇入渤海。整体形式山环水抱，外部环境良好。明朝定都北京时，认为“北京北枕居庸，西峙太行，东连山海，南俯中原，沃野千里，山川形胜，诚帝王之都”。由此可见政治、经济等方面的考虑。

② 总体结构

明清北京继承了魏晋以来古代城市规划“三套方城，宫城居中”的布局思想，中轴线的对称更加突出，宫、市、庙、社布局井然有序，接近《考工记》提出的理想模式，把至高无上的皇权，用城市结构加以烘托，反映了“居中不偏，不正不威”的礼教思想对城市形态的深刻影响。

具体来说，明清北京城以一条自南而北长达 7.5km 的中轴线为全城的骨干，所有城内的宫殿及其他重要建筑都沿着这条轴线结合在一起。轴线南端以外城永定门为起点，至内城正门的正阳门为止，建造一条宽而直的大街，两旁布置两个大建筑组群：东为天坛，西为先农坛。大街再向北引延，经正阳门、大明门到天安门，则是为全城中心的皇室作前引。天安门前的御街则横向展开，在门前配以五座石桥和华表、石狮，以衬托皇城正门的雄大。进入天安门、端门，御路导入宫城。体量大小不同的宫殿建筑集结在这条中轴线上。宫城后矗立着高起约 50m 的景山，表现出中轴线发展达到最高峰，也是突出全城的制高点。在景山之后，经过皇城的北门——地安门，最后以形体高大的钟楼、鼓楼作为中轴线的终点。

明清北京城的规划，体现了《考工记》营国制度所昭示的把王宫作为秩序的源头的做法，并将其推向极致。由南城门到钟鼓楼的宏大轴线，十分有致地将全城控制在统一的秩序之中，特别是景山的使用，可谓是中国古代城市设计的一大创造。明代北京的规划者，巧妙地利用景山作为这一轴线的重要节点，不仅彰显了紫禁城，并且形成了前所未有的跌宕起伏的空间感受。此外，在城墙的外面，与都城的东西、南北中轴线相配合，按照东日、西月、南天、北地的秩序，分别安排了日坛、月坛、天坛、地坛等与国体塑造相关的建筑，从而形成了一个意义和空间相互匹配的宏大的象征性功能体系，使得以宫城为主体的空间秩序越过城墙在更大的地域范围内展开。

③ 功能布局

明清北京外城形成南北两部分，宫城、皇城、常住居民位于北城，而手工业者、外来人口多集中于南城。由此形成了两大基本功能分区，北城以政治社会生活为主，南城以商业经济生活为主。

皇城是政治生活的中心。明代北京将太庙、社稷坛移入皇城，在宫城南侧午门中心御道两旁布置太庙和社稷坛，既保持“左祖右社”的传统，又缩短了与宫城之间的距离，有利于皇室礼仪活动的便捷和安全。宫城西面是北海、中海和南海组成的皇家西苑，北面是皇苑景山，为皇室娱乐提供场所（图 2-2-19）。

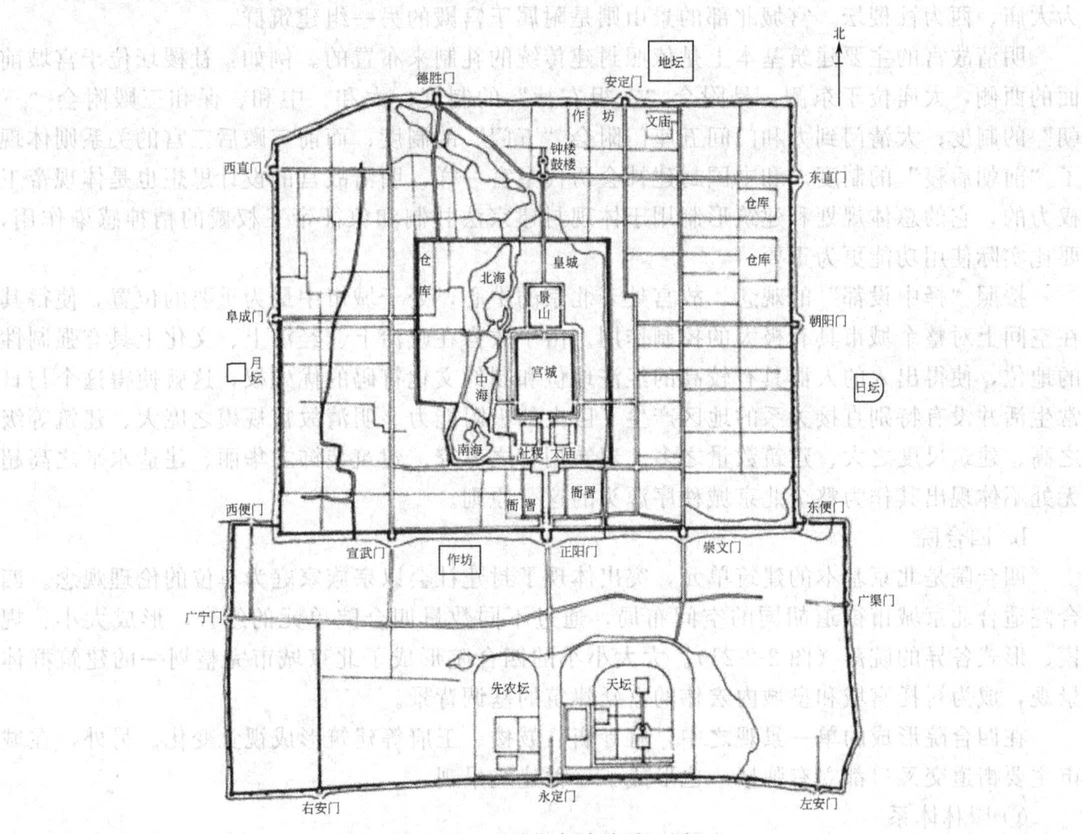

图 2-2-19　明北京城总平面图

在皇城南面承天门（天安门）前的南北直街与东西横街，形成“T”字形宫廷广场，向南至大明门之间，有一条宽阔平直的石板御路，两侧配以整齐的廊庑，称千步廊。广场外两侧集中配置中央官署，几乎所有的行政事务都集中在这里进行。

由于市坊集中于南城，城市商业中心移至城南正阳门一带，形成了前门大街、粮食店、珠宝市、煤市街等一大片行业众多的商业区。另外，这里还集中了戏园、茶馆等娱乐场所。

外来人口的聚集也令这里形成了会馆区。

④ 道路系统

明清北京的道路系统以平直的街道将城市划分为纵横的方格网，分布为384个巷道和29个胡同，呈东西向等距离平行排列于南北主干道两侧，胡同间划分为住宅基地，形成了较为成熟的道路交通体系。

⑤ 建筑景观

a. 故宫建筑群

北京故宫是明清两朝皇帝的宫殿。从明永乐五年（公元1407年）起，经过14年的时间，建成了这组规模宏大的宫殿组群。清朝沿用以后，只是部分经过重建和改建，总体布局基本上没有变动。

明清故宫全部建筑分为外朝和内廷两大部分，是北京的宫城（紫禁城）（彩图2-2-20）。宫城的正门——午门不仅是宫门，还是一座献俘和颁布诏令的殿宇。外朝以太和、中和、保和三殿为主，前面有太和门，两侧又有文华、武英两组宫殿。内廷以乾清宫、交泰殿、坤宁宫为主，在明朝是帝后居住的地方。这组宫殿的两侧有居住用的东西六宫和宁寿宫、慈宁宫等；最后还有一座御花园。宫城正门午门至天安门之间，在御路两侧建有朝房。朝房外，东为太庙、西为社稷坛。宫城北部的景山则是附属于宫殿的另一组建筑群。

明清故宫的主要建筑基本上是依照封建传统的礼制来布置的。例如：社稷坛位于宫城前面的西侧，太庙位于东侧，是附会“左祖右社”的制度；太和、中和、保和三殿附会“三朝”的制度；大清门到太和门间五座门附会“五门”的制度；而前三殿后三宫的关系则体现了“前朝后寝”的制度。和中国封建社会历代皇宫一样，明清故宫的设计思想也是体现帝王权力的，它的总体规划和建筑形制用于体现封建宗法礼制和象征帝王权威的精神感染作用，要比实际使用功能更为重要。

按照“择中设都”的观念，故宫处于北京的中心，处于城市中最为重要的位置，使得其在空间上对整个城市具有极大的控制作用。由于故宫在政治上、经济上、文化上具有强制性的地位，使得出入的人群具有较高的经济地位和制约文化符码的优先权，这就使得这个与日常生活并没有特别直接关系的地区产生了巨大的吸附能力。明清故宫规模之庞大、建筑等级之高、建筑尺度之大、建筑数量之多、建筑用材之考究、建筑装饰之华丽、建造水平之高超无处不体现出其作为整个北京城秩序源头的这一原则。

b. 四合院

四合院是北京基本的建筑单元，突出体现了封建社会以宗族家庭为单位的伦理观念。四合院适合北京城市街道胡同的空间布局，通过不同数量四合院单元的组合，形成大小、规模、形式各异的院落（图2-2-21）。大大小小的四合院形成了北京城市完整划一的建筑群体景观，成为衬托宫城和皇城内宏伟的宫廷建筑的基调背景。

在四合院形成的单一景观之中，有寺庙、鼓楼、王府等建筑形成视觉变化。另外，在城市主要街道交叉口都立有牌楼，也形成了一种建筑景观。

⑥ 园林体系

明清北京形成了以“三山三海五园”为主体的城郊自然山水园林。在城市规划中，将水引入城市，形成了城市中心区的什刹海、北海、中南海三大湖面。在宫城北侧，人工堆积成景山，成为城内制高点。在东西南北布置天、地、日、月坛等皇家园林。寺院、会馆、王府、官邸的花园，形成了分布广泛的园林单体。而以四合院民居的庭院构成了园林绿化的基本单元。这些皇家苑囿、私人花园、宗教园林以及公共风景区形成了明清北京完整的园林系统。

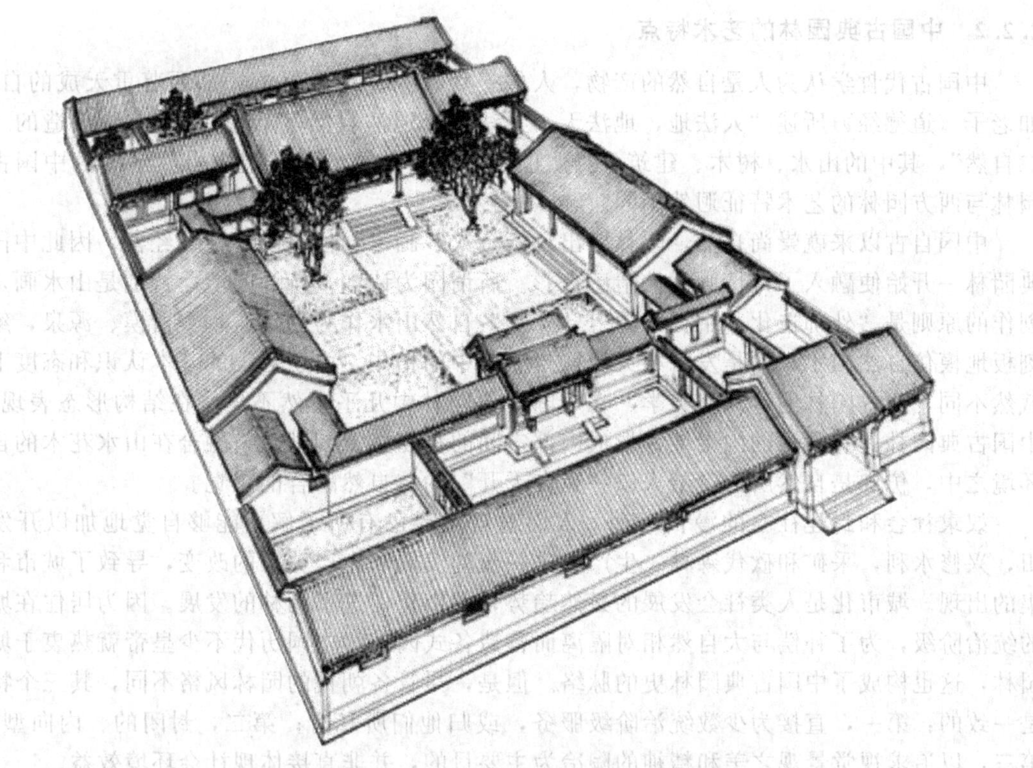

图 2-2-21　北京三进四合院空间示意图

⑦ 休闲空间的分布

城市空间结构的变化对明清北京休闲场所的发展影响很大。从休闲空间分布数量来看，明朝年间，西郊和内城西区成为最重要的休闲区域。风景游览地集中于西郊，游览型寺庙集中于内城和西区西郊，园林集中于内城东区、西区，庙会集中于西郊，休闲型市场集中于内城西区，会馆集中于内城东区和外城东区。

而明中后期外城的兴建促进了外城休闲地的发展。清初的满汉分城而治的政策直接刺激了外城西区休闲地位的上升。外城西区超过西郊成为最重要的休闲区域并成为全北京城的休闲娱乐中心。清代的风景游赏地集中于西郊和北郊，游览型寺庙集中于西郊和外城西区，园林集中于西郊、外城西区、内城西区、内城东区，庙会集中于西郊、内城西区、外城东区、外城西区，休闲型市场集中于外城西区。

东西四牌楼、正阳门、钟鼓楼周围的商业地区，是北京城中重要的商业娱乐区域，它们被吸附在皇城的周围，在维持居民生计方面起到了重要的作用。由于这些商业服务设施的存在，提高了皇城周围地区的公共性，并一定程度上增强了普通居民对国家权利的认同。同时这些手工业、商业、娱乐业能够为朝廷提供稳定的赋税，它们在皇城周围繁荣发展，物资丰沛，人群熙攘，一派盛世太平的景象，这些也是朝廷所愿意见到的。

明清北京休闲空间格局的形成和变迁常常是自然地理环境（休闲资源）、区位（交通、市场、住宅区）、都城性质和功能（人口构成、城市空间结构、开放性和融合性）、民俗文化（休闲民俗、消费观念）、政治（政策、礼制、皇家政务区和休闲区的迁移）等因素综合作用下的结果。

明清北京城在城市形态方面达到了中国古典城市的最后高潮，在城市规模、城市功能、城市布局、城市交通、城市景观等方面都高度完备。

2.2.2 中国古典园林的艺术特点

中国古代哲学认为人是自然的产物，人的一切行为、理念、道德都要尊重天成的自然，如老子《道德经》所述“人法地，地法天，天法道，道法自然”。园林作为人所创造的“第二自然”，其中的山水、树木、建筑，当然也要顺其自然。因此，追求自然形态的中国古典园林与西方园林的艺术特征迥然不同。

中国自古以来就崇尚自然，园林皆出自于诗人、画家、仕官的参与和经营，因此中国古典园林一开始便融入了诗情画意的情感色彩。所谓园为诗宅，诗为园境，特别是山水画，其创作的原则是“外师造化，中得心源”。“外师”自然山水作为创作蓝本、楷模、源泉，绝非刻板地模仿自然山水，而是发自心灵汲取自然美中的精华。由于对美的基本认识和态度上的截然不同，西方园林的“几何美学”在中国古典园林中几乎全然不见。在结构形态表现上，中国古典园林具有强烈的内聚性，形成内部空间的神秘感。园林建筑融合在山水花木的自然环境之中，仿佛是自然所造，给人以“宛自天开”的与自然融合的感觉。

奴隶社会和封建社会的漫长时期，人们对自然界已有所了解，能够自觉地加以开发农田，兴修水利，采矿和砍伐森林。生产力进一步的发展和生产关系的改变，导致了城市和镇集的出现。城市化是人类社会发展的必然趋势，城市化促进了园林的发展。因为居住在城市的统治阶级，为了补偿与大自然相对隔离而营造各式园林。中国历代不少皇帝就热衷于城市园林，这也构成了中国古典园林史的脉络。但是，尽管各朝代的园林风格不同，其三个特点是一致的：第一，直接为少数统治阶级服务，或归他们所私有；第二，封闭的、内向型的；第三，以追求视觉景观之美和精神的陶冶为主要目的，并非直接体现社会环境效益。

2.2.2.1 中国古典园林的主要发展过程

中国古典园林的发展主要经历了以下几个时期：

(1) 生成期——商、周、秦、两汉（公元前 11 世纪～公元 220 年）

所谓生成期，是指中国古典园林从萌芽到逐渐成长的时期。这个时期的园林发展虽然尚处于比较幼稚粗放的时期，以写真写实为主，却经历了奴隶社会末期和封建社会初期 1200 多年的漫长岁月，经历了殷、周、秦、汉四个朝代。

最早见于文字记载的是商代的“囿”，即在一定的地域范围，让天然的草木与鸟兽滋生繁育，并挖池筑台，供帝王、贵族们狩猎和游乐的用地。囿中包含着园林的物质因素，因此可视为中国古典园林的原始雏形。周文王时期的灵台、灵沼、灵囿构成了规模盛大、略具雏形的贵族园林——台囿结合、以台为中心，此时的观赏对象由动物扩展到植物，以及宫室和周围的天然山水。基于神仙思想的“一池三山”作为中国仙苑式皇家园林的经典山水格局，起于秦、成于汉，而后成为历代皇家园林的传统格局。及至东汉年间，由地主、商人、官僚、贵族等建造的私家园林数量日渐增多。

(2) 转折期——魏、晋、南北朝（公元 220～589 年）

魏晋南北朝是中国历史的一个大动乱时期，也是思想十分活跃的时期，儒、道、佛、玄诸家争鸣，彼此阐发。思想解放促进了艺术领域的开拓，也给予园林很大影响，造园活动逐渐普及到广大民间，而且升华到艺术创造的境界。这一时期的园林由单纯地摹仿自然山水进而发展到适当地加以概括、提炼、抽象化、典型化，尤其文士园林中开始在如何“源于自然而又高于自然”方面有所探索。皇家园林的建设已经纳入到都城的总体规划之中，居于都城的中轴线上。由于佛、道教盛行，作为宗教建筑的佛寺、道观大量出现，相应地出现了寺观园林这个新的园林类型。同时，建筑作为一个造园要素，与其他的自然诸要素取得了较为密切的协调关系。因此，这一时期是中国古典园林发展史上的一个承前启后的转折期：承秦汉以来的本于自然、以写实为主，启唐宋的高于自然、诗情画意。

(3) 全盛期——隋、唐（公元589～960年）

这一时期的园林发展较之魏晋南北朝更兴盛，艺术水平也大为提高。山水画、山水诗歌等文学艺术形式融入园林设计中，三者相互渗透，诗画的情趣开始形成，而意境的含蕴尚处于朦胧状态。园林成为文人的社交场所，受到文人趣味、爱好的影响也较上代更为广泛、深刻。中唐以后，文人直接参与造园规划，凭借他们对大自然风景的深刻理解和对自然美的高度鉴赏能力来进行园林的规划，同时也把他们对人生哲理的体验、宦海浮沉的感怀融注于造园艺术中。于是文人官僚的士流园林所具有的那种清新雅致的格调得以更进一步的提高和升华，更添上一层文化的色彩。当时，比较有代表性的有庐山草堂、浣花溪草堂等，比较有代表性的造园文人有白居易、柳宗元、王维等。文人官僚开发园林、参与造园，通过这些实践活动而逐渐形成了比较全面的园林观——以泉石竹树养心，借诗酒琴书怡性，这对于宋代文人园林的兴起及其风格特点的形成也具有一定的启蒙意义。这一时期的皇家园林建设也趋于规范化，大体形成大内御苑、行宫御苑、离宫御苑的类别。寺观园林进行大量的世俗活动，而成为城市公共交往的中心，它的环境处理将宗教的肃穆与人的愉悦相结合，重视庭园的绿化和园林的经营，许多寺观都以园林之美和花木栽培而闻名于世。在经济、文化发达的地区，城市里一般也有公共园林，作为名流文人聚会饮宴、市民游憩交往的场所。

(4) 成熟期——宋、元、明、清（公元960～1911年）

从宋代到清代年间是中国古典园林成熟时期的前期。成熟期意味着风景式园林体系的内容和形式已经完全定型，造园技术和艺术水平达到最高的水平。在这个漫长过程中，由于改朝换代，政治经济形势的更迭变化，园林发展当然也会起伏波折。

两宋时期是中国古典园林进入成熟期的第一阶段，在中国古典园林史上是一个极其重要的承前启后的阶段。以皇家、私家、寺观园林为主体的两宋园林，所显示的蓬勃进取的艺术生命力，达到了中国古典园林史上登峰造极的境地，形成中国古典园林史上的一个高潮阶段。宋代的政治、经济、文化发展把园林推向了成熟的境地。《营造法式》和《木经》是官方和民间对发达的建筑工程技术实践经验的理论总结；园林观赏树木和花卉栽培技术提高，出现嫁接和引种驯化方式；园林叠石技艺大为提高，出现专以叠石为业的技工。文人地位提高，以琴棋书画、品茶、文玩鉴赏、花鱼鉴赏为主要内容的文人精神生活与园林关系紧密，山水诗、山水画、山水园林互相渗透的密切关系完全确立。

明中至清初是中国古典园林成熟期的第二个阶段，文人园林涵盖了民间的造园活动，导致私家园林达到艺术成就的高峰；皇家园林的规模愈趋于宏大，皇家气派更加浓郁；园林具有鲜明的地方特色；公共园林较普遍。这一时期，涌现了大批优秀的造园家和匠师，出现许多刊行于世的造园理论著作。《园冶》、《一家言》、《长物志》是文人园林自两宋发展到明末清初时期的理论总结，这些专著的作者都是知名的文人，或文人兼造园家，意味着诗画艺术深刻地影响着园林艺术，从而最终形成中国的“文人造园”的传统。“虽由人作，宛如天开”、“巧于因借，精在体宜”的造园思想体现了中国古典园林的内涵与精髓。

清中叶、清末是中国古典园林的成熟后期，皇家园林在乾、嘉两朝无论是规模上或造园技艺上都达到历史新境地。私家园林则一直沿袭着前一阶段的发展水平，形成江南、北方、岭南三大地方风格鼎峙的局面。宫廷和民间私园活动频繁，娱乐性的倾向显著，并逐渐开始追求形式主义，造园的理论探索也停滞不前。与此同时，随着国际国内形势的变化，西方的园林文化开始进入中国。

清朝中、晚期在显示了中国古典园林的辉煌成就的同时（表2-2-1），也暴露这个园林体系的衰落情况。如果说成熟前期的园林仍然保持着一种向上的、进取的发展倾向，那么成熟后期则呈现为逐渐停滞的、盛极而衰的趋势。直至1860年10月，英法联军进入北京，几座皇家园林一起被侵略军焚毁。

表 2-2-1　明清时期皇家园林一览表

	元大都	明北京	清初至清中叶北京	清中叶至清末北京
大内御苑	太液池	西苑(元太液池)	西苑	西苑
	御苑	万岁山	景山(明万岁山)	景山
	灵囿	御花园	御花园	御花园
		建福宫花园	慈宁宫花园	慈宁宫花园
	西御苑	兔园(元西御苑)	兔园	兔园
		东苑	东苑	东苑
行宫御苑		上林苑	香山行宫(香山寺旧址)	香山行宫-静宜园
		南苑	玉泉山澄心园/静明园	玉泉山静明园
				万寿山清漪园-颐和园
离宫御苑			畅春园	畅春园
			圆明园	圆明园
			避暑山庄	避暑山庄

2.2.2.2　中国古典园林的类型

中国古典园林主要有下述几种类型：

(1) 按园地选择和开发方式，可分为人工山水园和天然山水园两大类型。

人工山水园一般建在城市内，即在地上开凿水体、堆筑假山，人为地创造山水地貌，配以花木栽植和建筑营造，或借助于原有地形的起伏，加以艺术的加工，把天然山水风景移缩模拟在一个小范围内，它的规模可小可大，所包含的内容由简到繁。在人工山水园里人的创造性能最大限度地发挥，十分讲究多种表现手法和多变的空间艺术，形成以下的特点：①本于自然，高于自然；②建筑美与自然美的融合；③诗画情趣；④意境涵蕴。所以，人工山水园是最能代表中国古典园林的艺术成就的一个类型，甚至可以说它数千年来左右着中国古典园林的发展，是现代园林规划设计构思、创意的源泉。

天然山水园一般建在城镇近郊的山野风景地带，例如北京颐和园、西山八大处、香山等，以自然景区的局部或全部作为建园基址，然后再配置花木和建筑营造，将原始的地貌因势利导适当的调整、改造、加工。

(2) 按园林的权属关系可分为：私家园林、皇家园林、寺观园林。

① 私家园林属民间的官僚、文人、富商们所有。私家园林是相对于皇家的宫殿园林而言。园林的享受作为一种生活方式，它必然受到封建理法的制约。无论内容上或形式方面都不同于皇家园林。私家园林绝大多数为宅园，位置在邸宅的后部"后花园"，呈前宅后园的格局，或一侧而成跨院，在郊外山林风景区的私家园林，大多数是"别墅园"。

② 皇家园林属于皇帝个人和皇家私有。皇帝号称天子，至高无上，因此，凡与皇帝有关的起居环境诸如宫殿、坛庙乃至都城等，无不利用其建筑形象和总体布局以显示皇家的气派和皇家的至尊。中国园林建筑所遵循的原则是源于自然、高于自然，力争把人工美与自然美相结合，以抒发诗情画意，但在园林建筑布局等方面，则惯用轴线引导和左右对称的方法求得整体统一性。

皇家园林的特点尽管是模拟山水风景的，但也同样要体现皇家气派和皇权的至尊。皇家园林包括“大内御园”、“行宫御园”和“离宫御园”。大内御园建在皇城和宫城之内，相当于私家园林的宅园。行宫御园和离宫御园建置在都城的近郊、远郊或更远风景地带，前者供皇帝偶尔游憩或驻驿之用，后者则作为皇帝长期居住，处理朝政。

③ 寺观园林即佛寺与道观的附属园林，包括寺观内外的园林环境。无论外来的佛教或本土的道教，在中国相对于皇权来说始终是屈于次要的、从属的地位，以儒家为正宗而儒道佛互补互渗，因此在建筑上无所更新、没有更特殊的要求，只是世俗住宅的扩大和宫殿的缩小，更多地追求赏心悦目、恬适宁静，很讲究内部庭院的绿化，多以栽培名贵花木而闻名于世。郊野的寺观大多修建在风景优美的地带，寺观周围向来不许伐木采薪，因而古木参天、绿树成荫，再配以小桥流水或少许亭榭的点缀，又形成寺观外围的园林绿化环境。正因为这类寺观园林及其内外环境雅致、幽静，历来的文人名士都慕名而至，借住其中，读书养性。

2.2.2.3 中国古典园林的特点

中国园林体系与世界上其他园林体系相比较，具有许多不同的个性，而它的各个类型之间又有许多相同的共性，形成中国古典园林的四大特点。

(1) 本于自然，高于自然

虽然中国古典园林是以自然风景式园林基本要素为依据，但它绝非一般地利用或简单地模拟这些构景要素的原始状态，而是有意识地改造、调整、加工、剪裁，从而表现一个精炼的、概括的自然，典型化的自然，这就是中国古典园林最主要的特点——本于自然而又高于自然。这在人工山水园的叠山、理水、植物配置方面表现尤为突出。

园林内使用天然石块和土堆筑假山的技艺称“叠山”，匠师广泛采用各种造型、纹理、色泽的石材，以不同的堆叠风格而形成不同的流派，因为园林叠山受地理条件、气候条件的影响，而产生不同的地域造园叠山风格，大体可分南方叠山和北方叠山。南方的叠山造型细腻，花木与叠山造型配合，相得益彰，秀丽恬静；而北方干燥少雨阳光充足，叠山造型则浑厚、凝重，有凌跨群雄的阳刚之美，恰与南方造景的阴柔之美形成对照。叠山高度不过八九尺，所模拟的真山都能够以小尺度而创造峰、峦、谷、悬崖、峭壁等形象写照，是对天然山岳构成规律的概括、提炼。园林假山都是真山的抽象化、艺术化、典型化的缩移摹拟，能在很小的空间中展现咫尺山林、幻化千岩万壑的气势和气象万千的景观。

理水是园林艺术中不可缺少的、最富魅力的一种要素，园林内开凿的各种水体也都是自然界的河湖溪泉涧瀑等的艺术概括。人工理水必须努力做到“虽由人作，宛自天开”，即使再小的水体也曲折有致，形似回肠、状如游龙，并用山石点缀岸、矶，或拐出一湾形成港汊，水口以显示源流脉脉、疏水若为无尽；稍大一些的水面则必堆筑岛、堤，设桥，在有限的空间内尽量模仿天然水景的全貌，这就是“一勺则江湖万里”之意。江南一带因水源丰富，达到了“无水不园”的程度，但由于面积较小，水面也不够大，理水方式不如皇家园林丰富，但理水的意境处理和艺术手法则往往更为细腻、精巧。利用山冈、植物、建筑的综合布置形成柳影、水影及山影，在水面上形成视觉艺术的丰富效果，精妙非凡。

在中国古典园林中，许多景观或景名形成与花木、尤其以树木为主调的名称有直接或间接的关系。各种花木的生长、盛开或凋谢，反映出季节和时令的变化。这些在古典园林都能化为诗的意境而深深地感染着观赏者。在植物的选择和配置方面，中国古典园林不同于西方古典园林，它不追求整齐划一，既可选择一种植物重复种，又可以用不同植物配置种植。在栽种上也不讲究成行成列，但也非随意参差，往往是三株五株、虬枝古干而予人以蓊郁之感，运用少量植物的艺术概括来表现天然植被的气象万千。除了作为观赏对象以外，园林中的植物还常常具有以下作用：烘托、陪衬建筑物，点缀庭院空间，丰富空间层次变化，加大景深效果等。

总之，本于自然、高于自然是中国古典园林创作的主旨。目的在于营造一个概括、精炼、典型而又不失其自然生态的山水环境。这样的创作必须合乎自然之理，方能取得天成之趣，否则就显得矫揉造作，徒具抽象的躯壳，失去园林的灵魂。

(2) 建筑美与自然美的融糅

西方规则式（几何式）园林是按主体建筑的原则来规划园林，建筑是控制一切的。中国古典园林则不然，建筑无论大小、性质、功能如何，都能与山、水、植物等三个造园要素有机地组织在一幅风景画面中，彼此协调、相互补充，而不是彼此对立、相互排斥，达到一种人与自然和谐相处的境界，一种“天人合一”的哲理境界。

中国古典园林建筑形象之丰富在世界上首屈一指，其形式、功能上参照美学原理，而且还把传统建筑化整为零，将由个体组合为建筑群体的可变性发挥到极致，它一反宫廷、坛庙、衙署等官式建筑的严整、对称、均衡的格局，因山就水、高低错落、以千变万化的手法强化建筑与自然环境的嵌合关系，同时还利用建筑内部空间和外部空间的通透、流动的可能性，把建筑的小空间与自然界的大空间沟通起来。为了进一步把建筑融糅于自然环境中，还创造性地营建了许多别致的建筑形象和构造。例如，“亭”这种最简单的建筑物在园林中随处可见，不仅具有点景的作用和观景的功能，而且通过其特殊的形象体现了以圆法天、以方象地，纳宇宙于芥粒的哲理；“廊”本来是联系建筑、划分空间的手段，园林里有楔入水中、飘然凌清的“水廊”，有蜿蜒曲折、通花渡壑的“游廊”，有攀延山际、随势起伏的“爬山廊”等各种各样的廊，好像纽带一般，把人工化的建筑与周边自然环境贯串结合起来。常见山石包围着房屋一角，堆叠在平桥的两端，甚至代替台阶、蹬道，这都是建筑与自然环境之间的过渡与衔接。在园墙上所开的种种漏窗，在样式繁多的窗洞后面衬以山石数峰、花木几丛，犹如一幅幅精美的风景画。

总之，优秀的园林作品，尽管建筑物比较密集，也不会让人感到囿于建筑空间之内；虽然处处有建筑，却不感到为人工雕凿，而处处洋溢着大自然的盎然生机，这在一定程度上反映了的“天人合一”的自然观，体现了道家对大自然的“为而不恃、长而不宰”的态度。这种独特的园林处理手法固然反映了儒、道两种思想的交融，但通过曲折隐晦的方式，也反映出了人们企图摆脱封建礼教束缚、憧憬返朴归真的意愿。

(3) 诗画的情趣

中国古典园林可以说与山水画和田园诗相生相长，结下了不解之缘。中国画最大特点是写意，既兼顾自然的原来风貌，但更多的是渗入了人的主观感受。因此，写意比写实更能传自然之神韵，所以有更强的艺术感染力。而所谓“外师造化，中得心源”，则确立了中国山水画的艺术创造准则。在古代，诗人画家遍游名山大川之后，要把它移植于有限的空间庭院，由于地理环境、气候条件等的差异，原封不动地照搬是根本不可能的，唯一的办法就是像绘画那样，把对于自然的感受用写意的方法再现于园林空间内，即《园冶》所述“多方胜境，咫尺此林”，实际上就是真实自然山水的缩影。

诗情表现在两个方面：①把诗人的某些境界在园林中以具体形象复现出来，或者运用景名、匾额、楹联等文学手段对景园作直接的点题；②借鉴文学艺术的章法、手法，使得园林规划设计类同于文学艺术的构造。例如园内的景区划分，各景区有其特征，但景区间绝非平铺直叙的，而是运用各种构景要素于迂回曲折中形成渐进的空间序列，有空间的划分和组合，划分不流于支离破碎，组合务求开合承起、变化有序、层次分明，形成一个有前奏、起始、高潮、转折、结尾的形式内容丰富、整体和谐统一的连续的流动空间，在这个序列中可以运用多种园林艺术手法，如对比、隐现、抑扬等。因此，人们游览中国古典园林所得到的感受往往仿佛谈论诗文一样酣畅淋漓，这是园林隐含的“诗情”，成功的园林作品无异于凝固的音乐，无声的诗歌。

简而言之，优秀的中国古典园林作品是把作为大自然的概括和升华的山水画，以及讴歌大自然美感的诗文以独特的空间形式复现到人们的现实生活中来。

（4）意境的涵蕴

意境是中国艺术创作和鉴赏方面的一个极重要的美学范畴，简单说：意即主观的理念、感情；境即客观的生活的景物。意境产生于艺术创作中这两者的结合，即创作者把自己的感情、理念熔铸于客观生活景物元素中，从而引发鉴赏者的类似思维共鸣、情感呼应以及理念联想，从而达到托物言志的目的。

园林艺术由于其三维空间的特殊性，它意境内涵的显现比之其他艺术门类就更为明晰，也更易于捕捉，它不仅是一种物质环境，更是一种精神环境。中国古典园林不仅借助于具体的景观——山、水、花、木、建筑以及上述造景的手法来直接或间接地传达意境的信息，而且运用园名、景题、石刻、匾额、对联等文字方式直接通过文字艺术来表达、深化意境的涵蕴。把美学艺术、书法艺术与园林艺术直接联系起来，园林意境的表现就获得了多样的手法，如虎添翼。游人在园林中所领略的已不仅是眼可见的景观，更有脑中不断闪现的景外之景，不断产生情思激发和理念联想。就园林的创作而言，是寓景于情；就园林鉴赏而言，是见景生情。

正由于意境涵蕴如此广泛，中国古典园林所达到的高度情景交融的境界，也是世界其他园林体系所不能企及的。可以说中国古典园林的四大特点本身正是“天人合一”的自然观和思维方法在园林领域的具体表现，中国古典园林的全部历史反映了这四大特点的成长和成熟过程，园林的成熟时期也意味着这四大特点的最终形成。

2.2.2.4 经典实例分析

（1）避暑山庄

承德避暑山庄又名“承德离宫”或“热河行宫”，位于河北省承德市中心北部，武烈河西岸一带狭长的谷地上，是清代皇帝夏天避暑和处理政务的场所。避暑山庄始建于1703年，历经清康熙、雍正、乾隆三朝，耗时89年建成。避暑山庄以朴素淡雅的山村野趣为格调，取自然山水之本色，吸收江南塞北之风光，成为中国现存占地最大的古代帝王宫苑。1961年避暑山庄被公布为第一批全国重点文物保护单位，与同时公布的颐和园、拙政园、留园并称为中国四大名园，1994年被列入《世界遗产名录》。

避暑山庄的营建，大至分为两个阶段：

第一阶段：从康熙四十二年（1703年）至康熙五十二年（1713年），开拓湖区、筑洲岛、修堤岸，随之营建宫殿、亭树和宫墙，使避暑山庄初具规模。康熙皇帝选园中佳景以四字为名题写了“三十六景”。

第二阶段：从乾隆六年（1741年）至乾隆十九年（1754年），乾隆皇帝对避暑山庄进行了大规模扩建，增建宫殿和多处精巧的大型园林建筑。乾隆仿其祖父康熙，以三字为名又题了“三十六景”，合称为避暑山庄七十二景。

避暑山庄占地564hm^2，规模宏大，整个山庄东南多水，西北多山，是中国自然地貌的缩影。避暑山庄的总体布局大体可分为宫殿区和苑景区两大部分，苑景区又可分成湖泊区、平原区和山峦区三部分。山庄整体布局巧用地形，因山就势，分区明确，景色丰富，与其他园林相比，有其独特的风格。山庄宫殿区布局严谨，建筑朴素，苑景区自然野趣，宫殿与天然景观和谐地融为一体，达到了回归自然的境界。山庄融南北建筑艺术精华，园内建筑规模不大，殿宇和围墙多采用青砖灰瓦、原木本色，淡雅庄重，简朴适度，与京城故宫黄瓦红墙、描金彩绘、堂皇耀目的风格呈明显对照。山庄的建筑既具有南方园林的风格、结构和工程做法，又多沿袭北方常用的手法，成为南北建筑艺术完美结合的典范。避暑山庄不同于其他的皇家园林，按照地形地貌特征进行选址和总体设计，完全借助于自然地势，因山就水，顺其自然，同时融南北造园艺术的精华于一身（图 2-2-22）。

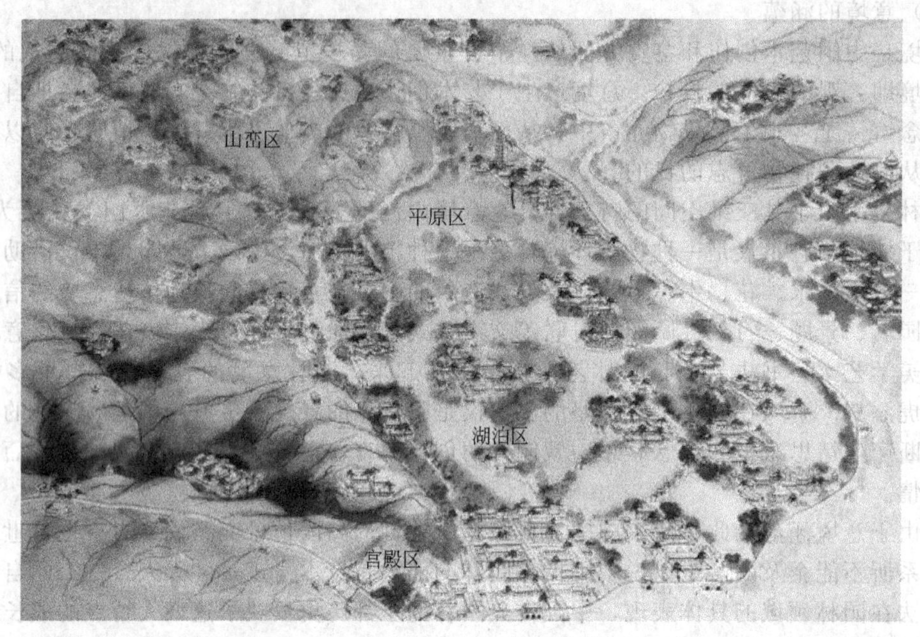

图 2-2-22　避暑山庄全景图

山峦区在山庄的西北部，面积约占全园的五分之四，相对高差 180m，这里山峦起伏，沟壑纵横，众多楼堂殿阁、寺庙点缀其间。在山庄的东南区域，由南向北依次是宫殿区、湖泊区和平原区。

宫殿区位于湖泊南岸，地形平坦，是皇帝处理朝政、举行庆典和生活起居的地方，占地约 $10hm^2$，由正宫、松鹤斋、万壑松风和东宫四组建筑组成。正宫是宫殿区的主体建筑，包括 9 进院落，分为“前朝”、“后寝”两部分。主殿叫“澹泊敬诚”，是用珍贵的楠木建成，因此也叫楠木殿。宫殿区的建筑风格朴素淡雅，但又不失帝王宫殿的庄严——主体建筑居中，附属建筑置于两侧，基本均衡对称，充分利用自然环境而又加以改造，使自然景观与人文景观巧妙结合。

湖泊区在宫殿区的北面，湖泊面积包括洲岛约占 $50hm^2$，有 8 个小岛屿，将湖面分割成大小不同的区域，层次分明，洲岛错落，碧波荡漾，富有江南鱼米之乡的特色（图 2-2-23）。东北角有清泉，即著名的热河泉。湖泊区总体结构以山环水、以水绕岛，布局运用中国传统造园手法，组成中国神话传说中的神仙世界的构图。多组建筑巧妙地营构在洲岛、堤岸和水面之中，展示出一片水乡景色（彩图 2-2-24）。湖泊区的建筑大多是仿照江南的名胜而建造，如“烟雨楼”，是模仿浙江嘉兴南湖烟雨楼（图 2-2-25），金山岛的布局仿自江苏镇江金山。湖中的两个岛分别有两组建筑，一组叫“如意洲”，一组叫“月色江声”。如意洲上有假山、凉亭、殿堂、庙宇、水池等建筑，布局巧妙，是风景区的中心；月色江声是由一座精致的四合院和几座亭、堂组成，每当月上东山的夜晚，皎洁的月光，映照着平静的湖水。

平原区在湖区北面的山脚下，占地约 $60hm^2$，地势开阔，又分为西部草原和东部林地。草原以试马埭为主体，是皇帝举行赛马活动的场地；林地称万树园，是避暑山庄内重要的政

图 2-2-23　避暑山庄湖泊区鸟瞰图

图 2-2-25　避暑山庄烟雨楼

治活动中心之一。万树园西侧为中国四大皇家藏书名阁之一的文津阁。另外还有永佑寺、春好轩、宿云檐等几组建筑点缀在草原、林地之间。平原区西部绿草如茵，一派蒙古草原风光；东部古木参天，具有大兴安岭莽莽森林景象。

避暑山庄集中国古代造园艺术和建筑艺术之大成，是具有创造力的杰作。在造园上，它继承和发展了中国古典园林“以人为之美入自然，符合自然而又超越自然”的传统造园思想，总结并创造性地运用了各种造园素材、造园技法，使其成为自然山水园与建筑园林化的杰出代表。在建筑上，它继承、发展、并创造性地运用各种建筑技艺，撷取中国南北名园名寺的精华，仿中有创，表达了“移天缩地在君怀”的建筑主题。

在避暑山庄外部东面和北面的山麓，分布着宏伟壮观的寺庙群——外八庙，其名称分别为：溥仁寺、溥善寺（已毁）、普乐寺、安远庙、普宁寺、须弥福寿之庙、普陀宗乘之庙、殊像寺。外八庙以汉式宫殿建筑为基调，吸收了蒙、藏、维等民族建筑艺术特征，创造了中国的多样统一的寺庙建筑风格（图 2-2-26）。

图 2-2-26　避暑山庄外八庙

(2) 拙政园

苏州拙政园始建于明正德初年（公元 1505 年），是江南古典园林的代表作品，被誉为中国四大名园之一。1961 年拙政园被列为首批全国重点文物保护单位，1997 年被联合国教科文组织批准列入《世界遗产名录》。

拙政园是苏州现存的最大的古典园林，占地约 5.2hm²。全园以水为中心，山水萦绕，厅榭精美，花木繁茂，具有浓郁的江南汉族水乡特色。花园分为东、中、西三部分，东花园开阔疏朗，中花园是全园精华所在，西花园建筑精美，各具特色。园区南部为住宅区，体现典型江南地区汉族民居多进的格局。园中现有的建筑，大多是清咸丰九年（公元 1850 年）拙政园成为太平天国忠王府花园时重建，至清末形成东、中、西三个相对独立的小园（图 2-2-27）。

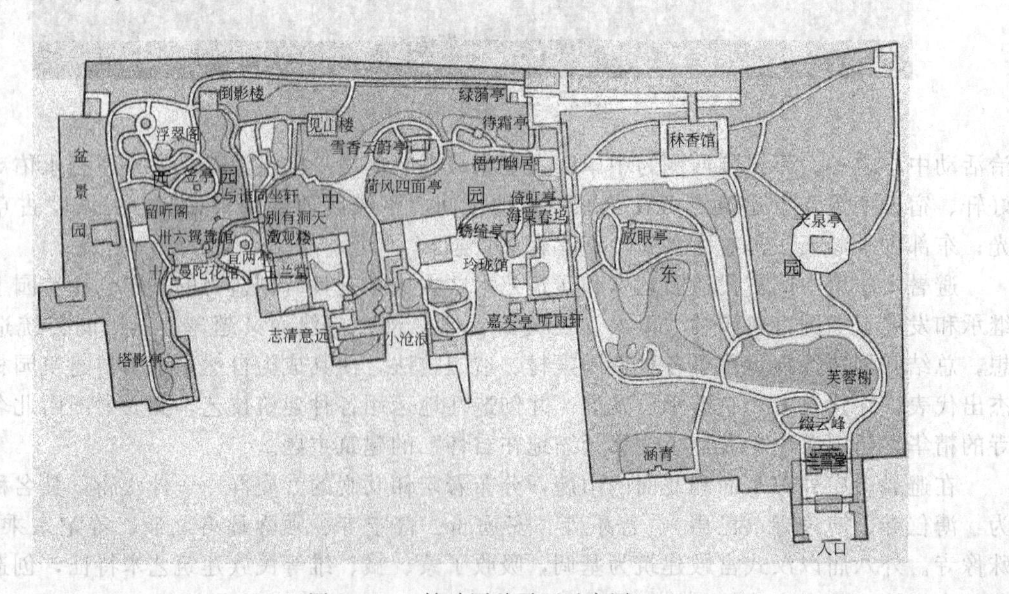

图 2-2-27　拙政园总平面示意图

东部原称“归田园居”，占地约 $2hm^2$，是因明崇祯四年（公元 1631 年）园东部归侍郎王心一所有而得名。因归园早已荒芜，现全部为新建，布局以平冈远山、松林草坪、竹坞曲水为主。配以山池亭榭，仍保持疏朗明快的风格，主要建筑有兰雪堂、芙蓉榭、天泉亭、缀云峰等，均为移建。

中部是全园的主体和精华，占地约 $1.2hm^2$，是典型的多景区复合的园林，园林空间有分有合，通过游园路线的设计而形成序列组合，主次分明而又不流于零散，敞闭开合、变化有序、层次清晰。它的主要游览路线上有前奏、承转、高潮、过渡、收束等环节，表现出了诗一般的韵律感，给人的印象十分深刻。中部总体布局以水池为中心，池广树茂，景色自然，临水布置了形体不一、高低错落的建筑，主次分明。总的格局仍保持明代园林浑厚、质朴、疏朗的艺术风格。以荷香喻人品的“远香堂”为中部拙政园主景区的主体建筑，位于水池南岸，隔池与东西两山岛相望，池水清澈广阔，遍植荷花，山岛上林荫匝地，水岸藤萝粉披，两山溪谷间架有小桥，山岛上各建一亭，西为“雪香云蔚亭”，东为“待霜亭”，四季景色因时而异。远香堂之西的“倚玉轩”与其西面船舫形的“香洲”遥遥相对，两者与北面的“荷风四面亭”成三足鼎立之势，都可临水赏荷。倚玉轩之西有一曲水湾深入南部居宅，这里有三间水阁“小沧浪”，它以北面的廊桥“小飞虹”分隔空间，构成一个幽静的水院（图 2-2-28～图 2-2-30）。

图 2-2-28　拙政园远香堂、倚玉轩、香洲

图 2-2-29　拙政园小飞虹

图 2-2-30　拙政园荷风四面亭

西部原为“补园”，面积约 $0.8hm^2$，以曲尺形水池为中心，散为主，聚为辅，其水面迂回，布局紧凑，依山傍水建以亭阁，回廊起伏，水波倒影，别有情趣。西园因被大加改

建，所以乾隆后形成的工巧、造作的艺术的风格占了上风，但水石部分同中部景区仍较接近，起伏、曲折、凌波而过的水廊、溪涧则是苏州园林造园艺术的佳作。西部主要建筑为靠近住宅一侧的三十六鸳鸯馆，是当时园主人宴请宾客和听曲的场所，其特点为台馆分峙，装饰华丽精美。西部另一主要建筑“与谁同坐轩”，其为扇亭，扇面两侧实墙上开着两个扇形空窗，一个对着“倒影楼”，另一个对着“三十六鸳鸯馆”，而后面的窗中又正好映入山上的笠亭，笠亭的顶盖恰好配成一个完整的扇子。“与谁同坐”取自苏东坡的词句“与谁同坐，明月，清风，我”，故一见匾额，就会想起苏东坡，并立时感到这里可赏水中之月，可受清风之爽。

拙政园的历史较为悠久，不同阶段的园林布局有着一定区别，正是这种差异，逐步形成了拙政园独具个性的特点，主要有以下四个方面：

① 因地制宜，以水见长。拙政园利用园地多积水的优势，疏浚为池，其中部现有水面近 0.4hm^2，约占园林面积的三分之一，用大面积水面造成园林空间的开朗气氛，基本上保持了明代“池广林茂”的特点。

② 疏朗典雅，天然野趣。早期的拙政园林木葱郁，水色迷茫，景色自然。园林中的建筑十分稀疏，仅“堂一、楼一、为亭六”而已，建筑数量很少，竹篱、茅亭、草堂与自然山水融为一体，简朴素雅，一派自然风光。拙政园中部池水中有两座岛屿，山顶池畔仅点缀几座亭榭小筑，景区显得疏朗、雅致、天然。

③ 庭院错落，曲折变化。拙政园的园林建筑，早期多为单体，到晚清时期园林建筑明显增加，且趋向群体组合，庭院空间变幻曲折。园中园、多空间的庭院组合以及空间的分割渗透、对比衬托，空间的隐显结合、虚实相间，空间的蜿蜒曲折、藏露掩映，空间的欲放先收、先抑后扬等等手法的运用，其目的是要突破空间的局限，收到小中见大的效果，从而取得丰富的园林景观。这种处理手法，在苏州园林中带有普遍意义，也是苏州园林共同的特征。

④ 园林景观，花木为胜。拙政园向来以“林木绝胜”著称，数百年来一脉相承，沿袭不衰。早期拙政园景中，有三分之二景观取自植物题材。夏日之荷、秋日之木芙蓉，如锦帐重叠；冬日老梅偃仰屈曲，独傲冰霜。泛红轩、至梅亭、竹香廊、竹邮、紫藤坞、夺花漳涧等景观皆与植物有关。至今，拙政园仍然保持了以植物景观取胜的传统，荷花、山茶、杜鹃为著名的三大特色花卉。中部二十三处景观，百分之八十是以植物为主景的景观。如远香堂、荷风四面亭的荷，倚玉轩、玲珑馆的竹，待霜亭的桔，听雨轩的竹、荷、芭蕉，玉兰堂的玉兰，雪香云蔚亭的梅，听松风处的松，以及海棠春坞的海棠，柳荫路曲的柳，枇杷园、嘉实亭的枇杷，得真亭的松、竹、柏等（图 2-2-31）。

拙政园的园林艺术，在中国造园史上具有重要的地位。它代表了江南私家园林一个历史阶段的特点与成就，是苏州园林中的经典作品。

（3）灵隐寺

灵隐寺，又名云林寺，位于浙江省杭州市，背靠北高峰，面朝飞来峰，始建于东晋咸和元年（326 年）。灵隐寺开山祖师为西印度僧人慧理和尚；南朝梁武帝赐田并扩建；五代吴越王钱镠，命请永明延寿大师重兴开拓，并赐名灵隐新寺；宋宁宗嘉定年间，灵隐寺被誉为江南禅宗“五山”之一；清顺治年间，禅宗巨匠具德和尚住持灵隐，筹资重建，仅建殿堂时间就前后历十八年之久，其规模之宏伟跃居“东南之冠”；清康熙二十八年（1689 年），康熙帝南巡时，赐名“云林禅寺”。

目前的灵隐寺景区是在清末重建基础上陆续修复再建的，寺庙占地面积约 8.7 万平方米，灵隐景区总体占地面积约 258hm^2。灵隐寺布局与江南寺院格局大致相仿，全寺建筑中

图 2-2-31　拙政园各造景要素的融合

轴线上主要有天王殿、大雄宝殿、药师殿、法堂、华严殿，两边附以五百罗汉堂、济公殿、华严阁、大悲楼、方丈楼等建筑构成（图 2-2-32、图 2-2-33）。

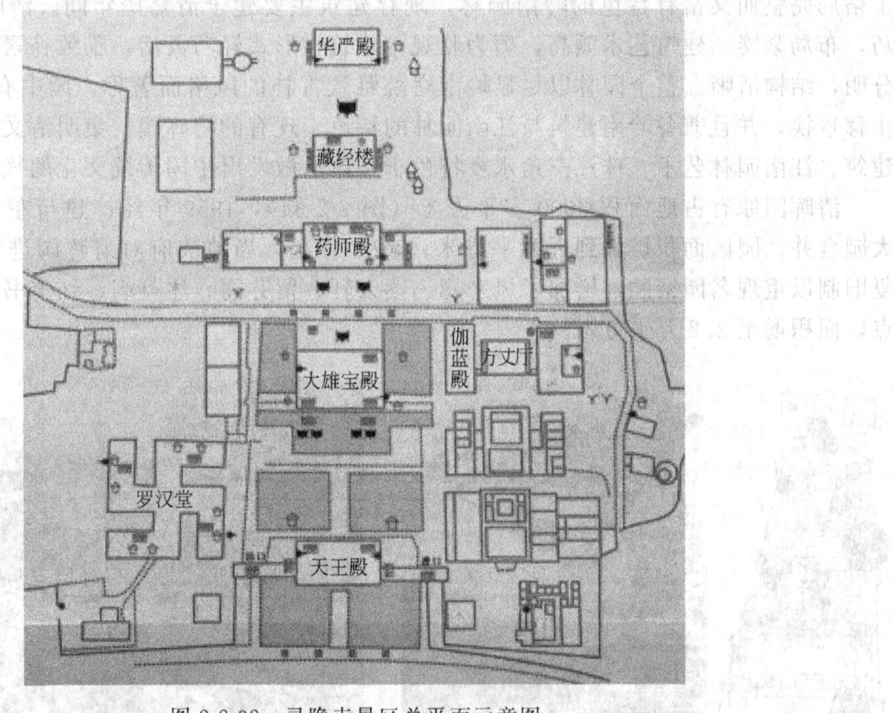

图 2-2-32　灵隐寺景区总平面示意图

灵隐寺总体规划是沿中轴线形成五层格局：天王殿—大雄宝殿—药师殿—藏经楼（下设法堂）—华严殿；同时向两翼布局，先后建成线刻五百罗汉堂、道济殿（现称济公殿）、客堂（六和堂）、祖堂、大悲阁、龙宫海藏（藏品陈列）；并于原罗汉堂遗址重建五百罗汉堂，陈列平均身高 1.7m 的五百青铜罗汉，堂中央另建 12.6m 高的四大名山铜殿。此外，每进殿堂建有宽敞平台，美化古刹环境。先后建成了大型《心经》壁、百狮群雕等，并于五百罗汉

图 2-2-33　灵隐寺中轴线建筑群

堂西北建冽泉，借假山叠石形成自然瀑布流入阿耨达池，池边建有“具德亭”，以纪念清初具德大师中兴灵隐之功。

(4) 清晖园

清晖园位于广东省佛山市，始建于明代，与佛山梁园、番禺余荫山房、东莞可园并称为广东四大名园，是岭南园林的代表作。园名“清晖”，意为和煦普照之日光，喻父母之恩德。清晖园故址原为明末状元黄士俊所建的黄氏花园，后经龙氏家族数代人多次修建，逐渐形成了格局完整而又富有特色的岭南园林，现存建筑主要建于清嘉庆年间。清晖园全园构筑精巧，布局紧凑。建筑艺术颇高，蔚为壮观，建筑物形式轻巧灵活，雅致朴素，庭园空间主次分明，结构清晰。整个园林以尽显岭南庭院雅致古朴的风格而著称，园中有园，景外有景，步移景换，并且兼备岭南建筑与江南园林的特色。现有的清晖园，集明清文化、岭南古园林建筑、江南园林艺术、珠江三角水乡特色于一体，散发出中国传统文化的气质神韵。

清晖园原有占地面积3000多平方米（图2-2-34），1959年经扩建与左右的楚香园、广大园合并，园区面积扩大到近万平方米；1996年起，当地政府对清晖园进行再度扩建，扩复旧制以重现名园精髓，增加了凤来峰、读云轩、留芬阁、沐英涧、红蕖书屋等多处建筑景点，面积增至2.2万平方米。

图 2-2-34　扩建前的清晖园

图 2-2-35　清晖园丰富的空间层次

清晖园的布局既能汲取江南园林的艺术精华，又能因地制宜，环境以清幽自然、秀丽典雅见称。清晖园的造园特色首先在于园林的实用性，为适合南方炎热气候，形成前疏后密，前低后高的独特布局，但疏而不空，密而不塞，建筑造型轻巧灵活，开敞通透。其园林空间组合是通过各种小空间来衬托突出庭院中的水庭大空间，造园的重点围绕着水亭作文章。其次，清晖园内水木清华，幽深清空，景致清雅优美，龙家故宅与扩建新景融为一体，利用碧水、绿树、古墙、漏窗、石山、小桥、曲廊等与亭台楼阁交互融合，造型构筑别具匠心，集我国古代建筑、园林、雕刻、诗画、灰雕等艺术于一体，突显出我国古园林庭院建筑中“雄、奇、险、幽、秀、旷”的特点。

清晖园旧园区坐北向南偏西，全园分为三部分：西南部以方形水池为中心的水庭，构成迎客的公共前区；中部则由小姐楼、惜阴书屋、花亭、真砚斋等建筑围合而成别致的平庭；东北部由归寄庐、笔生花馆、小蓬瀛等组成私密性较强的清幽宅院空间。整个园林空间变化丰富，建筑布局自由，流线组织灵活，庭园虽大小不一，形式各异，但互为渗透、穿插，园中有园，景深意浓。

为适应岭南湿热气候，清晖园造园采用前疏后密，前低后高的独特布局。前庭为一开阔的长方形水池，后面为较为密集的住宅区。这种布局非常有利于通风，前面园林像一个开阔的大空间，它使夏季的凉风不断吹向后院住宅。后院房屋虽然密集，但通过巷道、天井、柱廊、敞厅等方式来组织自然通风。后院的密集布置将建筑墙体、门窗及天井等常常处于阴影之下，减少了阳光的辐射；建筑造型轻巧灵活，开敞通透，大量采用门与窗结合，形成落地窗式的屏门。

清晖园在布局上的另一个特点是处处追求对比鲜明的艺术效果。以中部旧园区为例，它的西南部以水景为主，开敞明朗，建筑也较为疏落，中部偏北的各式建筑则较为密集，与西南部构成了虚实、明暗的对比；而北部的几处庭院，又与上述两区构成动与静、开放与幽闭的对比；西北部的建筑群较低，中部的建筑群较高，又形成了高低对比。运用对比的手法，使各个观赏空间各自的特色得以强化，产生出一种步移景换、变化无穷、引人入胜的艺术魅力。

清晖园内畅厅疏栏，树荫径畅。设计细部时用高低不同的砖砌花台和六角形水池来划分空间。使庭园空间层次丰富，具有地方特色生活氛围。园林建筑造型上多为规则式矩形或方形，装饰以具有地方特色的山水、花鸟，人物的泥塑、隐雕或绘画等图案为主，富有岭南地区文化气息，兼具西洋和中国传统美感（图 2-2-35）。

岭南园林既具有中国传统园林的基本风格，又在布局形式、建筑装修、植物造景、水石运用和花木配置等方面独具地方特色，构成纤细的通透典雅、轻盈畅朗的岭南格调。同时，又因受特定的时代背景和区域环境的影响，造成了岭南园林开放兼容的艺术风格，是我国古典园林的重要园林类型之一。

2.3 中西方古代城市景观特点的对比分析

2.3.1 城市空间形态的对比

通过上文对中国古代城市空间形态的分析，可以发现这些城市中的核心空间均由宫殿、衙署等与国家概念相关的设施占据，其占据者和使用者具有在当时社会中极高的社会地位，这些在政治上占统治地位的空间，成为了整个城市空间秩序的源头，也对整个城市社会秩序的形成起到了至关重要的作用。并且，这些空间往往占据城市中的核心位置，并且与城市的主要轴线关系密切，尤其是中国古代的都城中心，往往是城市的最高统治者君主所居住和工作的场所——宫城，而地方性城市中心则是由与国家概念密切相关的设施构成。这些处于城市中心的核心空间整体规模较大，但是它对进入其中的人群的身份和地位以及进入时间都具有严格的限制性，因此它虽占据了整个城市中的核心位置，但是对于老百姓来说，这样的空间可人性却很差，在这种特定的条件下，到达的困难往往会造成一定的神秘感，激起人们到达的欲望，这从另一方面强化了它们在普通市民心目中的控制性地位。在中国古代的都城中，为了突出皇权的至高无上和皇帝的唯一性，作为核心空间的宫城中往往会有一条宏大的轴线，十分有致地将全城控制在统一的秩序之中，而且通过借助自然地势的高低或者是人造景观的设置，来突出宫城，把宫城作为全城秩序的出发点而城市空间的其他部分则成为宫殿的控制轴线所涉及范围的陪衬和填充物。在地方性城市中，衙署、钟鼓楼、城隍庙等构成了城市中的核心空间，它们所在的区域也具有很强的聚合度和整合度，成为城市中最具活力和吸引力的区域。

通过对古希腊至巴洛克时期的西方城市空间的分析可以发现，这些城市中的核心空间往往被教堂和广场等占据，二者共同构成了城市平面的几何中心。这些场所的使用者是大多数市民，场所所对应的主导行为与普通人日常的世俗生活密切相关，因而场所具有较强的公共性和开放性。这样的核心空间对整个城市社会秩序的形成起到了重要作用，是城市中最具有活力的区域，具有很强的聚合度和整合度，这种秩序体现的是一种带有城市中大多数群体意志的公共性表达。

在中西方古代城市中，构成城市核心空间的设施或者是在物质特性方面具有唯一性，或者是在整个环境中给人留下难忘的印象，它们往往是城市标志乃至城市精神的物质体现。通常，它们都具有“高”、“大”、“华丽”等外在的物质特点，并与人的精神层面的需求有着内在的联系，有当时处于高位的功能相支持，这样的城市核心空间对社会生活的感召力具有重大的意义，其建造过程之长，建造程度之隆重，建造等级制度之分明，对建筑位置、大小、形态、色彩、装饰、材料、加工，乃至特殊地位象征性构件的使用等等，通过建筑表达了核心空间“辨等示威”的作用。

2.3.2 园林艺术特点的对比

中西方的造园艺术都经历了漫长的发展过程。明、清时期中国的造园艺术达到了高潮，造园活动无论在数量、规模或类型方面都达到了空前的水平；而与中国同时期的欧洲园林也在蓬勃发展，且以法国古典园林为代表的几何式园林尤为突出，本小节就中国明、清时期的古典园林与16～18世纪的欧洲古典园林风格作总体、概括性的比较。

(1) 在总体布局结构上，两者的差异体现在：

中国明、清时期的江南园林大多与居住空间的规整式住宅有一个明确的分割，园林是相对独立的，自成格局，总体布局是自然和自由的。江南私家园林的庭院空间，结构主次分明，园林以小院或多重院落构成；一般以中部的山池区域作为园林的主要景区，在其周围布置若干次要景区，形成主次分明、疏密有致的布局，如苏州的留园、拙政园等均采用此类布局。江南园林由于多处市井，周围均为他人住宅，一般不可能获得开阔视野，所认常采用内向式的形式，建筑物回廊、亭榭等均沿园的周边布置，所以建筑物均背朝外而面向内，并且由此形成一个较大较集中的庭院空间。这种布局的好处是在极为有限的范围内布置较多的建筑，且不致造成局促、闭塞的局面。不仅如此，中国园林中各个景区、景物的设置都是为了反映该园的主题思想，并且有逻辑地按一定的顺序组织在主游览线上。中国古典园林在布局上有别于西方规则式园林，主要还体现在自由曲折的园路设计，达到了曲径通幽、峰回路转、引人入胜的空间效果。另外，中国古典园林还运用借景、对景、框景、漏景、障景等诸多手法，创造咫尺山林的逸趣。总之，中国古典园林是通透的，强调景物的互相渗透，层次感较强，其景观的观赏是动态观赏与静态观赏相结合。

在西方几何式园林里，居住功能的建筑处于园林的中心，统帅着园林，不但建筑主体在布局里占着主导地位，而且设计师把园林作为建筑和自然之间的过渡，是建筑空间的延伸和相同观念的加强，所以迫使园林服从建筑的构图原则，使其风格“建筑化”，有明确的轴线和规整的几何图案布局。其次，对于自然造景材料的处理和加工，是通过这些自然元素来强化人工雕琢的艺术之美，在西方古典园林中，自然景观要素被完全人工化了。

(2) 在运用造景要素的方式与手法上，中西方古典园林也存在较大差异性。

例如园林建筑和水景处理方面：建筑是造园的要素之一，但中西方对园林建筑一词的理解是不同的，中国的自然写意山水园是由山、水、植物和建筑组成的，专用于园林的如亭、园廊、台、水榭、园桥等固然是主要的园林建筑，但其他如厅堂、殿宇等主体建筑也能与园林环境相辅相成，起到很好的造景效果。尤其清乾隆以后，宫廷园林、民间园林的活动日益增多，功能日趋复杂，园林里的建筑密度也越来越高，即使这样，殿、堂、厅、馆、轩、榭、斋、舫、亭、台、楼、阁、廊、桥等不同性质的建筑物也能够与山、水、花木有机地组织、协调在一系列的风景画面之中，建筑不但位置、形体与疏密不相雷同，而且种类繁多、形式多变、布置方法也灵活多变，因地制宜。建筑的各种类型都有明确分工，如厅堂多位于园内适中地点，作为构图中心和全园的主体建筑，周围绕以墙垣廊屋，前后构成庭院，其造型高大宽敞，装修精美，家具陈设富丽，至于亭、榭、曲廊等，主要供休憩、眺望及游赏之用，同时又点缀风景。因此中国古典园林建筑的最基本的特点就是同自然景观的融合。同时，由于中国古典园林是一个“可游、可望、可居”的生活空间，并不是建筑的附属，而是一个独立的生活境域。可以这样说，中国园林是一个分布在优美环境中的建筑群，即建筑要从属于园林环境。中国古典园林建筑由于追求与环境的统一，因此在不同的地区、不同的环境条件和不同的习惯传统下形成了南式、北式之分。这也是中国南、北造园风格的主要差别之一，北方的园林建筑厚重沉稳，平面布局较为严整，多用色彩强烈的彩绘；南方的园林建筑一般都是青瓦灰墙，不施彩绘，布局灵活，显得玲珑清雅，常有精致的砖、木雕刻作装饰。

与中国古典园林的概念不同，西方的园林是由房前屋后的户外空间发展而来，主要供休闲和从事园艺活动。西方人认为，建筑巨大的体量感集中表现了人的智慧和力量，因而在园林总体规划上，就必须以建筑为中心，其他的植物、水体、雕塑等景色必须依附于建筑，并且建筑轴线是园景设计的主要依据。西方古典园林不仅用建筑主轴线以及从它派生出来的次轴线控制园林的布局，甚至以建筑的原则来营造园林，按照建筑的特点，以各种各样的剪形植物作为主体建筑与周围环境的过渡，求得人工艺术与自然的和谐。在这种几何化构图的园林中，不仅植物要人工化、几何化，所有花坛、道路、水池、喷泉等均要按轴线而定，园林艺术成为了建筑艺术的一种正面延伸。

理水是中西方造园的共有技巧。在中国古典园林中，凡条件具备，都必然要引水入园，即使受条件所限，也要千方百计地以人工方法引水开池。从水体布局上可分集中和分散两种形式，从形态上看则有静有动，但无论是何种水体布局，其形式大多为自然式，呈现出不规则的平面形态，其水体形式主要有湖泊池沼、河流溪涧以及曲水、瀑布、泉等，用以点缀园林空间环境。

在西方古典园林中，往往在林荫路十字交叉处设置中心水池，以象征天堂，这是欧洲园林惯常采用的手法，在园林设计中有着十分重要的地位。设计师将在自然界中变化无定的水体形式设计成整齐规整的形状，以取得与几何形格局的园林总体布局相协调一致。水池的形状一般成方形、长方形、圆形、椭圆形、多边形等几何形状，处于园林入口、中心或正对主体建筑等重要位置上，大型水池常放在全园的主轴线上。在西方古典园林中，合理的利用喷泉、壁泉、河渠，不但使空间显得广阔，还能够通过水面反映周围景物的倒影，也增添了园林景观的绚丽色彩。

综上所述，中国古典园林是追求“自然”的本质，试图接近自然，并以象征的方式展示自然的本质，富有诗情画意的意境。而西方几何规则式园林则追求“秩序”和“唯理”的本质，传达一种秩序和控制的意识，与自然界的杂乱无序形成明显的对比。

分析这两种园林风格巨大差异性的根本原因，是由于不同的美学观所带来的：

东、西方古典园林一开始就循着不同的方向、路线发展，这与各自的文化传统有着不可分割的联系。和其他艺术一样，造园艺术也毫不例外地受到美学思想的影响，而美学又是在一定哲学的支配下滋生成长的，为此，许多哲学家都把美学看成是哲学的一个分支，或称之为艺术的哲学。

中国哲学传统是伦理的、而不是宗教的；它不仅为历史统治阶级所看中并借以安邦治国平天下，而且也被一般庶民奉为伦理道德的准则和规范。中国的三大哲学学派——儒家、道家、佛教禅宗，都讲“天人合一”的基本精神，但侧重点不同。儒家是从政治、伦理立场出发，重人伦而轻功利，这就是说以情和义为基础；道家则是从遵循自然规律以求得精神自由这个立场出发的，带有浓厚的浪漫色彩；禅宗的“顿悟”经常是在与大自然的和谐相处之中获得的。这三大哲学学派中，儒家始终占着中国哲学的主导地位，孔子哲学的一大特点是将外在的伦理规范与内在的个体情感欲求统一起来，由此使得中国传统的对自然的审美，“讲究人的地位，讲究人与自然的情感交流，讲究人与自然的和谐统一”，而当时的士大夫阶层无疑受到这种社会哲学思想和伦理、道德观念的影响，也无疑将这些哲学思想带到造园思想中去。除了哲学观的影响，中国的山水画对造园也有很大的影响，作为一种独立画种的中国古代山水画，在盛唐时期就确立了自己的基本理论，这些心得体会也可视为造园活动的指导思想，山水画所遵循的最基本的原则莫过于“外师造化，内法心源”，这种感受虽然出自心灵，但并非以“理性”为基础，而完全是作者情感的倾注，中国古典园林多由文人、画家所参与，造园思想自然也不免要反映这些人的趣味、气质和情操。

从西方哲学的发展历史看，尽管一直贯穿着唯物和唯心两大学派尖锐复杂的斗争，但都十分强调理性对实践的认识作用，在这种社会美学意识的支配下，自然会把美学建立在“唯理”的基础上，德国唯心主义哲学家黑格尔就曾给美下过这样的定义：“美就是理念的感性显现”。15世纪在欧洲兴起的文艺复兴运动，为反对宗教神权而求得精神解放，唯物主义思想占据了上风，并且提出了“人文主义”的口号，实际上就是把人看成是宇宙万物的主体。这一时期，许多艺术家都醉心于人体比例的研究，力图从中找“出最美的线形”和“最美的比例”，并且企图用数学公式表现出来，这种思想可以追溯到公元前六世纪古希腊的毕达格拉斯学派，该学派曾经试图从数量的关系找美的因素，著名的“黄金分割”就是由这个学派提出的，这种美学思想一直顽强地统治着欧洲达几千年之久。例如强调统一、秩序和平衡、对称，推崇圆、正方形等几何图形等，都不外乎是这种美学思想的一种继续和发展。这种美学思想企图用一种程式化和规范化的模式来确立美的标准和尺度，它不仅左右着建筑、雕塑、绘画等，同时还深深的影响到园林艺术，欧洲几何形园林风格正是在这种“唯理”美学思想的影响下而逐渐形成的。

第3章

近现代城市景观设计理论与思潮

虽然关于世界近现代史的开端，目前有几种不同的划分方法，但毋庸置疑的是，18世纪中叶起源于英国的第一次工业革命对当时西方城市带来的冲击与影响是非常巨大的，自此之后的城市发展与之前迥然不同。因此，本章主要对工业革命之后，西方发达国家涌现出来的城市景观设计相关理论与思潮加以概述。

3.1 工业革命时期的城市景观危机

18世纪中叶，英国人瓦特改良蒸汽机之后，一系列的技术革命引起了从手工劳动方式向动力机器生产方式转变的重大飞跃。工业革命（The Industrial Revolution）开始于18世纪60年代，通常认为它发源于英格兰中部地区，是指资本主义工业化的早期历程，即资本主义生产完成了从工场手工业向机器大工业过渡的阶段。工业革命是以大规模工厂化生产取代个体工场手工生产的一场生产与科技革命，由于机器的发明及运用成为了这个时代的标志，因此历史学家称这个时代为机器时代（the Age of Machines）。

3.1.1 城市发展的时代背景

工业革命对城市最直接的影响就是大大促进了城市化，对城市化起了重要推动作用。可以说，工业革命既是一场科技的革命，也是一场城市的革命。一部工业革命史，就是一段城市化不断发展的历史。

城市化的表现形式主要有三种：①人口由农村地区迁往城市地区，大量农业人口变为非农业人口，城市人口占总人口的比例不断提高；②城市数量不断增加，规模不断扩大，城市的经济力量和作用逐步加强，城市的地位和影响越来越重要；③人们的生活方式逐渐城市化。

工业革命期间机器生产和工厂制度的兴起，推动了原有城市的市域规模迅速扩大，与此同时，农村人口涌向城市，转变为工业劳动力，使城市人口与城市数目迅猛增长。工业革命带来的机械化，解放了大量劳动力，使农村劳动力出现大量剩余；同时，城市里的工厂数量不断增加，需要更多的工人参与到机器生产之中，因此大量农业人口涌入城市，为城市注入了新鲜的血液，城市人口因此迅速增长：1750年英国全国人口约700万人，到1870年猛增到2750万人，其中城市人口占二分之一；1820年美国城市人口占总人口的比重为7.2%，到1870年城市人口占总人口的比重已上升到25%。这种城市人口的迅速增长可以说是一种恶性膨胀，它最终导致了城市环境急剧恶化等一系列问题出现。

3.1.2 城市景观危机的产生与表现

工业革命导致世界范围的城市化，大量人口向城市集中促使城市规模不断扩大，城市居住、就业、环境等问题相继产生。同时，近现代城市功能的革命性发展，以及新型交通和通讯工具的运用，使得近现代城市形体环境和空间尺度有了很大的改变，城市社会具有了更大的开放程度。城市自发蔓延生长的速度之快超出了人们的预期，而且超出了人们用常规手段驾驭的能力。

由工业革命引发的城市环境问题和城市景观危机主要表现在以下几个方面：

① 城市无序地向外蔓延、扩张，城市边缘呈现出犬牙交错的花边形态，同时，城市周边的乡村景观受到同化，原有景观特色消失；

② 城市内部出现明显的拼贴特征，城市环境的异质性增强，缓慢、自然生长的城市肌理受到破坏；

③ 为适应城市的高速发展节奏，出现大量统一化的街区和建筑形象，城市景观特色日渐消失；

④ 低矮、破败的居住建筑呈无序状态的高密度分布，导致城市内部公共开放空间的缺失，城市平民聚居的环境与卫生条件恶化。

正由于这些问题的出现，此时的城市急需进行合理的改造和规划，人们愈加强烈地认识到，有规划的设计对于一个城市的发展是十分必要的，只有通过整体的形态规划，才能摆脱城市发展在现实中的困境，因此也体现了在这样的背景条件下，城市空间规划理论产生的必要性。

3.2 城市空间规划思想的演变

3.2.1 理论发展的主要脉络

大多数学者都认为现代城市规划理论的起源是多元和复杂的，其早期的思想根源可追溯到欧文、圣西门、傅立叶等的乌托邦、空想社会主义；也有的学者认为霍华德的“田园城市”、柯布西埃的“光辉城市”和赖特的“广亩城市”三者才是现代城市规划理论的起源。对于西方近现代100多年的城市规划发展历史进行阶段划分，其主要方式有以下三种：

(1) 以时间的自然延续来划分，如Donald Kruekeberg将其划分为三阶段：①1880～1910年，没有固定规划师的非职业时期；②1910～1945年，规划活动的机构化、职业化时期；③1945～2000年，标准化（Standardization）、多元化（Diversification）时期。

(2) 以主流思潮为主线，再划定年代的上下界线，如Peter Hall将近现代城市规划理论的发展历史划分为七个阶段：①1890～1901年：病理学地观察城市；②1901～1915年：美学地观察城市；③1916～1939年：从功能观察城市；④1923～1936年：幻想地观察城市；⑤1937～1964年：更新地观察城市；⑥1975～1989年：纯理论地观察城市；⑦1980～1989年：企业眼光观察城市，生态地观察城市，再从病理学观察城市。

(3) 以时代和思潮相结合的方法，如吴志强将过去100多年的城市规划理论的发展划分为六个阶段：①1890～1915年，核心思想词：田园城市理论，城市艺术设计，市政工程设计；②1916～1945年，核心思想词：城市发展空间理论，当代城市，广亩城，基础调查理论，邻里单元，新城理论，历史中的城市，法西斯思想，城市社会生态理论；③1946～1960年，核心思想词：战后的重建，历史城市的社会与人，都市形象设计，规划的意识形态，综合规划及其批判；④1961～1980年，核心思想词：城市规划批判，公民参与，规划与人民，社会公正，文化遗产保护，环境意识，规划的标准理论，系统理论，数理分析，控制理论，理性主义；⑤1981～1990年，核心思想词：理性批判，新马克思主义，开发区理论，现代主义之后理论，都市社会空间前沿理论，积极城市设计理论，规划职业精神，女权运动与规划，生态规划理论，可持续发展；⑥1990～2000年，核心思想词：全球城，全球化理论，信息城市理论，社区规划，社会机制的城市设计理论。

下文将选取与现代城市景观联系密切，极具代表性的几种理论与思潮加以概述。

3.2.2 分散发展理论

（1）田园城市

1898年英国人霍华德提出“田园城市”理论，其田园城市学说集中反映在《明日的田园城市》一书中。霍华德认为，城市环境的恶化是由城市膨胀引起的，城市无限扩展和土地投机是引起城市灾难的根源。他建议限制城市的自发膨胀，并使城市土地属于城市的统一机构；城市人口过于集中是由于城市具有吸引人口聚集的“磁性”，如果能控制和有意识地移植城市的“磁性”，城市便不会盲目膨胀。霍华德基于对城乡优缺点的分析以及在此基础上进行的城乡之间“有意义的组合”，提出了城乡一体的新型社会结构形态来取代城乡分离的旧社会结构形态，提出“把积极的城市生活的一切优点同乡村的美丽和一切福利结合在一起”，认为城乡结合体可综合两者的优势同时也避免了两者的缺点。

霍华德设想中的田园城市是为健康、生活以及产业而设计的城市，它的规模能足以提供丰富的社会生活，但不应超过这一程度；四周要有永久性农业地带围绕，城市的土地归公众所有，由一委员会受托掌管。田园城市的结构如下：

① 包括城市和乡村两个部分。在6000英亩（1英亩＝4046.86平方米）土地上，居住3.2万人，其中3万人住在城市，2000人散居在乡间。圆形的城市居中，占地1000英亩；四周的农业用地占5000英亩。

② 田园城市的平面为圆形，半径约1240码（1码＝0.9144米）。城市中央是一个圆形中心花园，有6条主干道路从中心向外辐射，把城市分成6个区。

③ 中心花园周围布局主要的市政设施（市政厅、剧院、图书馆、医院、博物馆等），其外绕一圈面积约145英亩（$58hm^2$）的公园，公园四周又绕一圈宽阔的向公园敞开的玻璃拱廊，称为“水晶宫”，作为商业、展览和冬季花园之用。

④ 水晶宫往外共有5条环型的道路，这个范围内为居住区。5条环路的中间是一条宽广的林荫大道，宽130m，广种树木，学校、教堂布局其中。

⑤ 城市的最外圈地区建设各类工厂、仓库、市场、奶场等，向外一面对着外面的环境（农田、铁路干线等），向内一面是环状的铁路支线，交通运输十分方便。

为了避免城市的恶性膨胀，其规模必须加以限制，每个田园城市的人口限制在三万，超过了这一规模，就需要建设另一个新的城市。在绿色田野的背景下，若干田园城市组合在一起，呈现为多中心、复杂的城镇聚集区，霍华德称之为“社会城市”（图3-2-1、图3-3-2）。

1904年，在距伦敦34英里（1英里＝1609米）的莱切沃斯（Letch worth），是开始田园城市的规划实践的第一个城市；1919年，在韦林（Welwyn）建造了第二座田园城市。

田园城市的影响是重大的，首开了在城市规划中进行社会研究的先河，以改良社会为城市规划的目标导向，将物质规划与社会规划紧密地结合在一起。霍华德摆脱了传统规划主要用来显示统治者权威或张扬规划师个人审美情趣的旧模式，提出了关心人民利益的宗旨，这是城市规划思想立足点的根本转移；针对工业社会中城市出现的严峻、复杂的社会与环境问题，摆脱了就城市论城市的狭隘观念，从城乡结合的角度将其作为一个体系来解决；综合考虑了城市规模、布局结构、人口密度、绿带等问题，提出一系列独创性的见解，是一个比较完整的城市规划思想体系。田园城市理论对现代城市规划思想起了重要的启蒙作用，对后来

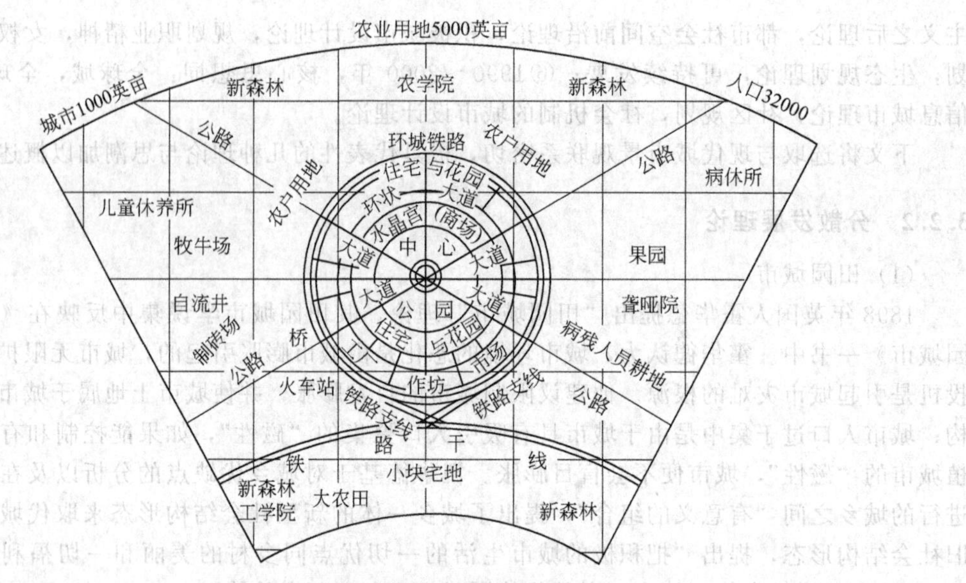

图 3-2-1　霍华德的田园城市平面

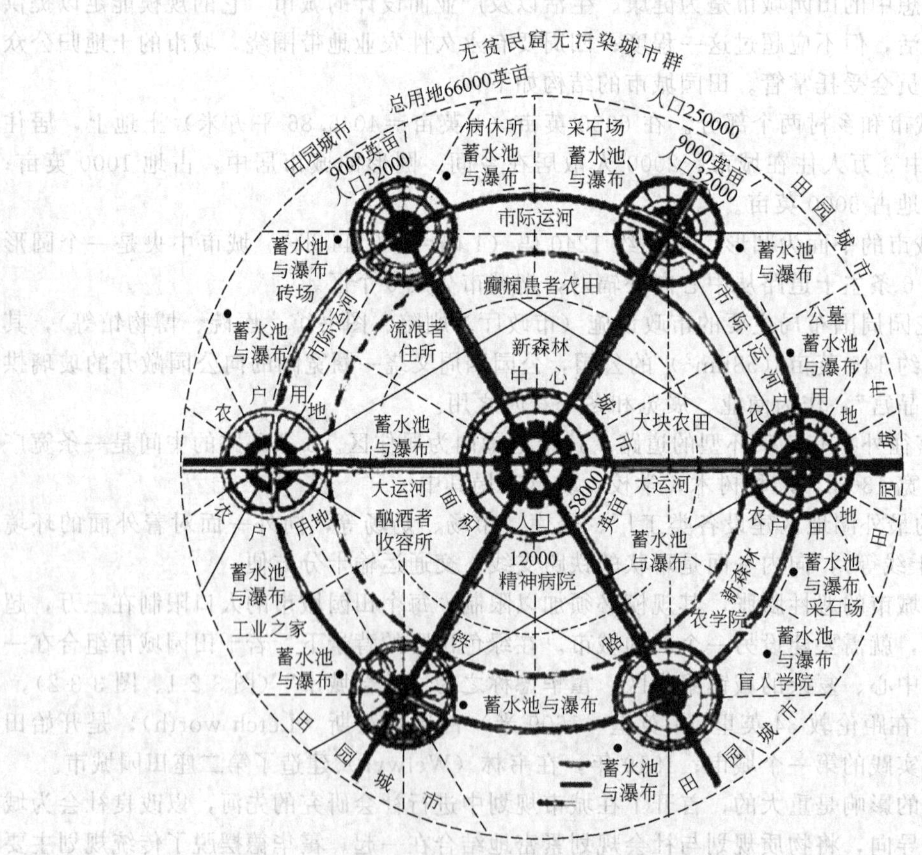

图 3-2-2　社会城市（田园城市群）

出现的一些城市规划理论，如有机疏散论、卫星城镇的理论颇有影响。

（2）广亩城市

广亩城市是建筑大师赖特于 1932 年出版的著作《The Disappearing City》以及 1935 年发表于《建筑实录》上的论文《Broadacre City：A New Community Plan》中提出的一种城

镇设想，是赖特的城市分散主义思想的总结，充分地反映了他倡导的美国化的规划思想，强调城市中的人的个性，反对集体主义；突出地反映了当时人们对于现代城镇环境的不满以及对工业化时代以前人与环境相对和谐的状态的怀念。广亩城市，实质上是对城市的否定。赖特呼吁城市回到过去的时代，他相信电话和小汽车的力量，认为大都市将死亡，美国人将走向乡村，家庭和家庭之间要有足够的距离以减少接触来保持家庭内部的稳定。他认为大城市应当让其自行消灭，现有城市已不能适应现代生活的需要，也不能代表和象征现代人类的愿望，建议取消城市而建立一种新的、半农田式社团——广亩城市。他认为，随着汽车和电力工业的发展，已经没有把一切活动集中于城市的必要，而最为需要的是如何从城市中解脱出来，发展一种完全分散的、低密度的生活，居住、就业结合在一起的新形式。在他所描述的“广亩城市”里，每个独户家庭的四周有一英亩土地，生产供自己消费的食物；用汽车作交通工具，居住区之间有高速公路连接，公共设施沿着公路布置，加油站设在为整个地区服务的商业中心内。

赖特处于美国的社会经济和城市发展的独特环境之中，从人的感觉和文化意蕴中体验着对现代城市环境的不满和对工业化之前的人与环境相对和谐状态的怀念情绪，他提出的广亩城市的设想，将城市分散发展的思想发挥到了极点。20 世纪 50～60 年代，美国城市普遍的郊迁化在相当程度上是赖特广亩城思想的体现。

3.2.3 集中发展理论

现代建筑大师柯布西耶将工业化思想大胆地带入城市规划中，曾提出现代城市规划五要点：①功能分区明确；②市中心建高层，降低密度，空出绿地；③底层透空（解放地面，视线通透）；④棋盘式道路，人车分流；⑤建立小城镇式的居住单位。

柯布西耶认为从中古时期发展起来的城市，已不能适应现代社会经济发展的需要，必须进行彻底改造。改造城市的基本原则是：城市按功能分成工业区、居住区、行政办公区等；建筑物用地面积应该只占城市用地的 5%，其余 95%均为开阔地，布置公园和运动场，使建筑物处在开阔绿地的围绕之中；城市道路系统应根据运输功能和车行速度分类设计，以适应各种交通的需要。他主张采用规整的棋盘式道路网，采用高架、地下等多层的交通系统，以获得较高运输效率；各种工程管线布置在多层道路内部。

柯布西耶对直线、直角、高度和速度充满了膜拜，并且运用几何和新的概率论及数理统计进行城市规划。他看到建筑技术和交通技术的发展已经让人们可以解决一些城市问题，比如钢材可以提高建筑高度，从而扩大绿地空间和道路宽度，解决交通拥堵、光照不足的问题。他充满激情地构想了未来的梦幻之城、光辉之城、辐射之城等“垂直花园城市”。

1925 年柯布西耶出版了《明日之城市》，明日城市的规划方案中，他从功能和理性的角度出发，提供了一张 300 万人口规模的城市规划模式图，中心区除了必要的公共服务设施外，规则性地在周围分布了 24 栋 60 层高的摩天大楼，可容纳 40 万人居住。在摩天大楼之间的围合地域是大片的绿地，再向外是环形居住带，最外围是 200 万居民的花园住宅区。整个城市平面呈现出严格的几何形构图特征（图 3-2-3～图 3-2-5）。在此基础之上，1933 年柯布西耶又著就了《光辉城市》。光辉城市方案描绘出城市生活的高级状态，主张用全新的规划思想改造城市，设想在城市里建造高层建筑、现代交通网，地面上则是大片连续的绿地，为人类创造充满阳光的现代化生活环境。他幻想着一座容纳 150 万人的城市交通网络与高层建筑群能够为城市提供充分的便利，每一个方块街区的大小都是 400m×400m，每一座摩天楼之间以工业时代的象征物“汽车”作为连接，每一栋建筑必不可缺的便是垂直升降的电梯，每一栋建筑物之间相隔 400m，充分让每一个住在塔楼里的人可以享受到新鲜的空气与阳光。光辉城市方案以南北向轴线为主，由北向南依次分为商务区、居住区、工业区，居住区与工业区之间设带形公园，铁路枢纽配置在商务区与居住区之间（图 3-2-4）。柯布西耶主张提高城市中心区的建筑高度向高层发展以增加人口密度，并应减少街道交叉口或组织分层的立体交通，增加道路宽度和停车场，以此来缓解城市中心区的交通压力。

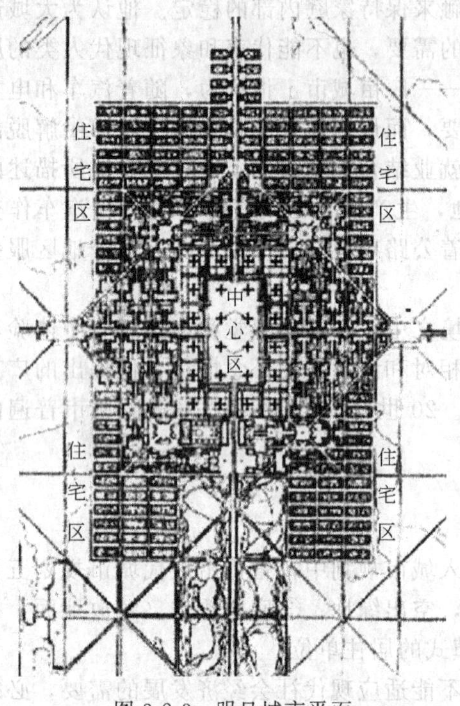

图 3-2-3 明日城市平面

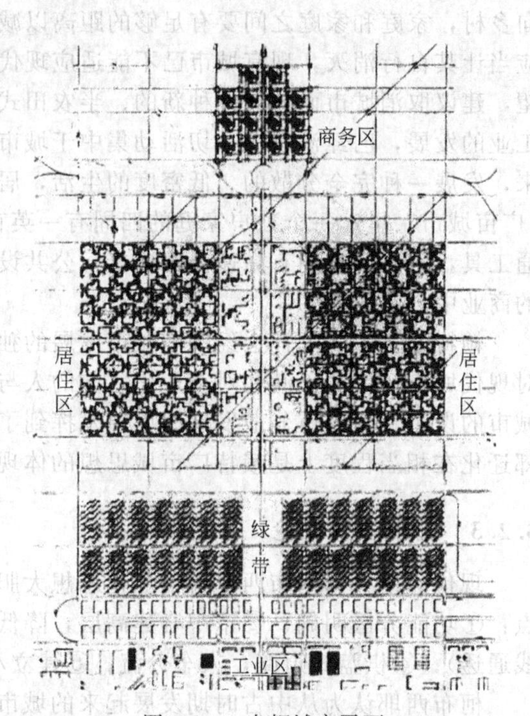

图 3-2-4 光辉城市平面

图 3-2-5 明日城市三维模型

柯布西耶的城市集中发展思想，一反当时反对大城市的思潮，主张全新的城市规划，认为在现代技术条件下，完全可以既保持人口的高密度，又形成安静卫生的城市环境，首先提出高层建筑和立体交叉的交通体系设想，是极有远见卓识的，对城市规划的现代化起了推动作用。

在对比柯布西埃和赖特的两个极端的规划理论时，我们也可以发现他们的共性特征，即：都有大量的绿化空间，并且在他们“理想的城市”中，都已经开始思考当时所出现的新技术：电话和汽车。

3.2.4 有机疏散理论

“有机疏散”论是芬兰建筑师沙里宁为缓解由于城市过分集中所产生的弊病而提出的关于城市发展及其布局结构的理论。沙里宁在他1942年的著作《城市：它的发展、衰败与未来》一书中对有机疏散论作了系统的阐述。他认为当时趋向衰败的城市，需要有一个以合理的城市规划原则为基础的革命性的演变，使城市有良好的结构，以利于健康发展。沙里宁提出了有机疏散的城市结构的观点，他认为这种结构既要符合人类聚居的天性，便于人们过共同的社会生活，感受到城市的脉搏，而又不脱离自然。

有机疏散的城市发展方式能使人们居住在一个兼具城乡优点的环境中。沙里宁认为，城市作为一个机体，它的内部秩序实际上是和有生命的机体内部秩序相一致的。如果机体中的部分秩序遭到破坏，将导致整个机体的瘫痪和坏死。为了挽救城市日趋衰败，必须对城市从形体上和精神上全面更新。再也不能听任城市凝聚成乱七八糟的块体，而是要按照机体的功能要求，把城市的人口和就业岗位分散到可供合理发展的离开中心的地域。有机疏散论认为没有理由把重工业布置在城市中心，轻工业也应该疏散出去。当然，许多事业和城市行政管理部门必须设置在城市的中心位置。城市中心地区由于工业外迁而腾出的大面积用地，应该用来增加绿地，而且也可以供必须在城市中心地区工作的技术人员、行政管理人员、商业人员居住，让他们就近享受家庭生活。很大一部分事业机构，尤其是挤在城市中心地区的日常生活供应部门将随着城市中心的疏散，离开拥挤的中心地区。挤在城市中心地区的许多家庭疏散到新区去，将得到更适合的居住环境，从而中心地区的人口密度也就会降低。

有机疏散的两个基本原则是：把个人日常的生活和工作即沙里宁称为“日常活动”的区域，作集中的布置；不经常的“偶然活动”的场所，不必拘泥于一定的位置，则作分散的布置。日常活动尽可能集中在一定的范围内，使活动需要的交通量减到最低程度，并且不必都使用机械化交通工具。往返于偶然活动的场所，虽路程较长亦属无妨，因为在日常活动范围外缘绿地中设有通畅的交通干道，可以使用较高的车速迅速往返。

有机疏散论认为个人的日常生活应以步行为主，并应充分发挥现代交通手段的作用。这种理论还认为并不是现代交通工具使城市陷于瘫痪，而是城市的机能组织不善，迫使在城市工作的人每天耗费大量时间、精力作往返旅行，且造成城市交通拥挤堵塞。

有机疏散论在第二次世界大战后对欧美各国建设新城、改建旧城、大城市向城郊疏散扩展的过程有重要影响。20世纪70年代以来，有些发达国家城市过度地疏散、扩展，又产生了能源消耗增多和旧城中心衰退等新问题。

3.2.5 其他理论与思潮

(1) 带形城市和工业城市

带形城市（Linear City）和工业城市（Industrial City）是与田园城市同一时期的关于新的城市模式的探索，但是与霍华德的思想不同，这两种城市模式是由崇尚工业技术的工程师、建筑师基于现代技术提出的改造、建设城市的规划主张，也被称为“机器主义城市”的思想。

带形城市设想是由西班牙工程师马塔于1882年提出的，他希望寻找一个城市与自然保持亲密接触而不受规模限制的模式。在这一模式里，城市的各种空间要素紧靠一条高速、高运载量的交通线集聚并无限地向两端延展；并且，城市发展需要遵循结构对称和留有发展余地的原则。

马塔认为在高速度运输的形式下，传统的从核心向外一圈圈扩展的发展模式已经过时了，城市的公交系统和公用设施可以沿着交通干线布局，从而形成带形城市结构，并可将原有的城镇联系起来，组成城镇网络，不仅使城市居民便于接触自然，也能把文明设施带到乡村。交通干线一般为汽车道路或铁路，也可以辅以河道。城市继续发展，可以沿着交通干线纵向不断延伸出去；带形城市由于横向宽度有一定限度，因此城市居民同乡村自然界非常接近。城市纵向延绵地发展，也有利于市政设施的建设。同时，带形城市也较易于防止由于城市规模扩大而过分集中从而导致的城市环境恶化。最理想的带形城市方案是沿着交通干线两边进行建设，城市宽度500m，城市长度无限制（图3-2-6）。

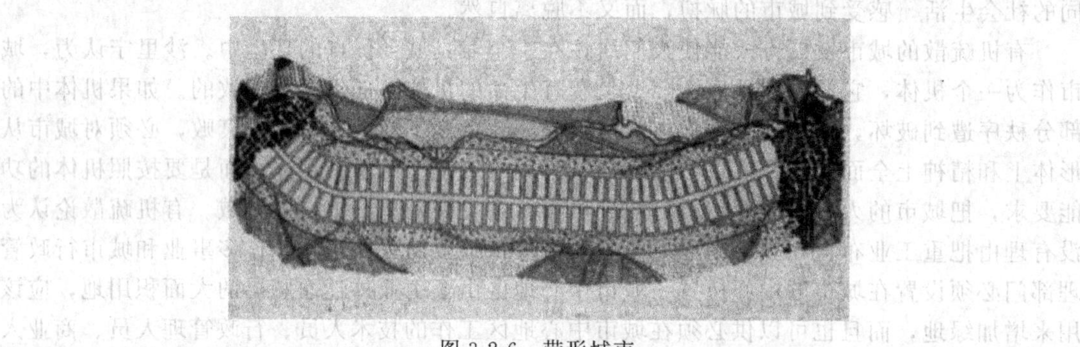

图3-2-6　带形城市

带形城市的规划原则有：以交通干线作为城市布局的主脊骨骼；城市的生活用地和生产用地，平行地沿着交通干线布置；大部分居民日常上下班都横向地来往于相应的居住区和工业区之间。

带形城市对之后西方的城市分散主义思想有一定影响，典型的实例有二战后的哥本哈根(1948)、华盛顿（1961）、大巴黎地区（1965）等地的规划，以及1990年吉隆坡的规划均在外围建设带形城市。

工业城市设想是法国建筑师戈涅在1901年提出的，他认为工业已经成为主宰城市的力量而无法抗拒，现实的规划行动就是使城市结构去适应这种机器大生产社会的需要。该工业城市是一个假想城市的规划方案，位于山岭起伏地带的河岸斜坡上，人口规模为35000人。城市的选址是考虑“靠近原料产地或附近有提供能源的某种自然力量，或便于交通运输”。他所规划的工业城市中央为市中心，有集会厅、博物馆、展览馆、图书馆、剧院等；城市生活居住区是长条形的；疗养及医疗中心位于北边上坡向阳面；工业区位于居住区东南；各区间均有绿带隔离；火车站设于工业区附近；铁路干线通过一段地下铁道深入城市内部；住宅街坊是宽30m，深150m，各配备相应的绿化，组成各种设有小学和服务设施的邻里单位。他运用当时最为先进的钢筋混凝土结构设计市政和交通工程，形式新颖简洁。

戈涅的规划较为灵活，在城市内部的布局中，强调按功能划分为工业、居住、城市中心等，各项功能之间是相互分离的，以便于今后各自的扩展需要。同时，工业区靠近交通运输方便的地区，居住区布置在环境良好的位置，中心区应联系工业区和居住区，在工业区、居住区和市中心区之间有方便快捷的交通服务。

在城市空间的组织中，戈涅更注重各类设施本身的要求和与外界的相互联系。在工业区的布置中，将不同的工业企业组织成若干个群体，对环境影响大的工业如炼钢厂、高炉、机械锻造厂等布置得远离居住区，而对职工数较多、对环境影响小的工业如纺织厂等则接近居住区布置，并在工厂区中布置了大片的绿地。而在居住街坊的规划中，将一些生活服务设施和住宅建筑结合在一起，形成一定地域范围内相对自足的服务设施。居住建筑的布置从适当的日照和通风条件的要求出发，放弃了当时欧洲尤其是巴黎盛行的周边式的形式而采用独立式，并留出一半的用地作为公共绿地使用，在这些绿地中布置可以贯穿全程的步行小道。城市街道按照交通的性质分为几类，宽度各不相同，在主要街道上铺设可以把各区联系起来并一直通到城外的有轨电车线（图 3-2-7）。

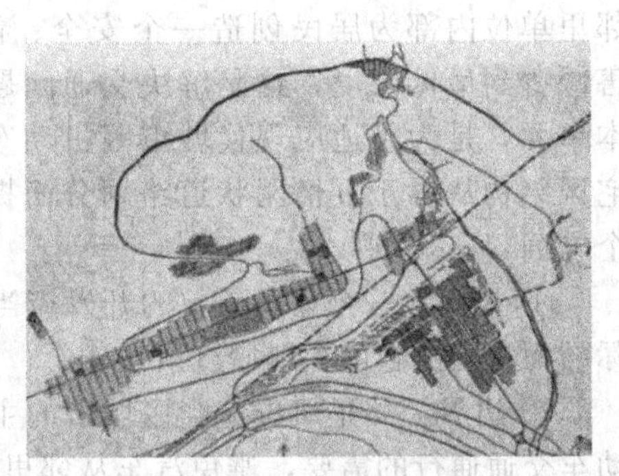

图 3-2-7　工业城市

戈涅在工业城市中提出的功能分区思想，直接孕育了《雅典宪章》所提出的功能分区的原则，这一原则对于解决当时城市中工业、居住混杂而带来的种种弊病具有重要的积极作用。同时，与霍华德的田园城市相比较可以看到，工业城市以重工业为基础，具有内在的扩张力量和自主发展的能力，因此更具有独立性；而田园城市在经济上仍然具有依赖性的，以轻工业和农业为基础。在一定的意识形态和社会制度的条件下，对于强调工业发展的国家和城市而言，工业城市的设想会产生重要影响。

(2) 邻里单位和雷德朋体系

邻里思想是 20 世纪初首先在美国产生的，美国学者佩里于 1929 年首先提出了“邻里单位”(Neighbourhood Unit) 理论，并在此基础上确定了邻里单位的示意图式（图 3-2-8）。这一图式首先考虑小学生上学不穿越车行马路，以小学为半径，以 1/2mile（1mile＝1.6093km）为半径来考虑邻里单位的规模，在小学校附近还设置日常生活所必需的商业服务设施，

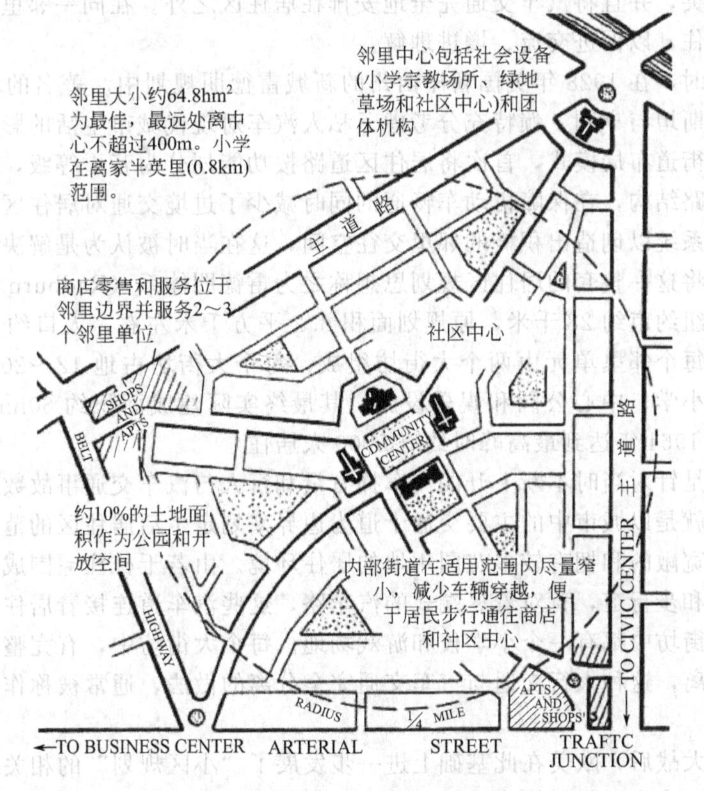

图 3-2-8　邻里单位平面示意图

邻里单位内部为居民创造一个安全、静谧、优美的步行环境，把机动交通给人造成的危害减少到最低限度，这是解决交通问题的最基本要求之一。邻里单位是组成居住区的基本单元，是为了适应现代城市因机动车交通发展而带来的规划结构的变化，改变过去住宅区结构从属于方格网状道路划分而提出的一种新的居住区规划理论，其主要内容包括6个方面：

① 规模：一个邻里单位的开发应当提供满足一所小学的服务人口所需要的住房，它实际的面积则由它的人口密度所决定；

② 边界：邻里单位应当以城市的主要交通干道为边界，这些道路应当足够宽以满足机动车交通通行的需要，避免汽车从邻里单位内部穿越；

③ 开放空间：应当提供小公园和娱乐空间等休闲系统，以满足邻里内部居民的需要；

④ 机构用地：学校和其他机构的服务范围应当对应于邻里单位的界限，它们应该适当地围绕着一个中心或公共用地进行成组布置；

⑤ 配套商业：与服务人口相适应的一个或更多的商业区应当布置在邻里单位的周边，最好是处于交通的交叉处或与相邻邻里的商业设施共同组成商业区；

⑥ 内部道路：邻里单位应当提供特别的内部道路系统，每一条道路都要与它可能承载的交通量相适应，整个路网要设计得便于单位内的运行同时又能阻止过境交通的使用。

佩里的目的是要在汽车交通开始发达的条件下，创造一个适合于居民生活的、舒适安全的和设施完善的居住社区环境。他认为，邻里单位就是“一个组织家庭生活的社区的计划”，因此这个计划不仅要包括住房，包括它们的环境，而且还要有相应的公共设施，这些设施至少要包括一所小学、零售商店和娱乐设施等。除此之外，在当时快速汽车交通的时代，环境中的最重要问题是街道的安全，因此，最好的解决办法就是建设内部道路系统来减少行人和汽车的交织和冲突，并且将汽车交通完全地安排在居住区之外。在同一邻里单位内部安排不同阶层的居民居住，以促进交流、增进理解。

几乎与此同时，在1928年美国新泽西州的新城雷德朋规划中，著名的城市规划师和建筑师克拉伦斯·斯坦与亨利·赖特充分考虑了私人汽车对现代城市生活的影响，开创了一种全新的居住区和街道布局模式，首次将居住区道路按功能划分为若干等级，提出了树状的道路系统以及尽端路结构，在保障机动车畅通的同时减少了过境交通对居住区的干扰，采用了人车分离的道路系统以创造出积极的邻里交往空间，这在当时被认为是解决人车冲突的理想方式。斯坦后来将这一整套的居住区规划思想称之为雷德朋体系（Radburn Idea）。

雷德朋镇距纽约市约28千米，原规划面积5.2平方千米左右，人口约3万人，由3个邻里单元组成，每个邻里单元由两个大街坊组成，每个大街坊占地12～20hm²，有详细规划的道路分级、小学、中心公园和娱乐设施。其最终实际建成面积约60hm²，其中开敞空间面积占16%，1964年达到最高峰时约有5000人居住。

雷德朋规划是针对当时不断上升的汽车拥有量和行人与汽车交通事故数量，提出了“大街坊”的概念。就是以城市中的主要交通干道为边界来划定生活居住区的范围，形成一个安全的、有序的、宽敞的和拥有较多花园用地的居住环境。由若干栋住宅围成一个花园，住宅面对着这个花园和步行道，背对着尽端式的汽车路，这些汽车道连接着居住区外的交通性干道。在每一个大街坊中都有一个小学校和游戏场地。每个大街坊中，有完整的步行系统，与汽车交通完全分离，这种人行交通与汽车交通完全分离的做法，通常被称作“雷德朋人车分流系统”。

第二次世界大战后，欧美在此基础上进一步发展了“小区规划”的相关理论，一般是按交通干道划分小区成为居住区构成的基本单元，把居住建筑、公共建筑、绿地等进行综合安排，一般的生活服务可在小区内解决，在当前国内外城市规划中被广泛应用。

(3) 区域规划理论

城市的日益发展和城市问题的复杂化，使人们认识到不能就城市论城市，必须从区域、国土等更宏观的范围来研究有关社会、经济、资源、交通等各方面问题。从地区着眼，对社会、经济的发展和生产力分布进行整体思考和规划调节。

苏格兰生物学家、社会学家、教育家和城市规划思想家盖迪斯是现代城市研究和区域规划的理论先驱之一。19世纪末，盖迪斯在与法国地理学家的接触中，受到了以自治区域的自由联邦制为基础的无政府共产主义的影响，并将生物学、社会学、教育学和城市规划融为一体，创造了"城市学"(Urbanology) 的概念。1915年，在其出版的《演变中的城市》中，强调城市发展要同周围地区联系起来进行规划，首次针对区域发展规划明确了大致的地域范围和目的要求。

盖迪斯是西方近代建立系统区域规划思想的第一人，指出将城市从"旧技术时代"引向"新技术时代"是城市规划的重要目标之一。他强调城市规划不仅要注意研究物质环境，更要重视研究城市社会学以及更为广义的城市学。要用有机联系、时空统一的观点来理解城市，在重视物质环境的同时，更要重视文化传统与社会问题，要把城市的规划和发展落实到社会进步的目标上来。同时，他还强调把自然地区作为规划的基本构架，指出城市从来就不是孤立的、封闭的，而是和外部环境相互依存的。认为城市与区域都是决定地点、工作与人之间，以及教育、美育与政治活动之间各种复杂的相互作用的基本结构。此外，盖迪斯还提出了"城镇集聚区"(Conurbation) 的概念，具体论述了英国的8个城镇集聚区，并认为这将成为世界普遍现象。

盖迪斯非常重视调查、实践在城市景观宏观规划中的作用，提出了"先诊断、后治疗"的规划路线，并制定了"调查—分析—规划"的设计过程。盖迪斯高度重视人文要素与地域要素在城市规划中的基础作用，认为应该以人文地理学来为景观规划思想提供丰富的基础，主张在城市规划中应以当地居民的价值观念和意见为基础，尊重当地的历史和特点。盖迪斯视城市规划为社会变革的重要手段，运用哲学、社会学和生物学的观点，揭示城市在空间和时间发展中所存在的生物学和社会学方面的复杂关系。

(4)《雅典宪章》与《马丘比丘宪章》

① 雅典宪章

1933年8月，国际现代建筑协会(CIAM) 第4次会议通过了关于城市规划理论和方法的纲领性文件——《城市规划大纲》。《大纲》提出了城市功能分区和以人为本的思想，集中地反映了"现代主义建筑学派"的观点。《大纲》首先指出，城市规划的目的是解决居住、工作、游憩与交通四大功能活动的正常进行。

居住问题主要是人口密度过大、缺乏空地及绿化；生活环境质量差；房屋沿街建造，影响居住安静，日照不合理；公共设施太少而且分布不合理等。建议住宅区要有绿带与交通道路隔离，不同的地段采用不同的人口密度。

工作问题主要是由于工作地点在城市中无计划的布置，远离居住区，并因此造成了过分拥挤而集中的人流交通。建议有计划地确定工业与居住的关系。

游憩问题主要是大城市缺乏空地，指出城市绿地面积少而且位置不适中，无益于居住条件的改善。建议新建的居住区要多保留空地，增辟旧区绿地，降低旧区的人口密度，并在市郊保留良好的风景地带。

交通问题主要是城市道路大多宽度不够，交叉口过多，未能按照功能进行分类，并认为局部放宽、改造道路并不能解决问题。建议从整个道路系统的规划入手，按照车辆的行驶速度进行功能分类。

另外，《大纲》还指出，办公楼、商业服务、文化娱乐设施等过分集中，也是交通拥挤的重要原因。《大纲》还提到，城市发展的过程中应该保留名胜古迹以及历史建筑。最后，《大纲》指出城市的种种矛盾是由大工业生产方式的变化和土地私有而引起，城市应按全市人民的意志规划，其步骤为：在区域规划基础上，按居住、工作、游息进行分区及平衡后，建立三者联系的交通网，并强调居住为城市主要因素；城市规划是一个三维空间科学，应考虑立体空间，并以国家法律的形式保证规划的实现。

《雅典宪章》是柯布西耶在1943年，基于CIAM第4次会议讨论的成果进行完善的作品，主要由个人完成。柯布西耶的现代城市设想，理性功能主义的规划思想集中体现在《雅典宪章》中。

② 马丘比丘宪章

1977年12月，一些世界知名的建筑师、规划师聚集于秘鲁首都利马，以《雅典宪章》为出发点进行了讨论，对《雅典宪章》40年的实践经验作了评价，认为实践证明《雅典宪章》提出的某些原则是正确的，但同时也指出《雅典宪章》的功能分区牺牲了城市的有机组织，忽略了城市中人与人之间多方面的联系，应努力去创造一个综合的多功能的生活环境。提出城市急剧发展中如何更有效地使用人力、土地和资源，如何解决城市与周围地区的关系，提出生活环境与自然环境的和谐问题。于是，在此会议讨论的基础上，设计师们于马丘比丘山的古文化遗址，签署了新宪章——《马丘比丘宪章》。

《马丘比丘宪章》强调人与人之间的相互关系，并将之视为城市规划的基本任务。这个宪章涵盖了《雅典宪章》所包含的各项概念，又增加了对诸如城市增长、自然资源与环境污染、工业技术、设计与实践等问题的分析与论述。在城市与区域方面，宪章首先肯定了《雅典宪章》的相关原则，并根据席卷世界的城市化过程中反映出城市与其周围区域之间基本的动态统一性，认为规划过程应包括经济计划、城市规划、城市设计和建筑设计。关于分区概念，宪章对《雅典宪章》中"为了追求分区明确而牺牲了城市的有机构成"，"否认了人类的活动要求流动的、连续的空间这一事实"的做法予以批评，提出"不应当把城市当作一系列的组成部分拼在一起来考虑，而必须努力去创造一个综合的、多功能的环境"。在住房问题上，与《雅典宪章》相反，"深信人的相互作用与交往是城市存在的基本根据，城市规划与住房设计必须反映这一现实"。关于城市运输，宪章修改了《雅典宪章》把私人汽车看作现代交通主要因素的观点，而提出"公共交通是城市发展规划和城市增长的基本要素"，"将来城区交通的政策显然应当是使私人汽车从属于公共运输系统的发展"，"应当允许随着增长、变化及城市形式作经常的试验"。

《马丘比丘宪章》还提出了"区域与城市规划是个动态过程"的观念，并在城市与建筑设计方面提出了自己的意见："近代建筑的主要问题已不再是纯体积的视觉表演，而是创造人们能生活的空间。要强调的已不再是外壳而是内容，不再是孤立的建立，而是城市组织结构的连续性"。

雅典宪章的主导思想是把城市和城市的建筑分成若干组成部分；马丘比丘宪章的目标是将这些部分重新有机统一起来，强调他们之间的相互依赖性和关联性。

雅典宪章的思想基石是机械主义和物质空间决定论；马丘比丘宪章宣扬社会文化论，人文物质空间只是影响城市生活的一项变量，并不能起决定性作用，而起决定性作用的应该是城市中各类人群体的文化、社会交往模式和政治机构。

雅典宪章将城市规划视为终极描述，马丘比宪章更强调城市规划过程的动态性。

从《雅典宪章》到《马丘比丘宪章》经历了44年。在这一过程中，城市规划从注重物质形态规划的功能理性思想，逐渐转变为注重城市人文生态功能的理念——规划的实施应能适应城市的物质和文化的不断变化，每一特定城市和区域应当制定适合自己特点的标准和方针，要为人们创造适宜的生活空间，追求建筑、城市、园林绿化等高度统一的城市景观。

3.3 城市绿地系统的产生与发展

城市化是每个国家社会发展的必然的历史进程，是不以人们意志为转移的客观规律。城市作为人类社会政治、经济、文化、科学教育的中心，经济活动和人口高度密集，“具有凝聚、储存、更新、传承并进一步发展物质文明与精神文明的功能”。然而，城市在创造了巨大的物质和精神财富的同时，也面临着巨大的资源与环境压力：城市环境人工化趋势愈加明显，自然生态系统退化，空气污染、声光污染、水体污染和热岛效应等城市生态环境问题突出表现在城市及城市周边地区。

关于城市绿地的概念以及绿地系统的构成，虽然每个国家的具体阐述都有所不同，但其核心内容、规划及设计目标应该是高度一致的，即改善城市生态、保护环境，为居民提供游憩场地和美化城市，使城市能够可持续地发展下去。

城市公园是城市建设的主要内容之一，是城市生态系统、城市景观的重要组成部分，是满足城市居民的休闲需要，提供休息、游览、锻炼、交往，以及举办各种集体文化活动的场所。现代意义上的城市公园起源于美国，由美国景观设计学的奠基人弗雷德里克·劳·奥姆斯特德提出在城市兴建公园的伟大构想，早在100多年前，他就与沃克斯共同设计了纽约中央公园。这一事件不仅开现代景观设计学之先河，更为重要的是，它标志着城市公众生活景观的到来。公园已不再是少数人所赏玩的奢侈品，而是普通公众愉悦身心的空间。

作为城市生态系统和城市景观的重要组成部分，城市公园也是早期城市绿地系统产生与发展的基础，兼具游憩、生态、美化、防灾等诸多作用；同时，其真正意义上的公共开放性及较完善的配套服务设施，使其与以往的古典园林有着本质的区别。

3.3.1 城市公园产生的背景

西方国家城市公共绿地的历史可以追溯到古希腊、罗马时代。当时的人们十分重视户外活动，社交活动、体育运动均很发达，随之也产生了城市广场、运动场、竞技场等，其中设置了林荫道、草坪，点缀着花架、凉亭，也布置了雕像、座椅；在神苑和学苑内也有类似的设施。可以说，这是西方早期公共园林的雏形。自文艺复兴之后，英、法、意等国的皇家园林和私人庄园也常常在一定时期对公众开放。这一做法与我国古代的一些皇家园林和私家园林颇为相似。这种现象也从另一方面说明自古以来普通城市居民对园林绿地需求的迫切性。然而，这些对外开放的私园并不能称为“城市公园”，因其主权仍属园主人所有。

18世纪中后期至19世纪初，英国的工业革命给社会、经济、思想、文化各方面都带来了巨大的冲击。如前文所述，在工业化和资本主义经济迅速发展的进程中，伴随着产生了从事体力劳动的工人阶级和占有资本财富、工厂、矿山的资产阶级，形成了新的社会结构。同时，大量农民不断由农村涌入城市，加入工人阶级的行列之中，导致了城市人口剧增，城市不仅数量增加，其用地也不断扩大。这种自发的、缺乏合理规划的城市迅猛发展，相继带来了许多新的矛盾，城市中环境优美、舒适的富人区与拥挤、肮脏、混乱的贫民窟形成鲜明对比；城市住宅、交通、环境等问题都亟待解决。

英国是工业革命的发源地，此后，工业革命的浪潮逐渐波及欧美其他国家。而法国大革命胜利及美国宣布独立，更推动了欧美经济的迅速发展，并吸引了大量移民，随之城市也开始进入了一个新的发展阶段。这些国家的社会变革，大大改变了城市面貌，同时，也赋予园林以全新的概念，产生了在传统园林影响之下，却又具有与之不同的内容与形式的新型园林。

由于资产阶级革命导致君主政权的覆灭，以及对改善城市聚居环境的迫切需求，不少以前归皇家所有的园林逐步开始对平民开放。18世纪，英、法皇室先后向市民开放了一些原属皇家的园林，有些原本规则对称的几何式园林几经改造后，以其自然式的优美景观向游人开放，整体风格体现出英国自然式风景园的景观特征。这些皇家园林，成了当时上流社会不可或缺的表演舞台，也是公众聚会的场所，起着类似公众俱乐部的作用。

随着城市的发展，除皇家园林对平民开放以外，城市公共绿地也相继诞生，出现了真正为居民设计，供居民游乐、休息的花园甚至大型公园，进而也促进了城市公共绿地的发展。

3.3.2 欧洲早期的城市公园改造与设计

由皇家园林改为对市民开放的公园中，以英国伦敦市内的肯辛顿公园、海德公园、绿园、圣·杰姆士园及摄政公园等最为著名，它们几乎连成一片，占据着市区中心最重要的地段，总面积达到480多公顷，经过改造后，更适宜于大量游人的公共活动。后来又陆续兴建了一些小公园，至1889年，伦敦的公园面积达到$1074hm^2$，1898年增至$1483hm^2$，公园建设发展速度之快十分惊人。

肯辛顿公园原为肯辛顿宫的花园，园中有美丽宽阔的林荫道及大水池，还有喷泉和纪念性雕像（图3-3-1、图3-3-2）；东北面以长条形水面为界，与对岸的海德公园相邻（图3-3-3），河上有桥连接两园。两园的总面积达$249hm^2$，是伦敦最大的皇室园林（图3-3-4、图3-3-5）。圣·杰姆士园与位于其西侧的绿园相连，园中原有长长的运河，后被改造成具有曲折驳岸的自然式水面，岸边绿草如茵，孤植树与树丛配置错落有致，风景如画。绿园内则保留了一条宽阔的散步道。摄政公园所在地原为一片荒芜的林地，后改建成公园。园中有自然式水池，池中有岛，水中可划船；岸边园路蜿蜒曲折，草地上成丛的树木疏密有序，处处景色各异；园中还有竞技场、供聚会活动的草地；在园中园的玛丽王后花园中设置了露天剧场；园的西部还划出了一块三角形的园地做动物园；此园中既有笔直的林荫道，也有圆弧形道路及弯曲的小径，园内的设施也是以上几座园林中最为丰富的（图3-3-6～图3-3-8）。

图3-3-1 肯辛顿公园喷泉

图3-3-2 肯辛顿公园大水池

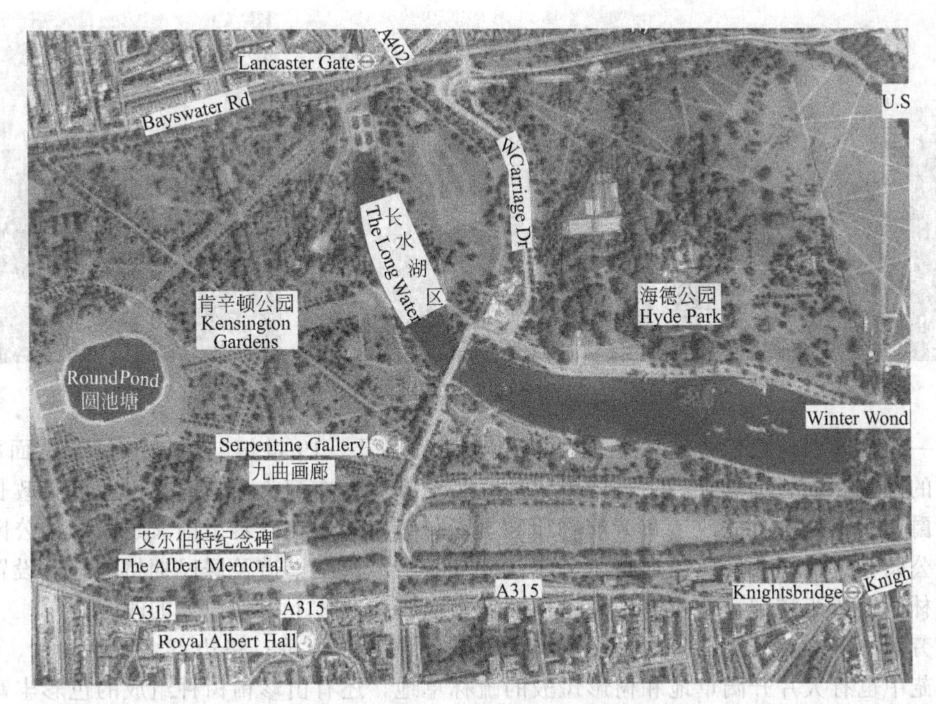

图 3-3-3 肯辛顿公园与海德公园隔水相邻

图 3-3-4 海德公园林荫道

图 3-3-5 海德公园喷泉

图 3-3-6 摄政公园鸟瞰

图 3-3-7 摄政公园喷泉

图 3-3-8　摄政公园内不同风格的自然景观

这一时期，法国巴黎建造公园的活动也在蓬勃展开。19 世纪初，巴黎仅有总面积 100 多公顷的园林，而且只有在园主人同意时才对公众开放。在都市扩建时，巴黎的行政长官奥斯曼男爵与皇帝商定首先改造布劳涅林苑和樊尚林苑，然后在巴黎市内又建了蒙梭公园、苏蒙山丘公园和蒙苏里公园及巴加特尔公园，此外，沿城市主干道及居民拥挤的地区设置了开放式的林荫道或小游园。这些措施使巴黎的城市面貌在总体上得到很大的改善。

布劳涅林苑内有开阔的湖面、溪流、瀑布、仿圆木的小桥；路边点缀着亭、台、山石；林木葱茏中也有大片开阔草地和树影斑驳的疏林草地，还有由珍稀树种组成的色彩丰富的树丛，令人心旷神怡，基本上由法国皇家园林的几何对称式改造成了英国自然式园林的风格。

此后，受英、法等国城市公园建设的影响，德国也将皇家狩猎园梯尔园向市民开放，并于 1824 年在小城马克德堡建立了德国最早的公园，与此同时在柏林还建了弗里德里希公园。1840 年，又将梯尔园进行了改造，其中设有林荫道、水池、雕像、绿色小屋及迷园等。从这个时期开始，欧洲各国也陆续建设了一些城市公园，形成一种新的城市景观潮流。

纵观上述各国的城市公园，多数仍是在旧有园林上改建后对公众开放的，其规划形式及内容虽经改造，多数仍然沿袭过去的模式，以折中式或英中式为主，与后来美国的纽约中央公园相比，还缺乏真正意义上的"城市公园"的内容。

3.3.3　美国的城市公园运动

美国是一个地域辽阔，而历史却很短的国家，直到 1776 年，才摆脱了殖民统治，宣布独立。在殖民统治时期，美国各地只有小规模的宅园，无豪华壮丽可言，其形式基本上反映了殖民地各宗主国园林的特征。18 世纪后，出现了一些经过规划而建造的城镇，才有了公共园林的雏形。如波士顿在市镇规划中，保留了公共花园的用地，可为居民提供户外活动场所；在费城的独立广场等处，也建有大片绿地。

19 世纪，在进入相对稳定的时期之后，园林建设才开始有所发展。此时，在园林设计方面出现了一位集园艺师与建筑师于一身的人物——道宁。他写了许多有关园林的著作，其中最著名的是 1841 年出版的《园林的理论与实践概要》，由他设计的新泽西州西奥伦治的卢埃伦公园成为当时郊区公园的典范，他还改建了华盛顿议会大厦前的林荫道。

道宁从正处于成熟时期的英国风景园作品中受到很多启示。同时，他也高度评价美国的大地风光、乡村景色，并强调师法自然的重要性；他主张给树木以充足的空间，充分发挥单株树的效果，表现其美丽的树姿及轮廓。这一点对今天的园林设计者来说，仍有借鉴意义。

继承并发展了道宁思想的是另一位杰出人物奥姆斯特德，他是第一个以"Landscape Architecture"一词代替英国人的术语"Landscape Gardening"、用"Landscape Architect"

代替“Landscape Gardener”的人，被称为“景观设计学之父”。1857 年他与沃克斯合作，以“绿草地”为主题赢得了纽约中央公园设计方案竞赛的大奖，从此名声大振。当时，纽约中央公园面积为 $340hm^2$，考虑到成人及儿童的不同兴趣和爱好，园内安排了各种活动设施，并有各种独立的交通路线，有车行道、骑马道、步行道及穿越公园的城市公共交通路线（图 3-3-9、图 3-3-10）。在纽约中央公园的设计方案中，奥姆斯特德明确提出了以下构思原则：

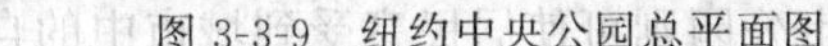

图 3-3-9　纽约中央公园总平面图

图 3-3-10　纽约中央公园鸟瞰

① 满足人们的需要：为人们提供周末、节假日休息所需的优美环境，满足全社会各阶层人们的娱乐要求；

② 考虑自然美和环境效益，公园规划尽可能反映自然面貌；

③ 规划应考虑管理的要求和交通方便，各种活动和服务设施应融于自然之中；

这些设计原则在后来被美国园林界归纳为“奥姆斯特德原则”：保护自然景观，在某些情况下，自然景观需要加以恢复或进一步强调；除了在非常有限的范围内，尽可能避免使用规则式；保持公园中心区的草坪和草地；选用乡土树种，特别用于公园周边稠密的种植带中；道路应呈流畅的曲线，所有道路均成环状布置；全园以主要道路划分不同区域。这些设计原则对于现在的公园规划设计仍然具有十分重要的指导意义。

纽约中央公园内除一条直线形林阴道及两座方形旧蓄水池以外，尚有两条贯穿公园的公共交通道是笔直的。公园的其他地方，如水体、起伏的草地、曲线流畅的道路，以及乔、灌木的配置均为自然式；而设施内容上与此前欧洲各国的城市公园相比，也更符合城市广大居民的要求，是一种全新概念的城市公园（图 3-3-11～图 3-3-14）。直至今日，在世界各处的公园中，几乎还都能见到与之相似的处理方式。

图 3-3-11　开阔的水面

图 3-3-12　大草坪

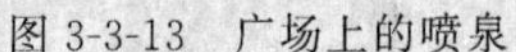

图 3-3-13　广场上的喷泉

图 3-3-14　冬季溜冰场

奥姆斯特德是第一位有大量园林作品的美国景观设计师，他吸收英国风景园的精华，创造了符合时代要求的新园林，是城市公园的奠基人。纽约中央公园的建成确立和传播了现代城市公园的设计理念，在美国掀起了一场城市公园建造运动。奥姆斯特德作为这一运动的杰出领袖，他预见到由于移民成倍增长，城市人口急剧膨胀，必将加速城市化的进程，因此，他认为城市绿化将日益显示其重要性，而建造大型城市公园则可使居民享受到城市中的自然空间，是改善城市环境的重要措施。奥姆斯特德的作品遍布美国及加拿大，欧洲各国也纷纷仿效。美国的城市公园运动使市民们从原来令人疲惫不堪的城市生活中解脱出来，满足了他们寻求慰藉与欢乐的愿望，它对促进人们投身于不断高涨的重返大自然怀抱的潮流有着极其深远的意义。

美国城市公园发展取得惊人成就的同时，为缓解美国城市人口剧增给城市带来的巨大压力，美国的许多城市着手建造更多的公园。当时新兴的商业城市芝加哥市耗资 4200 万美元，在较短的时间内就建造了大约二十四个运动公园，从市内任何一座建筑出发只需要几分钟时间就能到达这些公园。这些公园中，规模小的设有游园路环绕的足球场、操场、中央设有浅水池的儿童乐园，以及带浴场的游泳场地；比较大型的公园则设有各种会所、游船码头、休闲建筑等。除芝加哥市之外，其他各个城市也通过各种方式来建造这类公园。

城市公园运动增强了人们对公园和自然美景的向往，同时风景园林业也成为一个独立的职业登上历史舞台，并逐渐独立发挥作用。城市公园运动也成为了美国景观设计发展历程上的转折点，它的出现意味着风景园林领域的拓宽。

美国的城市公园运动虽然沿用了英国风景园的自然主义风格，一开始就有一种对生态浪漫主义的眷恋，没有创造出新的风格和形式，但它抛弃了极权式的西方传统园林，提出了为大众服务的设计思想，以民主的形象替代了传统园林巨大的纪念性和极端权力的表现。面向市民的城市公园在功能使用、行为与心理、环境及技术等众多方面形成更为综合的理论与方法，使城市公园成为第一次真正意义上的大众景观，为现代城市公共景观奠定了基础。

奥姆斯特德在 1870 年的著作《公园与城市扩建》中，提出城市要有足够的呼吸空间，要为后人考虑，城市要有不断更新和为全体居民服务的思想。这一思想，对美国及欧洲现代城市规划建设产生了很大的影响。欧洲大陆很多国家如英国、法国和德国也做出了城市公共绿地规划，进行了公共绿地的建设。

3.3.4　近现代城市绿地系统的发展

城市绿地系统一词，在各国的法律规范和学术研究中，对它的定义和范围有着不同的解释。在国外的城市生态学、景观规划设计以及相关法律中一般不提“城市绿地系统”，而是提及城市“绿色开敞空间（green open space）”的概念较多。目前，在国际上并没有统一的城市绿地的分类方法。依照分类依据的不同，城市绿地系统可划分为不同的类别。如按地形要素可分为山、水、林、田、路等类型；按形态可分为斑块、面、线、点等类型。但对于城市绿地系统具有真正意义的，且分歧较大的还是依据功能划分。在同一主体功能下，城市绿地的形态、规模、服务半径、用地性质等都可能有较大差异，因此，每个国家会结合实际情况对城市绿地采取更为合理的分类规定。

3.3.4.1 美国的城市公园系统

美国的城市公园系统（Park System）是指公园（包括公园以外的开放绿地）、公园路（Parkway）和绿道（Greenway）所组成的系统。通过将公园与线性绿地的系统连接，达到保护生态系统，引导城市开发向良性发展，增强生活舒适性的目的。美国的公园系统是在19世纪城市公园运动中逐步建立起来的。

从纽约中央公园开始，奥姆斯特德领导的城市公园运动催生了大量新型的城市公园，但是仅仅依靠单个公园的建设无法解决美国的城市问题。公园系统正是在这样的城市化背景下产生和发展起来。纽约中央公园于1873年建成，由于取得了巨大成功，其他城市纷纷仿效。其后不久，布鲁克林市建成了布罗斯派克公园。在奥姆斯特德与沃克斯的提议下，为了将布罗斯派克公园景观延伸入市区内部，建设了第一条公园路——伊斯顿公园路（Eastern Parkway）。布法罗则是最早建成具有真正意义的公园系统的美国城市。

1868年秋季，布法罗市的市民团体委托奥姆斯特德查看了三处公园基地。与纽约方格状的街区形态不同，布法罗市的道路系统呈放射型，因此，公园基地的形状比较灵活。奥姆斯特德在原有道路形态的基础上，规划了公园路连接三个公园组成一个系统。其中，最北面的特拉华公园面积为14.16hm^2，建有大草坪与人工湖；西面的弗兰特公园占地1.46hm^2；东部的巴拉德公园面积为2.27hm^2，设有儿童游乐设施，并有一定的军事用途。公园路宽61m，连接着三个功能与面积不一样的公园，形成了较完整的公园系统（图3-3-15）。

19世纪中叶发展起来的公园系统，到20世纪已经被大多数的美国城市所采用。美国的城市公园系统的布局重视其功能的发挥，根据基本功能和建设目的，大致分为环境保护型、防灾型、开发引导型、区域规划型四种类型。

（1）环境保护型

地区本身具有优美的自然风景和生态基础，为了避免城市化造成的环境破坏，首先通过公园的规划建设将重要的自然生态地区保护起来，在此基础上推进城市建设。这类公园系统的建设以环境保护为基本导向。代表城市为明尼阿波利斯。

19世纪下半叶，明尼阿波利斯的优美风景在城市化压力下逐渐受到破坏。1883年6月，昆·布朗发表了“关于明尼阿波利斯市公园系统的建议”，提出将穿越市区的密西西比河两侧的地带全部公园化，保护郊区大规模湖岸绿地，保护湿地植物群落并防止洪水泛滥。同时，建设宽度为60m以上的林荫道，沿道路配置公共建筑，使滨河区、滨湖地带成为城市居民共有的乐园。沿河岸的公园一直延伸到该市南部的明尼哈哈瀑布。1920年左右，明尼阿波利斯基本上建成了以水系为中心的环状绿地系统。

（2）防灾型

城市原来的建筑密度大、城区结构不合理，不利于防止城市灾害（如火灾、地震等）。通过公园系统隔断原来连接成片的城区，形成抗灾性能较高的街区结构，同时具有休闲和美化环境的功能。代表城市为芝加哥。

19世纪中叶，芝加哥市区中心基本为廉价的木造房屋。1871年10月9日的大火中，芝加哥三分之一的城区被烧毁，造成10万人无家可归。在芝加哥灾后重建中，规划人员以开

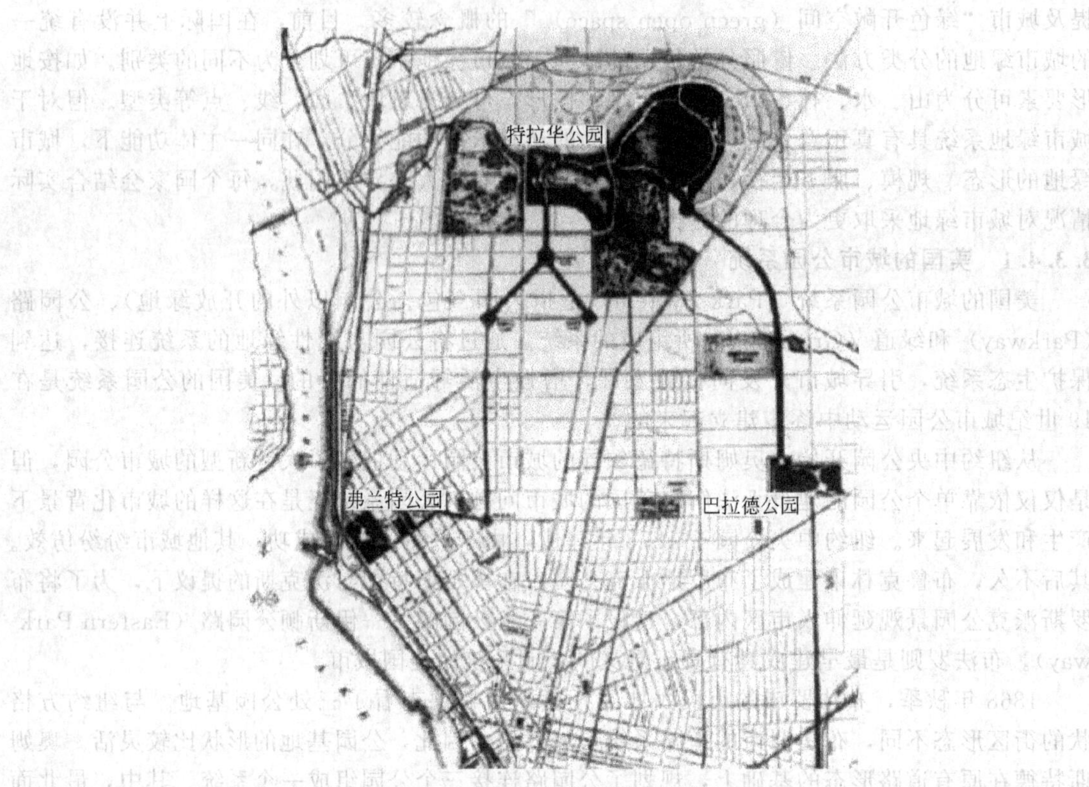

图 3-3-15　布法罗城市公园系统

敞空间分隔原来连成一片的市区，通过公园路和公园的配置有效提高城市的抗火灾能力。奥姆斯特德与沃克斯在芝加哥南部公园区的杰克逊公园和华盛顿公园设计中，规划了连接杰克逊公园和华盛顿公园的公园路。路中间一条连续的水渠，连通了杰克逊公园的咸水湖和华盛顿公园的人工池，以起到疏导洪水的作用。芝加哥大火使人们认识到公园系统具有的防灾、减灾功能，促进了防灾型公园规划的产生（图 3-3-16）。

(3) 开发引导型

原来的城市无法容纳更多的人口和功能，需要向外扩张建设新的城区。为了在新城区建设中避免老城区的种种弊端，通过公园系统的建设形成良好的环境基础和空间结构。代表城市为波士顿。

19 世纪中叶，波士顿城市发展迅速，城市用地不够，不断地通过填海和向郊区迁移取得更多的土地，最终造成水体污染。1875 年，波士顿公园法成立，设立了公园委员会。1876 年该委员会制定了波士顿公园系统总体规划，波士顿绿地系统从 1878 年开始建设，历经 17 年，1895 年基本建成了现在的绿地格局。波士顿公园系统的特色在于公园的选址和建设与水系保护相联系，形成了一个以自然水体保护为核心，将河边湿地、综合公园、植物园、公共绿地、公园路等多种功能的绿地连锁起来的网络系统，奥姆斯特德的这一景观作品后来被称为“翡翠项链”（图 3-3-17）。由于公园系统是在城市扩张过程中建立起来的，在开发之前就已经确定了保护范围，对新城区的健康发展起到了良好的引导作用。

(4) 区域规划型

城市化进程中，相邻城市之间的联系日益紧密，单个城市的公园系统难以达到保护环境的要求。因此在已经或者正在形成的城市群、都市圈等广大的地域，进行跨行政区的公园规划，从地域的角度保护自然生态环境。代表城市为大波士顿区域规划。

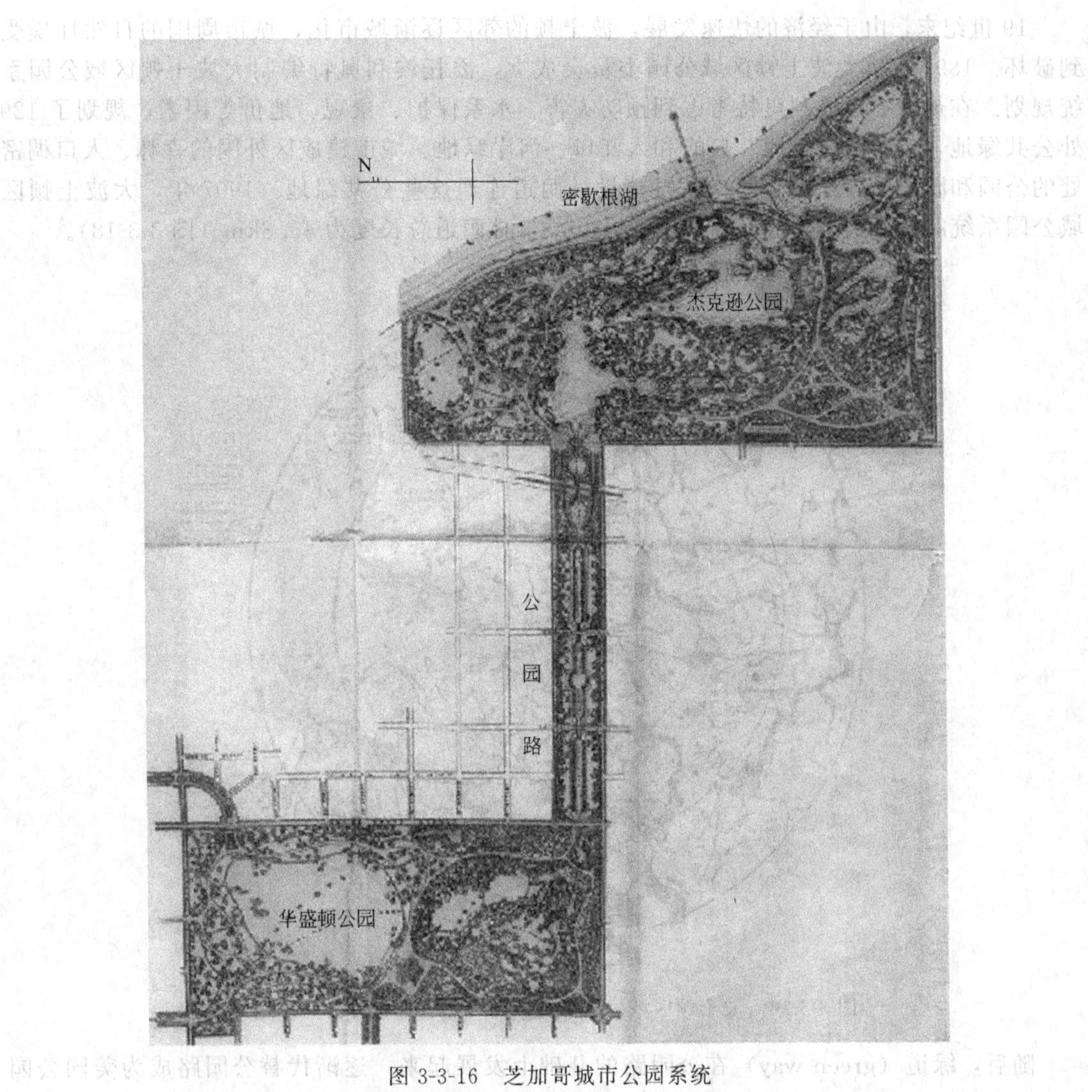

图 3-3-16　芝加哥城市公园系统

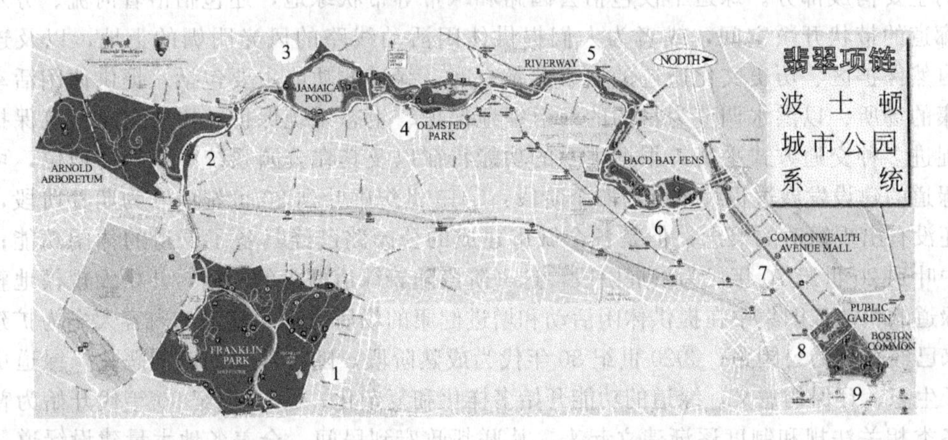

图 3-3-17　波士顿城市公园系统——翡翠项链

1—富兰克林公园；2—阿诺德植物园；3—牙买加公园；4—奥姆斯特德公园；5—滨河绿带；6—后湾沼泽地；7—联邦林荫大道；8—公共花园；9—波士顿公地

19世纪末，由于经济的快速发展，波士顿的郊区逐渐城市化，城市周围的自然环境受到破坏。1892年，大波士顿区域公园委员会成立，委托埃利奥特编制大波士顿区域公园系统规划。在规划中，埃利奥特考虑到预防灾害、水系保护、景观、地价等因素，规划了129处公共绿地，包含了海滨地、岛屿和入江口、河岸绿地、城市建成区外围的森林、人口稠密处的公园和游乐场等开敞空间，通过建设林荫道连通这些公共绿地。1907年，大波士顿区域公园系统的格局基本建成，面积达4082hm^2，林荫道总长度为43.8km（图3-3-18）。

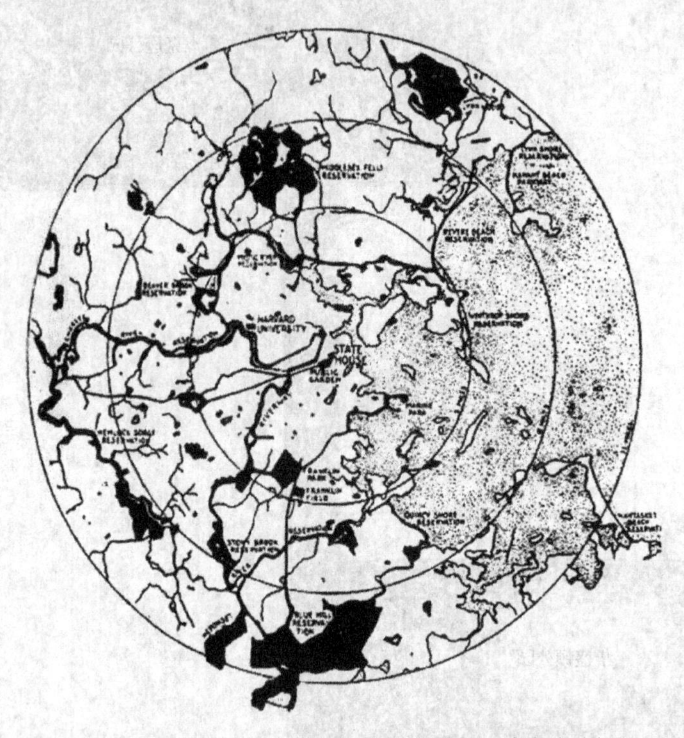

图3-3-18　波士顿区域公园系统（图中黑色区域为公共绿地）

随后，绿道（green way）在公园路的基础上发展起来，逐渐代替公园路成为美国公园系统的主要构成部分。绿道不仅包括公园路和绿带等带状绿地，还包括沿着河流、分水岭等自然廊道的带状开敞空间，或者为人们提供休闲活动线路的风光明媚的土地，以及连接公园、自然保护区、历史文化遗迹的城市开敞空间。绿道的功能主要包括：提供休闲活动和增进健康的场所、以洪水调节为目的的河道绿地保护、生态系统保护、历史文化遗迹保护和利用、促进多种交通方式平衡。根据主要的功能特征以及其在公园系统中所处的地位，可以将美国绿道的建设发展过程大致分为四个阶段：①19世纪中叶到20世纪中叶为萌芽阶段，这个时候还没有出现绿道的概念，但是各个城市建成的公园路已经具备了绿道的休闲功能；②20世纪中叶到20世纪70年代为发展阶段，这一阶段随着绿道概念的传播，开始大规模地整治绿道，绿道的功能依旧集中在提供休闲活动和增进健康的场所方面，整治的内容大多为扩建、重建原来已经存在的公园路；③20世纪80年代为成熟阶段，随着环境问题的恶化，绿道更多地被赋予生态、环保的意义，绿道的功能开始多样化和复杂化；④20世纪90年代开始为普及阶段，各类相关法规和制度逐渐建立起来，从联邦政府到民间，全美各地大量建设绿道。

波士顿罗斯·肯尼迪绿道是“波士顿中心干道/隧道工程”中最有名的一条贯穿南北的绿色廊道。“波士顿中心干道/隧道工程”，也被称为波士顿滨海公路城市改造工程，它在波士顿滨海地区约13km长的范围内，将一条修建于1959年的高架中央干道全部拆除，把交通引入地下隧道，所形成的开敞空间得到合理的开发利用，从而修复城市表面肌理。工程造价近159亿美元，于1991年动工，经过漫长的改造，2004年道路施工完成。不仅解决了长期以来困扰波士顿的地面交通问题，而且将原本被切断的波士顿北部尽端部分与中心商业区又重新恢复商业联系，让这些地区的民众参与城市的经济生活。该工程建设了总计45个城市公园和大型公共广场，其中最有名的就是罗斯·肯尼迪绿道。

肯尼迪绿道处于原来高架公路下的开敞空间，取代了高架中央干道，把市中心连接至海滨，由一系列具有滨水特征和便利设施的5个城市公园组成。肯尼迪绿道的设计规划立足于滨海地区空间独有的地域特征，建立与周围城市绿地系统的衔接，在公共活动与商业活动最密集地段和生态高敏感度地段建立有机的联系。通过延续自然地脉、把交通引入地下隧道，从而将地面开敞空间还给宜居的城市生活（图3-3-19）。

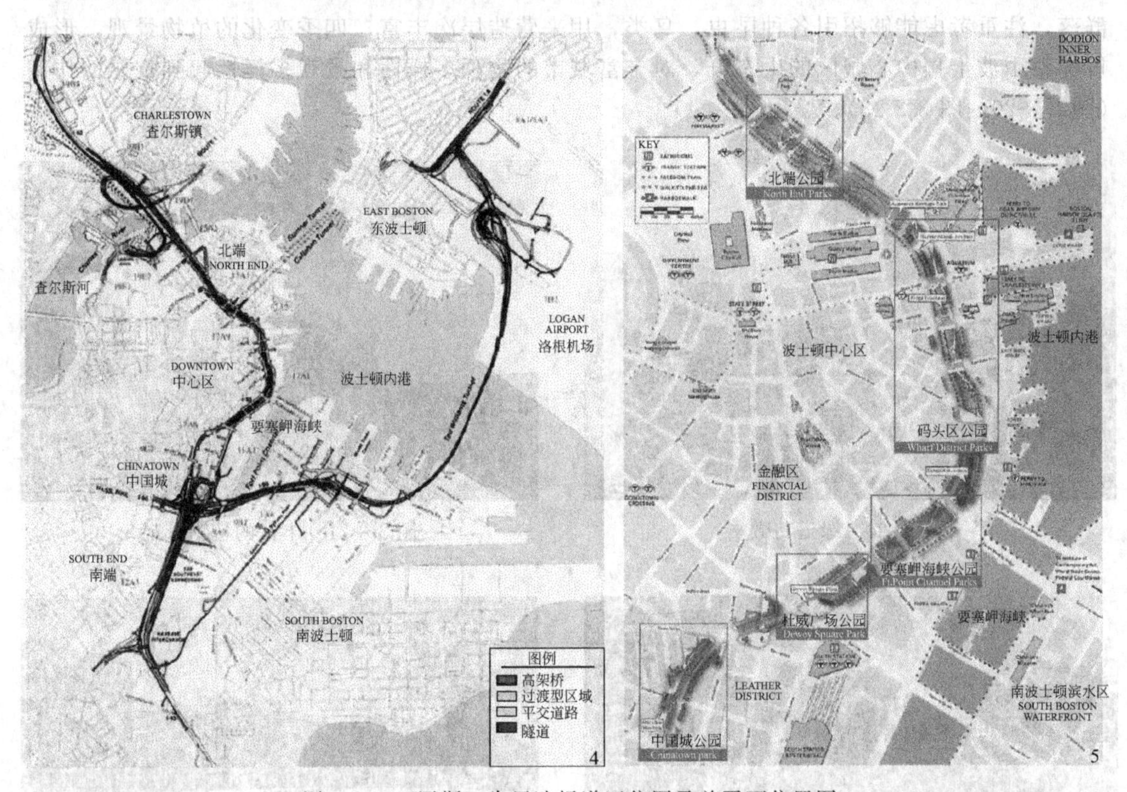

图3-3-19 罗斯·肯尼迪绿道区位图及总平面位置图

罗斯·肯尼迪绿道处于滨海地区，其文化因水的存在而具有独特性。水是重要因素，并在一定程度上决定了区域的形态风貌、灵魂以及独特的地方特色。肯尼迪绿道的设计规划上以水为基本要素，纵观其所能体验到的水景观类型，包括浅水广场、临水散步长廊、亲水平台、喷泉、小瀑布等，市民在此可以进行晒太阳、看书、聊天、跑步、跳舞、玩水等活动，为市民创造了多种与水景对话的机会。在规划设计中，虽然肯尼迪绿道临近大海水源充足，但整个水景观规划设计仍然显现出生态化、小型化的设计特征。通过亲水尺度和丰富的水景设计，为市民创造了宜人的生活环境，建立海景长廊和步行街让波士顿再次回到水的怀抱中，让市民能够与海洋近距离接触。在水的处理上，全方位综合利用及创造水景是肯尼迪绿道的理水之道。除了运用喷泉等景观水体之外，还包括对自然汇水、雨水、地下水等的利用。在位于中部的码头区公园内建有波士顿港群岛馆，展馆作为一个露天的展览形式，其屋顶造型成“凹”型，有利于雨水收集，下方设有蓄水池，将雨水最大限度地收集和过滤后用于绿地浇灌补水。屋顶上还设置太阳能电池板，在阳光充足的条件下，用于发电从而起到节约能源的效用。

除此之外，肯尼迪绿道还通过雕刻、植物造景、建筑、公共艺术、景观小品等景观元素来反映城市的历史与水文化的关系。肯尼迪绿道独一无二的地理位置，在于它与海滨区和波士顿市充满活力的街区的无缝链接和贯通，带来了城市与滨海区的积极有效链接的良好机会。通过对滨海岸线的处理、滨海开放空间的营造，将肯尼迪绿道和滨海空间一体化，使其既具有开放性，对各个公园入口节点进行重点设计，形成亲水透绿的门户节点；又把观赏、休闲的滨海空间与街区功能协调统一，同样承载起游览、教育、运动、文化展示多种功能。

肯尼迪绿道的各个公园在进行绿化时以各节点为重点，种植开花乔木和灌木，使整个空间呈现四季花开不断的绿道景观。肯尼迪绿道还建立了丰富的、复合的、多层次的自然植被群落，注重考虑能够招引各种昆虫、鸟类，用来营造层次丰富，四季变化的植物景观，形成贯穿整个波士顿中心城区的生态群，对丰富城市的物种多样性和景观多样性起到重要的作用（图 3-3-20～图 3-3-23）。

图 3-3-20　绿道鸟瞰

图 3-3-21　丰富的植物景观

图 3-3-22　花坛与草坪

图 3-3-23　尺度宜人的水景

波士顿花了漫长的时间，通过规划和设计把高架路变成城市绿道，是一个非常成功的城市再生案例，为修复城市肌理及改善城市生态环境提供了有效的措施。

3.3.4.2　英国绿地系统的规划层次

英国的绿地系统规划早在20世纪初就成为城市规划中的重要内容，经过了百年的发展，其规划思想和规划内容在不同的空间层次领域都发生了不同程度的演变，形成了目前国土规划——区域规划——城市规划的多个层次的绿地系统规划体系，规划内容和对象日趋完善，最终形成了从城市到乡村的、网络健全的、生态保护优先的绿地系统。城市范围内以展现游憩功能、景观功能的公园体系的建设为主；在区域层次范围内，城市和绿带形成了相互制约的两个主体，城市绿带的建设直接影响到了城市空间发展形态；在整个国土范围内，所有用地的规划和定位以环境保护为规划的重点，各类绿地（包括农田在内）成为规划主体。

英国从 20 世纪 30 年代起开始，就从环境和风景保护的角度来综合考虑城市和农村一体化发展，产生了国土规划（town and country planning）的建设思路，主要是针对城镇的复兴、保护历史建筑和有价值的景观以及合理的布局生活、工作和游憩三种活动而做出的一种宏观层次的控制和规划。以英格兰为例，2006 年国土规划法规将土地利用的类别划分为建成区（urban areas）、绿带（greenbelt）、农业用地（agriculture land）、国家公园（national parks）、自然景观良好地（area of outstanding natural beauty）、特殊科研基地（areas of special scientific interest，如野生动物研究、观察等）、自然保护区（special area of conservation）等用地，这种全国范围的国土规划有助于界定城乡边界的用地性质及形成宏观区域的绿地系统。

绿带是指在一定城市或城市密集区外围，安排建设较多的绿地或绿化比例较高的相关用地，形成城市建成区的永久性开放空间。环城绿带建设是英国城市规划政策最显著的特点之一。目前，英国的绿带建设已成为世界典范，特别是伦敦的绿带模式，被世界许多国家城市效仿。

有关伦敦绿带的构想最早可追溯到 1580 年，当时的国王伊丽莎白发布公告，在伦敦周边设置一条宽 4.8km 的隔离区域，该区域禁止新建任何房屋，以阻止瘟疫和传染病的蔓延。17 世纪，威廉·佩蒂第一次提出了绿带这个概念。1826 年，约翰·鲁顿编制的伦敦规划首次提出了城市环形发展概念，并提出了在城乡结合部保护农田和森林的设想。1910 年，乔治·派普勒提出了在距伦敦市中心 16km 的地方设置环状林荫道方案，并首次把设置绿带和城市空间发展联系起来，方案中的绿带宽约 420m，中间是公路、铁路、电车等复合交通系统。1933 年，温恩提出了绿色环带的规划方案：绿带宽 3～4km，呈环状围绕在伦敦城区，用地包括公园、自然保护地、滨水区、运动场、墓地、苗圃、果园等（图 3-3-24）。温恩认为环城绿带不仅是城区的隔离带和休闲用地，还应该是实现城市空间结构合理化的基本要素之一。

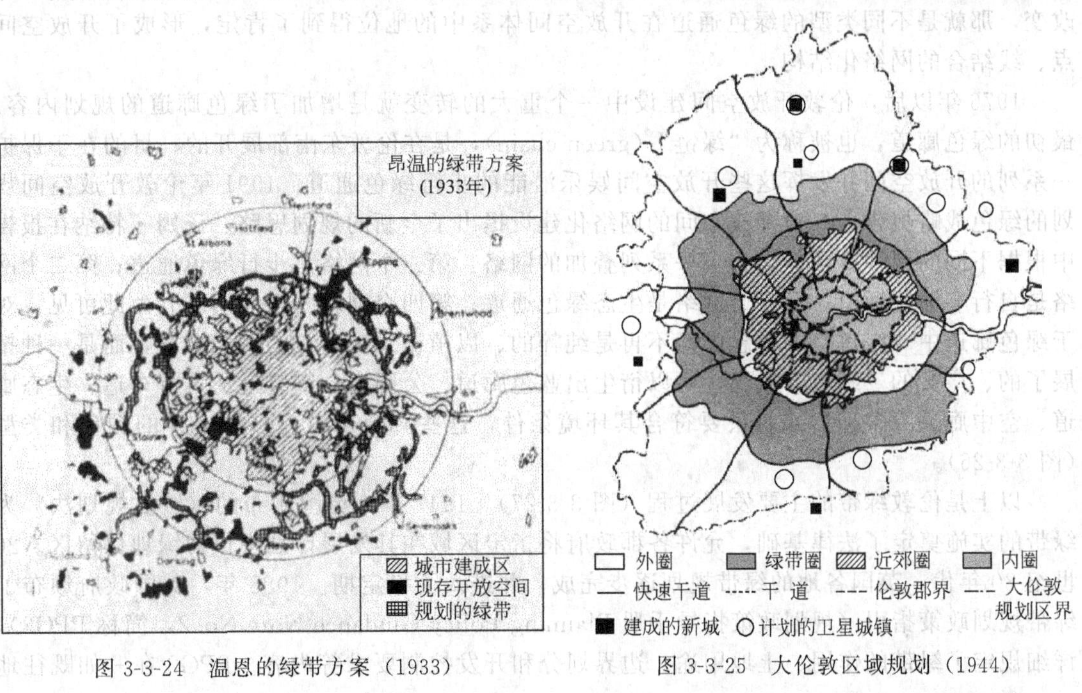

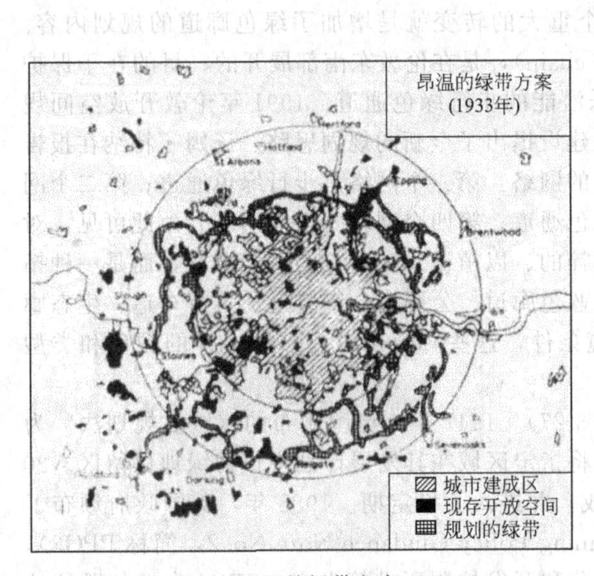

图 3-3-24　温恩的绿带方案（1933）

图 3-3-25　大伦敦区域规划（1944）

1935 年，大伦敦区域规划委员会发表了第一份修建环城绿带的政府建议，确定了伦敦绿带的基本思想。1938 年，英国议会通过了伦敦及附近各郡的《绿带法》，并通过国家购买城市边缘地区农业用地来保护农村和城市环境免受城市过度扩张的侵害。政府为此征购了大面积的土地，但是这些土地没有连接起来，而且许多地段都没有实现休闲功能，大多数土地变成了地方政府所有的农田而非绿色通道和公园道。

1944 年，艾伯克隆比主持编制了著名的大伦敦规划，以分散伦敦城区过密人口和产业为目的，在伦敦行政区周围划分了四个环形地带，由内向外分别为内城环、近郊环、绿带环、农业环。每个环形地带都有各自的规划目标。内城环紧贴伦敦行政区，目标是迁移工厂、降低人口数量；近郊环为郊区地带，重点在于保持现状，抑制人口和产业增加的趋势；绿带环是宽为 11～16km 的绿带，是伦敦的农业和休憩地区，通过实行严格的开发控制，保持绿带的完整性，阻止城市的过度蔓延（图 3-3-25）。农业环基本属于未开发区域，是建设新城和卫星城镇的备用地。大伦敦规划成为日后伦敦及周边地区制定相关绿带规划的根本依据。同时，这一规划针对伦敦开放空间分布不均和严重不足的现状，提出按标准（1.62 公顷/千人）建设公园的原则；并且他推进了温恩的思想，并且提出一种开放空间网络的建设构想，它包括了从花园——城市公园、从城市公园——公园道、从公园道——楔形绿地、从楔形绿地——绿带等连续性的空间，其目标是实现居民从家门口通过一系列的开放空间到乡村去。其中，连接性公园道最大的优点就是能扩大开放空间的影响半径，使得这种较大的开放空间与周围区域关系更加密切。

1951 年的《伦敦景观建设导则》是伦敦郡发展规划中关于开放空间建设的一个法令性规划文件，其主要目标是改善开放空间不足的现状、增加绿色植被覆盖的开放空间的总量及城市公园和开放空间的均质化。1976 年的《大伦敦发展规划》中，对开放空间的规划思路基于对公园分级配置的考虑，要求在伦敦郡中，公园应按照不同的大小等级来配置，包括：大都会公园、区域公园、地方公园和小型地方公园。1951 年和 1976 年的两个关于开放空间的规划内容都是从开放空间在城市中的均匀分布角度考虑的建设思路，而忽视了 1944 年大伦敦规划中提出的开放空间系统的建设，这一点在 1976 年以后的开放空间规划中有明显的改变，那就是不同类型的绿色通道在开放空间体系中的地位得到了肯定，形成了开放空间点、线结合的网络化结构。

1976 年以后，伦敦开放空间建设中一个重大的转变就是增加了绿色廊道的规划内容。最初的绿色廊道，也被称为“绿链”(green chain)，是在伦敦东南部展开的、目的在于保护一系列的开放空间并发挥这些开放空间娱乐潜能的步行绿色通道。1991 年伦敦开放空间规划的绿色战略报告中，对开放空间的网络化建设提出了全新的规划思路。汤姆·特纳在报告中根据不同的属性要求，提出了一系列叠加的网络：第一个网络是步行绿色通道；第二个网络是自行车绿色通道；第三个网络是生态绿色通道；第四个网络是河流网络。由此可见，对于绿色廊道中“绿色”的概念已经不再是纯粹的、以植被景观要素为主的概念，而是一种拓展了的、广义的“绿色”概念，可以衍生出蓝色廊道、公园道、铺装道、自行车道、生态廊道、空中廊道等多种形式，只要符合其环境条件，这些廊道可以有多种多样的颜色和类型（图 3-3-26）。

以上是伦敦绿带的主要发展过程（图 3-3-27）。1947 年，英国颁布的《城乡规划法》为绿带的实施奠定了法律基础，允许各郡政府将指定区域在其发展计划中作为绿地保留区。20 世纪 80 年代，英国各地的绿带规划逐步完成，并进入了稳定期。1988 年，英国政府颁布了绿带规划政策指引（规划政策指导手册 Planning Policy Guidance Note No. 2，简称 PPG2），详细规定了绿带的作用、土地用途、边界划分和开发控制要求等内容。PPG2 在一如既往地

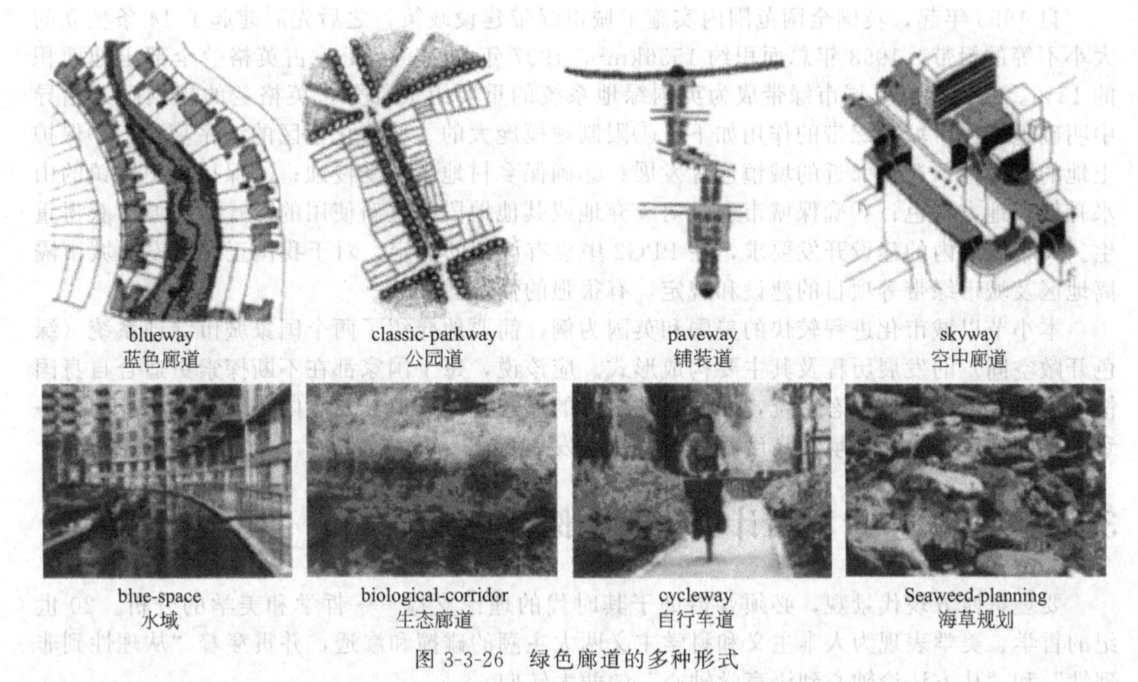

图 3-3-26 绿色廊道的多种形式

注重对绿带进行保护的同时，更强调绿带对城市可持续发展的促进作用。作为一项国家基本规划政策，PPG2 也成为各级政府进行日常规划管理的重要参考依据，并得到了很好的执行。

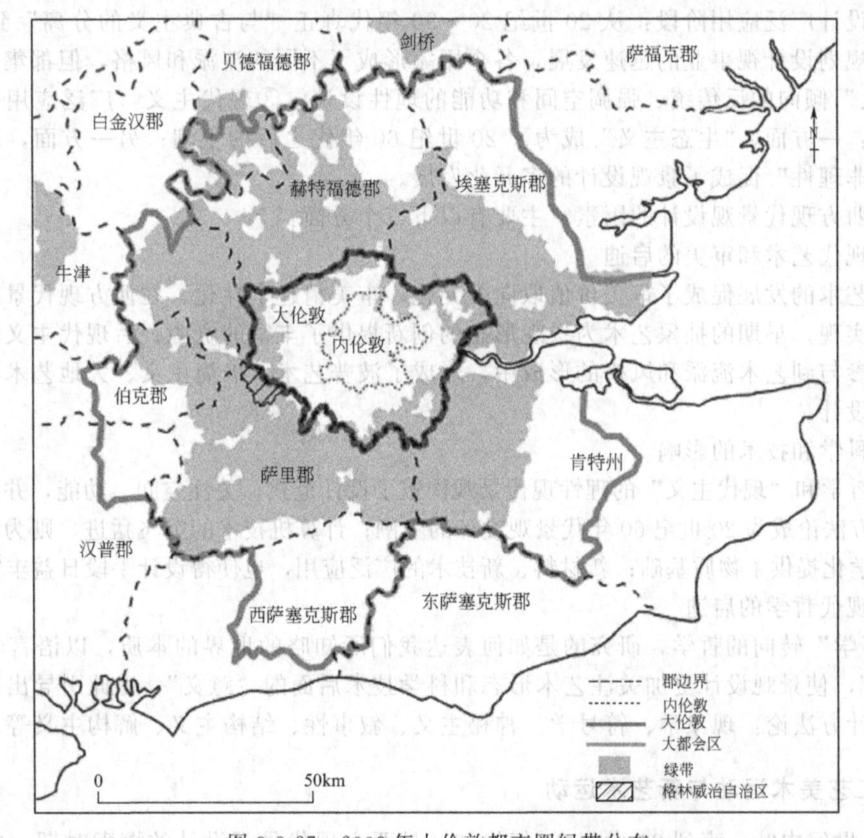

图 3-3-27 2003 年大伦敦都市圈绿带分布

自1955年起，英国全国范围内实施了城市绿带建设政策，之后先后建起了14条独立的大小不等的绿带，1993年总面积约1556km²，1997年为1650km²，占英格兰全部土地面积的13%。由此可见，城市绿带成为英国绿地系统的重要组成部分，英格兰的规划政策指导中明确地指出，城市绿带的作用如下：①限制规模庞大的、城市化地区的无序蔓延；②保护土地的开敞性，避免邻近的城镇连片发展；③确保乡村地带不受侵蚀；④保持历史城镇的山水骨架和地方特色；⑤确保城市通过对废弃地或其他地段的重新使用的方式，使城市获得重生。关于绿带内的建设开发要求，在PPG2中也有详细的规定，对于我国正在建设的城市隔离地区及城市绿带等项目的建设和规定，有很强的借鉴意义。

本小节以城市化进程较快的美国和英国为例，简要地介绍了两个国家城市绿地系统（绿色开敞空间）的发展历程及其主要构成形式。应该说，每个国家都在不断探索更适合自身国情及城市发展的绿色生态系统，即便表现出来的形态各异，但其核心内容与终极目标却是一致的，即城市与自然环境的高度融合、可持续发展。

3.4 现代城市景观设计理论及实例分析

要理解西方现代景观，必须要借助于其时代的理论支撑——哲学和美学的分析。20世纪的哲学、美学表现为人本主义和科学主义两大主潮的碰撞和渗透，并贯穿着“从理性到非理性”和“从方法论轴心到语言学轴心”的两大转向。

从发展历程的角度来看，西方现代景观设计大致分为三个阶段：①现代景观设计的探索阶段：19世纪中叶至20世纪初，欧洲的早期现代艺术和“新艺术运动”促成了景观审美和景观形态的空前变革，而欧美“城市公园运动”则开启了现代景观的科学之路；②“现代主义”景观设计广泛应用阶段：从20世纪20～30年代真正“与古典主义的分离”到50～60年代景观规划设计视事业的迅速发展，各个国家形成了不同的流派和风格，但都集中表现为“现代主义”倾向的反传统、强调空间和功能的理性设计；③现代主义（广泛应用）之后的景观设计：一方面，“生态主义”成为了20世纪60年代之后的主潮；另一方面，现代主义之后的“非理性”促成了景观设计的多元化发展。

影响西方现代景观设计的因素，主要有以下三个方面：

（1）现代艺术和审美的启迪

现代艺术的发展促成了审美价值取向多元化，审美情趣个性化，在西方现代景观设计中得到具体实现。早期的抽象艺术为景观形态的创新提供了丰富的资源；后现代主义的景观设计则直接参与到艺术流派和风格的形成中，形成了波普艺术、极简主义、大地艺术等多种风格的景观设计。

（2）科学和技术的影响

科学哲学和“现代主义”的理性现代景观构筑了设计范式，关注空间、功能，并使“生态主义”的方法论成为20世纪60年代景观设计的主潮；计算机技术的突飞猛进，则为城市景观设计的科学化提供了物质基础；新材料、新技术的广泛应用，也使得设计手段日益丰富。

（3）现代哲学的启迪

“语言学”转向的哲学，研究的是如何表达我们所知晓的世界的本质，以语言学为中心的“表达”，使景观设计更加关注艺术形态和科学技术后面的“意义”，由此引导出一系列新的景观设计方法论：现象学、符号学、神秘主义、叙事性、结构主义、解构主义等。

3.4.1 工艺美术运动与新艺术运动

自19世纪中叶一直到20世纪20年代初，是西方现代景观设计的探索时期，由资本主义大工业革命诱发出现代景观的艺术和科学两条线索。艺术和科学始终是20世纪西方景观设计发展的主体，只是表现在不同的设计作品中，二者的比重不一；较小尺度的景观设计更侧重艺术的发展和创新，而较大尺度的景观规划设计更侧重科学的分析和实践。

关于现代景观科学方面的探索，正如前文所述，是以1857年奥姆斯特德主导设计的纽约中央公园为序幕，以此开始了美国的城市公园运动。面向市民的现代城市公园要求在功能使用、行为与心理、环境及技术等众多方面形成更为综合的理论与方法，使城市公园成为第一次真正意义上的大众景观。

关于现代景观艺术方面的探索，是以19世纪下半叶起源于英国的工艺美术运动和20世纪初广泛影响到欧美各国的新艺术运动为标志的。

3.4.1.1 工艺美术运动

维多利亚时代初期，英国上下沉浸在一片平凡庸俗而又自鸣得意、充满乐观情绪的气氛之中，英国的建筑、园林及其他装饰风格追求繁琐与矫饰，人们酷爱以华丽的装饰来炫耀自己的财富。

1851年在伦敦的水晶宫中举行了世界上第一个世界博览会，水晶宫从建筑到展品都展现了工业设计的开始。“水晶宫”是1851年由园艺师派克斯顿设计的，以简单的玻璃和铁架结构的巨大的阶梯形长方体建筑开辟了建筑形式新的纪元，从功能和造型来看，水晶宫并非成功之作，它的价值在于对新材料及其结构形式的使用。在当时的展品中，工业产品占了很大部分，外形都十分粗糙丑陋。针对这一状况，在19世纪下半叶，起源于英国的一场设计改良运动，即“工艺美术运动”终于展开了。

工艺美术运动，又称作艺术与手工艺运动。这场运动的理论指导是约翰·拉斯金，运动主要实践者是艺术家、诗人威廉·莫里斯。在美国，“工艺美术运动”对芝加哥建筑学派产生了较大影响，同时工艺美术运动还广泛影响了欧洲大陆的部分国家。工艺美术运动是当时对工业化的巨大反思，并为之后的设计运动奠定了基础。

概括来说，工艺美术运动产生的源动力，是工业革命以后大批量的工业化生产和维多利亚时期的繁琐装饰两方面同时造成的设计水准急剧下降，导致英国和其他国家的艺术家和设计师希望能够复兴中世纪的手工艺传统。这场运动针对家具、室内产品、建筑等工业批量生产所导致的设计水准下降的状况，探索从自然形态中吸取借鉴，从日本装饰和设计中找到改革的参考，以此来重新提高设计的品位，恢复英国传统设计的水准。

工艺美术运动的特点是：①强调手工艺生产，反对机械化生产；②在装饰上反对矫揉造作的维多利亚风格和其他各种古典、传统的复兴风格；③提倡哥特风格和其他中世纪风格，讲究简单、朴实；④主张设计诚实，反对风格上华而不实；⑤提倡自然主义风格和东方风格。

工艺美术运动的倡导者们提倡简单、朴实无华、具有良好功能的设计，在装饰上推崇自然主义和东方艺术，反对设计上哗众取宠、华而不实的维多利亚风格；提倡艺术化手工业产品，反对工业化对传统工艺的威胁，反对机械化生产。这些主张同样反映在园林设计之中。19世纪上半叶，自然式风景园在风靡了近一个世纪后，规则式园林又开始受到重视；19世纪末，更多的设计使用规则式园林来协调建筑与环境的关系。与此同时，建筑设计在向简洁的方向发展，园林受新思潮的影响，也走向了净化的道路，逐步转向注重功能、以人为本的设计风格。因此，这一时期园林的风格表现出规则式和自然式的争论，其结果是，人们在热衷于规则式庭院设计的同时，也没有放弃对植物学的兴趣，不仅如此，还将上述两个方面合二为一，在后文3.4.1.4小节的实例分析中可以看到这一时期有代表性的设计手法。

工艺美术运动的根源是当时艺术家们无法解决工业化带来的问题，企图逃避现实，隐退到中世纪哥特时期。然而，随着社会的发展，工业化的进程是必然的，艺术必须顺应这一趋势，正是由于否定了大工业化与机械生产，导致它没有可能成为领导潮流的主要风格。从意识形态来看，这场运动是消极的，它只是在轰轰烈烈的大工业革命之中，企图逃避革命洪流的一个知识分子的乌托邦幻想而已。但是由于它的产生，却给后来的设计师们提供了新的设计风格参考，提供了与以往所有设计运动不同的新的尝试典范。在工艺美术运动的影响下，欧洲又掀起了一次规模更大、影响更加广泛的艺术运动——新艺术运动。

3.4.1.2 新艺术运动

新艺术运动是19世纪末20世纪初在欧洲发生的一次大众化的艺术实践活动，是世纪之交欧洲艺术的重新定向，是一道受人欢迎的振奋剂，是一次内容广泛并且影响范围较大的设计上的形式主义运动。它最早出现在比利时和法国等国家，影响范围涉及十多个国家，从建筑、家具、产品、首饰、服装、平面设计、书籍插画一直到雕塑和绘画艺术都受到影响，延续长达十余年，是设计史上一次非常重要的形式主义运动。这场运动实质上是英国工艺美术运动在欧洲大陆的延续与传播，在思想理论上并没有超越工艺美术运动，但是新艺术运动主张艺术家从事工业产品设计，以此实现技术与艺术的统一。

新艺术运动的风格是多种多样的，在各国都产生了广泛的影响。在欧洲的不同国家，拥有不同的风格特点，甚至于名称也不尽相同。“新艺术”一词为法文词，法国、荷兰、比利时、西班牙、意大利等以此命名，而德国则称之为“青年风格”，奥地利维也纳称它为“分离派”。

受工艺美术运动的影响，新艺术运动的艺术家们反对传统的模式，希望通过装饰来改变由于大工业生产造成的产品粗糙、刻板的面貌。当时“整体艺术”的哲学思想在艺术家中间甚为流行，他们致力于将视觉艺术的各个方面，包括绘画、雕塑、建筑、平面设计及手工艺等与自然形式融为一体，同时，设计师对于探索铸铁等新的材料也有很高的热情。对于艺术家自身而言，新艺术正反映了他们对于历史主义的厌恶和新世纪需要一种新风格与之为伍的心态。

工艺美术运动中的威廉·莫里斯十分强调装饰与结构因素的一致和协调，为此他抛弃了被动地依附于已有结构的传统装饰纹样，而极力主张采用自然主题的装饰，开创了从自然形式、流畅的线型花纹和植物形态中进行提炼的设计过程，新艺术运动的设计师们则把这一过程推向了极端，他们从自然界中归纳出基本的线条并用它来进行设计，以富有动感的自然曲线作为建筑、家具和日用品的装饰，在设计中强调曲线装饰的运用，特别是花卉图案、阿拉伯式图案或富有韵律、互相缠绕的曲线。后来，新艺术运动又发展出直线几何的风格，以苏格兰格拉斯哥学派、德国的“青年风格派”和奥地利的“维也纳分离派”为代表，探索用简单的几何形式及构成进行设计。新艺术本身没有统一的风格，但这些探索的目的都是希望通过装饰来创造一种新的设计风格，主要表现在追求自然曲线形和追求直线几何形两种形式。

新艺术运动引导欧洲艺术放弃写实性而走向抽象性，这一艺术倾向对建筑领域的影响要比景观设计的影响大。当时只有很少的一些庭院可以称得上是具有新艺术精神的，而且这些设计大多数是维也纳分离派建筑师的手笔。在1925年巴黎举办的现代艺术装饰展览会上，建筑师安德烈·韦拉和雕刻家保尔·韦拉的设计体现了几何艺术装饰的特点；设计师古埃瑞克安设计的“光与水的庭院”，通过完整地吸收立体主义构图思想，在全面革新景观设计的空间概念上迈出了可喜的一步。法国20世纪20年代兴起的艺术装饰庭院，尽管存在的时间很短，也没有最终形成一股强大的潮流与稳定的风格，但是这一现代景观的雏形对其后的景观设计的影响也是不容忽视的。美国现代主义景观引路人斯蒂尔便从中受到很大的启发，在美国也进行了一系列实验性的创作，这些思想与作品对其后一代现代主义设计师有着深远的影响。

3.4.1.3 两者的异同点比较

工艺美术运动与新艺术运动的共性特征：①两者都是对矫饰的维多利亚风格和其他过分装饰风格的反对；②都是对工业化风格的强烈反映；③都旨在重新掀起对传统手工艺的重视

和热衷；④都放弃了传统装饰风格的参照，转向采用自然界中的一些装饰元素；⑤都受到日本装饰风格的影响。

两者之间的差异性体现在：工艺美术运动重视中世纪哥特风格，实际上无法解决工业化带来的问题，是消极地逃避现实；而新艺术运动则完全放弃任何一种传统装饰风格，彻底走向自然风格、强调自然中不存在直线、强调自然中没有完全的平面、在装饰上突出表现曲线、有机形态，而装饰的动机基本来源于自然形态“曲线风格”。新艺术运动所提倡的追求艺术与技术的有机统一、形式追随功能的设计理念，以及设计形式上大胆的革新和对各种新型材料的探索实验，都已经表明新艺术运动已经摆脱了传统的桎梏，形成了一种新的设计形式。

工艺美术运动与新艺术运动虽然反叛了古典主义的传统，但其作品并不是严格意义上的“现代”的，它是现代主义之前有益的探索和准备。其中，新艺术运动涉及的领域非常广泛，传播的范围也很广，但是很多景观设计史著作中对新艺术运动中的景观设计或轻描淡写，或忽略而过，这与建筑界和其他艺术领域对新艺术运动的研究形成强烈的反差。新艺术运动所提倡的以自然的曲线和以雅致的直线与几何形状作为主要设计形式，摆脱单纯的装饰性，注重设计的功能性等，均为日后的现代景观奠定了形式的基础。可以说，这场世纪之交的艺术运动是一次承上启下的设计运动，它预示着旧时代的结束和一个新时代——现代主义时代的到来。

3.4.1.4　代表人物及其经典设计实例

(1) 工艺美术运动时期

莫里斯作为“工艺美术运动”的发起人之一，他认为庭院无论大小都必须从整体上进行设计，需要更加单纯和浪漫的形式，决不要繁琐虚荣的装饰，他的设计作品展现了一种简单的美，园中的灌木丛、果园、花架、石径、栏杆等与住宅结合的相得益彰。但是真正影响景观设计风格的还是莫里斯的两位同龄人，植物学家兼作家鲁宾逊以及艺术家、造园师兼作家杰基尔女士，另外建筑师路特恩斯作为杰基尔的合作伙伴也功不可没。鲁宾逊主张简化繁琐的维多利亚花园，喜欢简单的不规则式庭院风格，认为园林设计应满足植物的生态习性，任其自然生长，他的代表作品是 Gravetye 府邸入口花园。

格特鲁德·杰基尔是 19 世纪末 20 世纪初英国工艺美术运动时期园林景观设计的核心人物。她将艺术与园林设计紧密地联系在一起，实现了园艺栽培的艺术化；更重要的是，她通过与建筑师路特恩斯的合作确立了“规则式布局、自然式种植”的园林设计形式，从而平息了建筑师和园艺师之间旷日持久的“花园应该由谁来主导设计”的纷争。这一风格成为当时的时尚，并影响到后来欧洲大陆的园林景观设计。

杰基尔既欣赏自然之美，又喜爱规则形式之美，她对结构、比例、色彩、气味和质感都极为重视。其设计灵感的出现与当时英国的社会环境密不可分，这一时期正值英国工业生产膨胀、帝国迅速扩张和城市化蔓延的顶峰时期，生活环境空间的改变让人们重新开始渴望风景画中美好的田园风光。这种对自然景色的追求反映到杰基尔的作品中，看似杂乱无章的植物种植设计，实际上创造了一个自然、有序的环境空间，迎合了当代人的喜好。此外，英国的现实主义与印象主义的绘画作品极度盛行，莫里斯绘画作品宣扬的整体性思想在杰基尔的作品中表现得非常明显；特纳的绘画、色彩的极度和谐和印象主义的使用方法，也影响了杰基尔花园设计中的色彩运用，审美艺术的整体性以及创造过程中手、眼、心相结合的必要性等，均成为了杰基尔园林景观设计的指导原则。受社会大环境的影响，“人只是大自然有机组成部分中的一部分，而并非大自然的主宰”——这种人与自然关系的哲学思想成为杰基尔设计的灵魂。在杰基尔的设计中，需要游人通过视觉、味觉、听觉、触觉感知自身与自然的联系，而视觉效果是艺术感觉表现的重点，她将绘画技巧巧妙地运用在花园的设计中，极度注重色彩的搭配，花境设计是杰基尔表现的强项，也是整个作品中最为光彩夺目的亮点。杰基尔设计的花境，颜色柔和而协调，既有颜色的渐进变化，又有着相互对比衬托下的鲜亮。赫斯特坎布花园的主园，是杰基尔和建筑师路特恩斯合作的典范，花园以布局大胆、简洁而闻名，拥有包括运河、喷泉、橙园和漂亮的石雕工艺等特色，衬托出怡人的植物，注重对材料的选择并富有想象力，细节的处理无处不在（图 3-4-1、图 3-4-2）。杰基尔对选择植物并将植物组织在一起有着强烈的偏好，克制地运用植物材料来实现总体规划的思想，塑造一系列的景致来装饰园林的结构骨架，保证园林景观的协调统一。

图 3-4-1　赫斯特坎布花园的规则式布局

图 3-4-2　赫斯特坎布花园中色彩丰富、形态自然的植物景观

路特恩斯后来在印度新德里设计的莫卧尔花园（又称总督花园），充分体现了自然式和规则式的结合（图 3-4-3）。通过对波斯和印度传统绘画的学习和对当地一些花园的研究，路特恩斯将英国花园的特色和规整的传统莫卧尔花园形式在这个园林中结合在一起。花园由三部分组成：第一部分为紧贴着建筑的方花园，这是一个规则式花园，花园的骨架由四条水渠

组成，水渠的四个交叉点上是独特的喷泉，以四条水渠为主体，再分出一些小的水渠，延伸到其他区域。外侧是小块的草坪和方格状布置的小花床，形成美丽的园林景观。第二部分是长条形花园，这是整个园中唯一没有水渠的花园，在这一部分，路特恩斯设计了一个优美的花架，在花架的旁边，是一些小花床。花园平静地以下沉的圆形花园的圆形水池处为结束，这里是花园的第三部分——圆花园，水池外围是众多的分层花台，一排排花卉种植在环形的台地上，使人想起杰基尔设计的宁静、平和的台地式乡村花园。莫卧尔花园中规则的水渠、花池、草地、台阶、小桥、汀步等的丰富变化都在桥与水面之间 60cm 内展开。美丽的花卉和剪形树木体现了 19 世纪的传统，交叉的水渠象征着天堂的四条河流。设计师运用了现代建筑的简洁的三维几何形式，给予了这个印度伊斯兰传统园林以新的生命。

图 3-4-3　莫卧尔花园鸟瞰

(2) 新艺术运动时期

高迪是西班牙天才的建筑大师，他是新艺术运动中曲线风格的最极端表现的代表。高迪在创作中重视装饰效果和手工艺技术的运用，他的作品是一系列复杂的、丰富的文化现象的产物，他利用装饰线条的流动表达对自由和自然的向往。1900 年，高迪在巴塞罗那郊区设计了一个居住区，虽然这个项目最终只完成了门房、中央公园、高架走廊和几个附属用房等“公共设施”部分，但高迪运用自然曲线的设计手法与理念在这里逐步成熟并得到了充分展现。这个未完成的居住区就是后来著名的奎尔公园。

奎尔公园占地 $20hm^2$，地形高差变化较大（图 3-4-4）。在设计中，高迪以超凡的想象力，将建筑、雕塑和大自然环境融为一体。整个设计充满了波动的、有韵律的、动荡不安的线条和色彩、光影、空间的丰富变化（图 3-4-5、图 3-4-6）。围墙、长凳、柱廊和绚丽的马赛克镶嵌装饰表现出鲜明的个性，其风格融合了西班牙传统中的摩尔式和哥特式文化的特点，令人仿佛置身于梦幻之中。奎尔公园是个开放式的空间，主入口处的石阶上有一著名的马赛克蜥蜴喷泉，拾阶而上，就是著名的百柱厅，由 86 根陶立克柱式支撑的开阔的屋顶平台，中空型的立柱，除了支撑屋顶之外，兼具导水泄洪的功能。园中有两座立体喷泉，一个是代表加泰罗尼亚的守护神——变色龙，另一个是加泰罗尼亚的徽章——巨型蜥蜴，表面均采用马赛克瓷片拼成，色泽艳丽而造型生动，除作为公园的主题象征和镇园之宝外，它们还兼有重要的排水功能——每当大雨滂沱时，蜥蜴和变色龙的嘴中就会喷涌出从百柱厅下泻的水流，流入百柱厅下方的1200m^{3}的蓄水池。架起的平台边缘由堪称是世界第一长度的座椅围合而成，长椅用石砌成，形状似波浪蜿蜒曲折，表面用马赛克碎片随意拼贴，图形各异且隐含寓意。长椅根据人体力学设计，靠背弯度恰到好处，让人坐在坚硬的石椅上却感到十分惬意（图3-4-7）。由于独特的地形条件，在奎尔公园中，有很多路段都会出现如同自然洞穴似的斜柱高架廊。有的分为上下两层，均可走人。其廊柱多为斜立，看似随时将会倾覆却已坚固屹立了近一个世纪。

图 3-4-4　奎尔公园鸟瞰

图 3-4-5　奎尔公园入口台阶

图 3-4-6　奎尔公园入口建筑（糖果屋）

图 3-4-7　百柱厅屋顶平台及龙形长椅

除了上述的曲线派风格，新艺术运动还追求直线几何形式，其特点是：在设计中，整体上采用简单抽象的几何形体，尤其是方形，采用连续的直线及纯白或纯黑的色彩，仅在局部保留少量曲线装饰。其中比较有代表性的是“维也纳分离派”的奥尔布里希和“德意志制造联盟”的穆特修斯。

1901 年，奥尔布里希为以第一届德国艺术展做了总体规划，在景观设计中，几条轴线、一些硬质景观和一片以方格网种植的悬铃木林很有特色。1904 年，第二届艺术展上，奥尔布里希还设计了一个约 1.5hm^2 的“色彩园”，花园线条简洁，通过各种草本花卉创造了不同色彩的小园，在设计中，奥尔布里希非常注重硬质景观的设计。1908 年，奥尔布里希在第三届艺术展中设计建造了新艺术运动中的著名建筑——一个展览馆和一个高 50m 的婚礼塔。他在景观设计中运用大量基于矩形几何图案的景观要素，如花架、多级台阶、长凳、黑白相间的棋盘图案的铺装，植物也被修建成规则的形状成网格状种植。

新艺术运动中的另一核心人物——穆特修斯认为：园林与建筑在概念上要统一，理想的园林应该是尽量再现建筑内部的“室外房间”，座椅、栏杆、花架等室外家具的布置也应与室内家具布置相似。1907 年在柏林建造的自用住宅及花园是穆特修斯闻名的作品，住宅和花园通过一个花架和一个景亭联系，花园分为两个部分，并设计有花床（图 3-4-8）。穆特修斯另一个闻名作品是柏林的 Cramer 住宅，花园由椴树林荫道、黄杨花坛、花架及不同标高的平台组成，通过平台、台阶及花架的组织来连接建筑和园林。当时，很多设计师都研究他所提倡的建筑及园林风格——园林通过墙、绿篱划分成不同的空间，如同住宅的各个房间；花园与建筑紧密联系，成为一个整体；自然的坡地通常被处理成几个平台，花架、廊、敞厅是重要的元素，其布局也在于加强花园与建筑之间的联系。1907 年，在穆特修斯的推动下，贝伦斯、莱乌格、奥尔布里希、霍夫曼等建立了德意志制造联盟，形成了当时欧洲最具影响力和吸引力的设计力量。

新艺术运动中的主要园林景观作品大多出自建筑师之手，有明确的建筑式的空间划分、明快的色彩组合、优美的装饰细部。新艺术运动是一次承上启下的设计运动，它预示着旧时代的结束，并为现代主义时代的到来揭开序幕。

图 3-4-8　穆特修斯在柏林的住宅和花园

3.4.2　现代主义景观设计思潮

现代主义作为一种社会思潮和文化运动，从意识形态等各方面影响到社会的所有领域甚至整个世界，改变了人们的意识形态、思维方式以及价值观念。虽然它在各个领域所具有的影响和表现形式各有差异，但现代主义的影响力广泛而又深刻。“现代主义景观”是一种风格的特指术语，主要是指20世纪现代主义思潮对景观产生影响，从而形成的一种有别于传统、具有现代主义诸多特征的景观形式。

3.4.2.1　产生与演变过程

从20世纪20年代中期开始，以法国前卫园林为代表的现代主义景观开始逐渐走上历史舞台，促使西方现代景观的产生和设计风格的形成。

20世纪20、30年代，由于受到现代艺术和现代建筑的影响，欧洲和美国的一些建筑师和园林设计师都开始探索新的园林形式，但直到20世纪30年代末、40年代初，爆发了以丹凯利、埃克博和罗斯三人为首的“哈佛革命”，才彻底摆脱了古典主义的教条，标志着现代主义园林景观的真正诞生。所谓的“哈佛革命”就是指丹凯利、埃克博和罗斯三人在哈佛受到现代建筑和现代艺术的影响，不满足于学院派的传统教学，而是从建筑、艺术以及同时代优秀的设计作品中吸取养分，提出了现代园林景观设计的新思想，三人在《笔触》(Pencil Points) 和《建筑实录》(Architecture Record) 等专业期刊上，发表了一系列开创性的论文，强调人的需要、自然环境条件及两者相结合的重要性，提出了功能主义的设计理论，掀起了现代主义的潮流。

20世纪50～60年代，美国社会经济进入一个全盛发展的时期，欧洲社会经济也开始复苏并稳定发展，导致了景观设计事业迅速发展和设计领域不断扩展。在城市更新、国家交通系统和城市、郊区居住环境建设诸多领域中“现代主义”景观理论在大量实践中得以丰富和完善。

“现代主义”景观经历了从产生、发展到壮大的过程，但是它并没有表现为一种单一的模式。从欧洲到美洲，这些实践造就了西方现代景观第一代和第二代设计师，他们结合各国的传统和现实，形成了不同的流派和风格，其总体风格倾向表现如下：

(1) 与古典分离

现代主义建筑兴起的主要因素之一是新材料的运用和大工业生产的出现，但景观却受到土地、水、植物的限制，无法在材料上找到变革。在席卷一切、批判传统、力求变革的历史大潮中，景观设计师在现代主义者对传统中的对称、轴线和附加装饰的攻击中找到了变革的方向。同现代主义建筑师一样，他们宣扬功能作为设计起点的理念。如埃克博所言："现在的景观设计如果仍只考虑美观的话，那么，它就只是内在社会合理性的奢侈品。"以此为出发点，在现代主义建筑和立体主义艺术对自由空间的探索下，现代主义景观设计运动也追求不同于传统的空间，同现代主义建筑革命一样，空间感觉与品质的转变也成为现主义景观设计变革的重要方向。

(2) 现代主义景观的空间转变

西方古典主义园林设计认为自然中的空间只有得到清晰的界定才能被感知，凡尔赛宫的园林就是一典型代表。在这样的古典园林中，空间是通过一系列轴线组织起来的序列，再由中心焦点和围合要素所界定而成的闭合体。但在现代主义景观设计者来看，空间是自由并且活生生地呼吸着的事物，正如哈普林所认为的："空间相互流动没有边界。"设计应当去追求自由流动的成为一个时空连续体的空间，是现代主义景观不同于古典园林的重要特征。这种创造动态流动空间的目标也衍生出了一系列新的空间设计模式和手法。

(3) 功能性为本的实用目的

现代主义景观在抛弃了先前的古典主义和如画的自然风景园风格之后，需要找到新的设计出发点，现代主义先驱们找到的是功能主义。罗斯推崇美国建筑师沙利文的名言——"形式追随功能"，认为景观的形式是在对功能的思考中产生和发展出来的。他常常提倡将人的体验和在景观中的活动流线看做景观结构的组成部分，反对使人在一种强加的图案之内活动的设计，从而使人的活动和体验成为反映当代社会和生活的景观设计的第一指南。在现代主义者看来，强调景观设计在社会生活中的功能和作用的功能主义，避免了感伤主义的自然式庭园和理想主义的规则式庭园之间的无端摇摆，它包含了合理的精神，创造出了以人的游憩和体验为目的的景观，他们坚信景观设计必须是与人的现实需求相统一。

3.4.2.2　主要特征

现代主义在理念、形式及手法等各方面，从根本上改变了传统设计的模式，形成了符合那一时期特定社会文化、工业发展、经济与日常生活需要的设计风格。现代主义景观的特征，概括有以下几点：

① 拒绝任何历史风格。现代主义建筑兴起的主要因素之一，是新材料的运用和工业的急剧发展，人们充满着对现代主义新型表现形式的憧憬。

② 景观是空间的而不是形式的。在现代主义景观设计者看来，空间是无形无边界的，不拘泥于任何固定的形式和场景。

③ 景观是为人的。现代主义先驱们找到的是功能主义，本着一切以人的使用为目的。

④ 轴线的瓦解。现代主义景观摒弃了古典主义的轴线，更多的师法自然，在动态中寻求平衡。

⑤ 建筑和庭院是融为一体的。

⑥ 植物是用来体现植物的实体和雕塑性等特征的个体。

现代主义景观追求自由流动的时空连续体的空间，否定传统的静态焦点的空间组织模式，在自然之中寻找和定义自由的景观空间。这种对流动空间的动态创造也衍生出了一系列新的空间设计模式和手法，摆脱了孤立与静止，由此奠定了现代设计的基础。现代主义景观强调以理性与功能性作为设计的出发点，其表现意义并不是单独地表现景观的独立，而是体现出景观与人的和谐存在，体现出的是人与社会、人与人、人与自然和人与自我四种关系，即以人为本的特征。

现代主义在景观与建筑中的影响方式是不相同的，对于现代建筑发展，现代主义使其陷入了形式服从功能的泥沼而不能自拔，早期现代主义对打破学院派僵硬理论所呈现的活力也逐渐转化为教条主义的呆板与千篇一律，现代主义之后的各种思潮与倾向正是对此的反响。但是，现代主义对景观设计而言，既没有使之产生如建筑等设计领域初期的狂热，也没有热烈之后的坚定的背弃，而始终是一种温和的参照，这种原因的背后实际上正反映了景观设计本身的特点。

3.4.2.3 经典设计实例分析

在1925年巴黎举办的现代艺术装饰展览会上，古埃瑞克安设计的“光与水的庭院”引起人们的极大关注，它打破了以往园林设计的规则对称，而用一种现代的几何构图手法来完成。园林位于三角形基地上，所有元素均按三角形划分为更小的形状，水池周围的草地和花卉不在同一平面，而以不同方向的坡角形成立体的图案。水池中央有一个多面体的玻璃球不停旋转，池中还有一些小的喷头（图3-4-9、图3-4-10）。这个园林崭新的外表和精致的施工技术表明了园林景观设计的新发展。这一时期法国兴起的艺术装饰庭院，尽管存在的时间很短，也没有最终形成一股强大的潮流与稳定的风格，但是这一现代景观的雏形对其后的景观设计的影响是不容忽视的，美国现代主义景观引路人斯蒂尔便从中受到很大的启发，在美国进行了一系列实验性创作，这些思想与作品对其后一代现代主义设计师有着深远的影响。

图3-4-9 “光与水的庭院”平面图

图3-4-10 水池中旋转的玻璃球

在20世纪20～30年代的美国，由于第二次世界大战后的经济大萧条，迫使家庭庭院的设计更加注重经济性，这对“加州花园”的形成起到了促进作用。20世纪40年代，在美国西海岸，一种不同以往的私人花园风格逐渐兴起，不仅受到中产阶层的喜爱，也在美国景观设计行业中引起强烈的反响，成为当时现代园林景观的代表。这种带有露天木制平台、游泳池、不规则种植区域和动态平面的小花园，为人们创造了户外生活的新方式，被称之为“加州花园”。这一风格的开创者就是20世纪美国现代景观设计奠基人之一的托马斯·丘奇。丘奇是20世纪少数几个能从古典主义的设计完全转向现代园林形式和空间的设计师之一。丘奇的贡献在于，在大多数人迷茫徘徊之际，开辟了一条通往新世界的道路，他的设计平息了规则式和自然式之争，使建筑和自然环境之间有了一种新的衔接方式。丘奇最著名的作品是1948年建造的唐纳花园。庭院由入口院子、游泳池、餐饮处和大面积平台组成。平台的一部分是美国杉木铺装地面，另一部分是混凝土地面。庭院轮廓以锯齿线和曲线相连，肾形泳池流畅的线条以及池中雕塑的曲线，与远处海湾的“S”形线条相呼应。树冠的框景将原野、海湾和旧金山的天际线带入庭院中（图3-4-11、图3-4-12）。

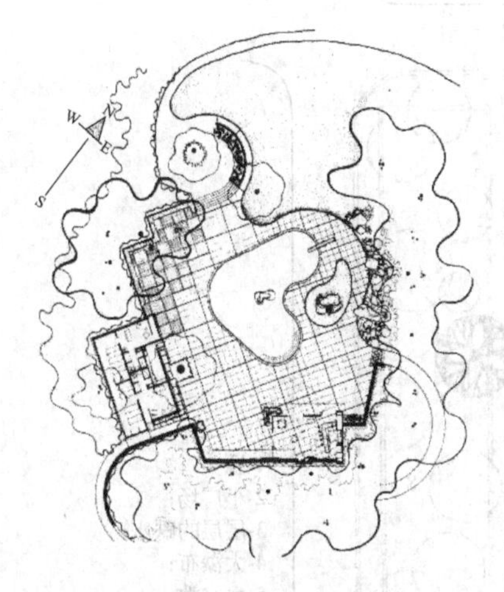

图 3-4-11　唐纳花园平面图

图 3-4-12　唐纳花园中的肾形水池

劳伦斯·哈普林是美国现代景观规划设计第二代的代表人物，美国最著名的景观设计师之一。哈普林曾获植物学学士和园艺学硕士，在1943年转向风景园林专业，并进入哈佛大学学习。此时，“哈佛革命”的三位带头者均已离开学校，格罗皮乌斯、布鲁尔和唐纳德仍然在哈佛教学，向学生们灌输现代设计思想。第二次世界大战以后，他到旧金山丘奇的事务所工作，并参与了丘奇最著名的作品唐纳花园的设计。

哈普林早期设计了一些典型的“加州花园”，为“加利福尼亚学派”的发展作出了贡献。但是很快，曲线在他的作品中消失，他转向运用直线、折线、矩形等形式的设计语言。重视自然和乡土性是哈普林的设计特点，他的观点包括三个方面：①人的活动应作为环境设计中最重要的因素来考虑；②设计是一个过程和结果都很重要的整体性问题，必须依靠集体的努力和使用者的参与；③景观设计应与自然生态原则相一致。大自然是哈普林许多作品的重要灵感源泉，在深刻理解大自然及其秩序、过程与形式的基础上，他以一种艺术抽象的手段再现了自然的精神，而不是简单地移植或模仿。哈普林对自然现象做过细致的观察，他曾对围绕自然石块周围的溪水的运动、自然石块的形态及质感做了大量的写生与记录。在这些研究中，他体验到了自然过程的抽象之道。哈普林拥有高超的运用水和混凝土来构筑景观的能力，其许多构思在众多高水准的作品中都有反映。例如他设计的波特兰市演讲堂前庭广场，从高处的涓涓细流到湍急的水流，从层层跌落的叠水直到轰鸣倾泻的瀑布，整个过程被浓缩于咫尺之间。

演讲堂前庭广场（Auditorium Forecourt Plaza）是哈普林为波特兰市设计广场系列的第三站，也是整个系列的高潮，后改名为伊拉·凯勒水景广场（Iran Keller Plaza）。哈普林根据自己对自然的体验，通过混凝土和水，以极富雕塑感的手法呈现出抽象化的悬崖和台地，景观兼具观赏性和参与性。广场的平面近似方形，四周为道路环绕，正面向南偏东，对着第三大街对面的市政厅大楼。除了南侧外，其余三面均有绿地和浓郁的树木环绕。水景广场分为源头广场、叠水瀑布和大水池及中央平台3个部分。最北、最高的源头广场为平坦、简洁的铺地和水景的源头；铺地标高基本和道路相同。水通过曲折、渐宽的水道流向广场的叠水和大瀑布部分。叠水为折线形、错落排列；水瀑层层跌落，颇得自然之理。经层层叠水后，流水最终形成十分壮观的大瀑布倾泻而下，落入大水池中（图 3-4-13、图 3-4-14）。哈普林的经典作品还包括旧金山里维斯广场（图 3-4-15）、沃斯堡的遗址公园广场、罗斯福纪念公园、西雅图高速公路公园、肯特菲尔德舞蹈台、海滨农舍等。

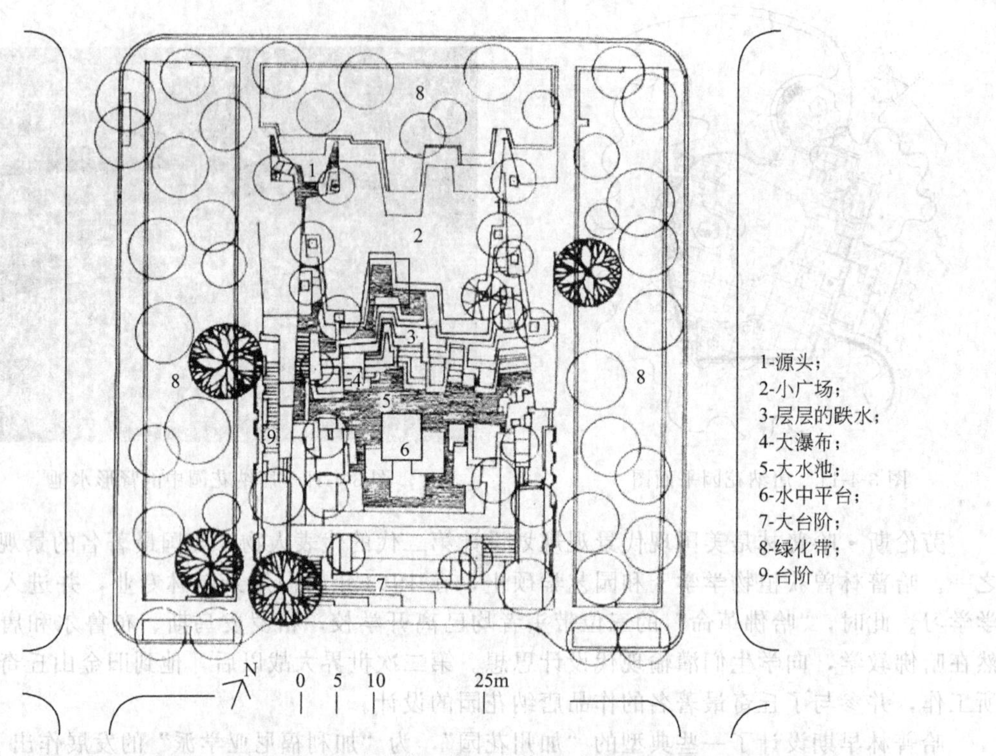

图 3-4-13 演讲堂前庭广场（伊拉·凯勒水景广场）平面图

图 3-4-14 广场中的水景

杰弗里·杰里科被认为是英国景观设计发展史上最具影响力的人物之一。场所精神是他作品的核心，建筑融合于景观中，而不是场地的中心，建筑和园林景观完美地结合在一起。长平台和长步道是杰里科非常喜爱的要素，水是他作品的精华，植物在他的设计中也占有重

图 3-4-15　旧金山里维斯广场

要的地位。杰里科的设计生涯分为三个阶段：第一阶段 1927～1960 年，代表作品是彻德峡谷工程，这是位于一个著名的岩洞前的一组现代主义风格的服务设施建筑；第二阶段 1960～1980 年，作品有肯尼迪纪念园、舒特住宅花园等；第三阶段从 1980～1996 年，他发展成熟了一套图纸的表现技法，用细密的、随意的徒手钢笔线条结合彩色铅笔作图。莎顿庄园被认为是杰里科作品的顶峰，杰里科在 1979 年应收藏家西格之邀，为其拥有的莎顿庄园进行景观设计。莎顿庄园始建于 1521 年，建筑是中世纪和文艺复兴之间的过渡形式，“U”形的主体建筑朝北，西面有一个辅助庭院（图 3-4-16）。入口主要干道、入口庭院和主体建筑沿轴线布置。主体建筑东西两侧各设计了一些封闭的庭院。东侧庭院中有两个主题园，中间由攀爬着植物的绿篱分隔。最靠近建筑的位置布置了长条形规整水池，池中设有方块汀步和睡莲

图 3-4-16　莎顿庄园平面图

（图 3-4-17）。主体建筑与前院南面有一条笔直的步道，步行道与宫苑最南侧一片树林之间设有宽阔的大草坪，利用地形布置一组规整的小瀑布，跌水进入树林后形状呈不规整的长条形。大草坪西侧有英国艺术家尼古拉松的雕塑园和露天音乐台两组景观。在莎顿庄园的设计中，整个园林似乎微妙地潜藏着一些当今世界之外的东西，正如杰里科的观点——景观是历史、现在和将来的连续体。

图 3-4-17　莎顿庄园中的伊甸园

3.4.3　后现代主义景观设计思潮

后现代主义作为一种社会思潮和文化运动，影响到社会的各个领域甚至整个世界，改变了人们的意识形态、思维方式以及价值观念，它的影响力广泛而深刻，延续至今。后现代主义产生于迅速进入信息时代的后工业社会基础之上，是从西方工业文明中产生的，是工业社会发展到后工业社会的必然产物；同时，它又是从现代主义里衍生出来，在对现代主义的反思和批判中，后现代主义逐渐走向修正和超越。

按照较为笼统的划分方式，可以说 20 世纪 40 年代到 60 年代是现代主义风格垄断的时期，20 世纪 70 年代到目前都是后现代主义时期。与现代主义相比，后现代主义的核心主张就是反理性主义；在艺术创作风格上，后现代主义并不是一个具体、单一的风格，其表现极为多元化，包括历史主义、文脉主义、隐喻主义、折中主义、解构主义、极简主义等。因此，很难以后现代主义的哲学理论来强行规范艺术创作，同时也不能因为设计作品所处的时代而界定其为“后现代主义”。

3.4.3.1　产生背景

20 世纪 60 年代末、70 年代初，经济繁荣下的社会无节制地发展，使人们对自身的生存环境和人类文化价值的危机感日益加重，在经历了现代主义初期对环境和历史的忽略之后，传统价值观重新回归社会，环境保护和历史保护成为普遍的意识。现代景观进入了一个“现代主义之后”的多元发展时期，一方面表现为对人类环境反思的“生态主义潮流”，另一方面是对现代主义设计理论进行反思和反驳的“后现代主义潮流”。

艺术设计中的后现代概念首先出现于建筑设计领域，用“后现代”来描述建筑的新形式最早出现于20世纪40～50年代，至20世纪70～80年代西方建筑界对现代主义建筑风格全盛期的纯粹性和形式主义表现出强烈的反感情绪。1966年，芝加哥建筑师文丘里首先在他的《建筑的复杂性和矛盾性》中发出了呼唤后现代主义建筑的先声，掀起了建筑界后现代主义建筑设计的历史序幕；1977年英国著名的建筑评论人查尔斯·詹克斯在他极具影响力的著作《现代建筑语言》中，倡导一种与现代主义建筑风格断裂、基于折中主义风格和通俗价值取向的、新的、后现代主义建筑风格，并且给后现代主义建筑归纳了6点特征：①历史主义；②直接的复古主义；③新地方风格；④文脉主义；⑤隐喻和玄想；⑥后现代式空间（或被称为超级手法主义）。正是通过文丘里等先锋派建筑师在建筑设计的狂飙表现，以及建筑评论家们理论层面的归纳总结，使得晦涩、难懂的后现代主义哲学争论形象化了，进而被普通人所体验、所认识，进一步促进了后现代主义的传播和影响。

当后现代主义从建筑观念中移植到其他文化艺术领域时，同样也激起了层层涟漪。后现代主义设计极大地丰富了当代景观设计的语汇，许多让人觉得不可思议的表现手法，被一些景观设计师使用在他们的设计之中，受到了意想不到的欢迎。后现代主义的景观设计成为不同风格和不同时期的多元化混合组成的作品，这些作品反映了后工业时期西方社会复杂和矛盾的社会现实，以多样的形象体现了社会价值的多元化。在后现代主义设计思潮的干预下，城市景观设计已成为与传统、历史、文化和自然的结合。

3.4.3.2　与现代主义的关系

对于后现代主义和现代主义的关系，一直以来有很多种说法。总的观点认为：后现代主义与现代主义既有区别又有联系，前者是后者的继续和超越；与现代主义相比，后现代主义主张艺术多元化，反对完全统一的世界观，反对现代主义对待不同的问题却用相同的方法去处理，以简单的中性方式应付复杂需求的设计模式。对个人情感与要求的重视和不确定性的体现是后现代主义设计的追求之一，由此也产生了一些具有鲜明个人风格的、面向大众反映其审美情感的景观设计作品。

现代主义的景观设计师们认为设计的起点应该是功能而不是某种美丽的风景和其他观念，从而使景观设计在借鉴纯美学的形式基础上转向实用与美的融合，并赋予了景观设计以适用的理性、崭新的创作出发点和更大的创作自由度。对于这一点，后现代主义的景观设计师们同样是认同和赞赏的。

但是，随着社会经济的不断发展，现代主义所推崇的功能主义，认为设计师能够解决所有问题，可以应付千变万化的设计要求，这在社会实践中越来越暴露出其局限性。同时，形式中严格的功能主义是不存在的，一个设计在被赋予最终形态时，除了满足一些功能要素之外，设计者还有很大的自由度来决定具体的景观形式。这些都表明了现代主义所提倡的功能主义在多变的社会需求面前似乎误入了歧途，从某种程度上说，设计形式的主观性决定了设计不可能是完全理性的。因此，随着现代主义理论越来越不符合社会的发展，日益衰败，后现代主义运动这个具有颠覆性的潮流随即正式展开了。

3.4.3.3　主要景观艺术流派

后现代主义中最重要的思想就是对多元主义的认同。景观设计一直以来从艺术领域和建筑领域吸收大量的养分以成就自身的发展，后现代主义时期里，各种思潮和主义层出不穷，在这个提倡多元化的时代，景观设计师们当然从这两个领域得到许多新的灵感源泉和发展方向，用来寻求景观设计的突破和创新，使景观与艺术以及整个环境得到真正的融合。

艺术无疑是建筑与景观行业最根本的形式源泉，现代艺术为设计师们提供了最直接和最丰富的灵感来源，以及可借鉴的形式语言。艺术家的创造力总是比设计师要丰富得多，他们对时代精神的反应也比设计师敏感得多，他们总是走在艺术大潮的前列，引导着设计师们的跟随。

现代艺术影响下的后现代主义景观风格主要表现为：

（1）波普风格景观

波普艺术是流行艺术（popular art）的简称，又称新写实主义，主要是指在20世纪中叶以来消费社会文化背景下诞生的一种艺术创作类型，波普艺术家们采用最通俗、日常的题材作为创作动机和主题，这些通俗、商业的题材对现代生活具有重要影响，它们代表了商业时代，具有强烈的象征特点。英国艺术家理查德·汉弥尔顿对波普艺术的定义是：“流行的、短暂的、易消耗的、低成本的、批量生产的、年轻的、诙谐的、性感的、有魅力的和有商业效益的”，这是对波普艺术最好的注解。在现代艺术领域中，波普艺术是十分特殊而重要的现象，它使艺术面对现实社会、面对大众文化生活，这与现代主义设计高高在上的高雅文化有着本质上的区别。在波普艺术的发展过程中，其设计语言形式日趋丰富，并对后现代主义设计产生了深刻的影响。

随着景观界对现代艺术发展新方向的借鉴和探讨，以玛莎·舒瓦茨为典型代表的波普化景观设计也逐渐为人们所接受。玛莎·舒沃茨的许多作品常常是日常用品和普通材料的集合，例如塑料、玻璃、人工草坪等临时材料，甚至是面包圈、糖果等一些食品，这些材料都体现出强烈的波普趣味和商业消费特征。而且这些作品都具有鲜明的色彩，如金黄色、亮绿色、红色等，具有强烈的视觉效果和通俗的观赏性。在她的“面包圈花园”中，将生活中司空见惯的食物作为园林造景的一部分，使得生活与艺术的界限模糊，用一种看似怪诞的手法创造了一种家庭氛围（图3-4-18、图3-4-19）。这种开放、夸张的材料选择和色彩绚丽的设计风格对园林设计来说，具有相当的实验性和探索性，不但为现代景观设计的发展拓宽了思路，同时也为艺术与景观的融合提供了有形的借鉴。

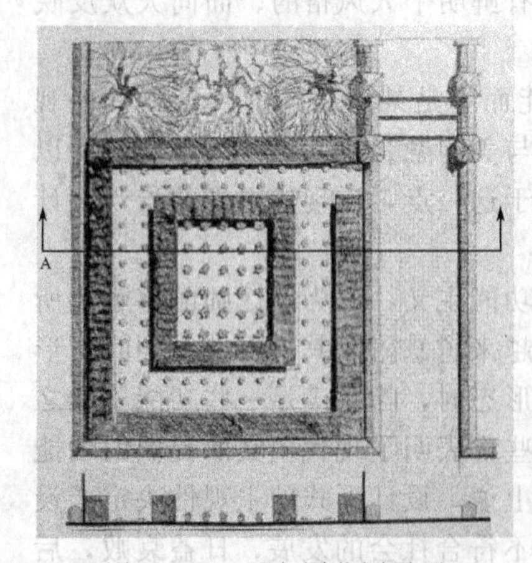

图3-4-18　面包圈花园平面

图3-4-19　面包圈花园实景

（2）极简主义景观

极简主义（minimalist）产生于20世纪60年代，它通过把造型艺术剥离到只剩下最基本的元素而达到纯粹的抽象。极简主义作品构成手段极其简洁，形式简约而明快，强调运用现代工业化的材料和非人格化的结构；运用简单的几何形体重复或系统化体现几何秩序，具有明显的统一性和完整性，追求一种无表情无特色的表达方式，但对观众的视觉冲击力却十分明显。随着极简主义的逐步发展，它具有了越来越强烈的装饰性，表现的形式也越来越多地采用雕塑、壁画等与公共艺术相关的方式，它严肃的外貌、工整的形式与公共环境容易吻合的特征，也越来越受到景观设计领域的欢迎。

在景观设计领域，有不少设计师都受到极简主义艺术的影响，在形式上追求极度简化，以较少的形状、物体和材料控制大尺度的空间，形成简洁有序的景观，彼得·沃克就是其中典型的代表。彼得·沃克的作品形式极其简洁、直观，在构图上强调几何秩序，在材料上采用钢、玻璃等工业材料并对传统材料如石块、木头等发掘其新用法，并且材料都以一种人工的集合方式来进行表达，使景观与艺术得到真正的融合。彼得·沃克的众多景观设计作品都体现出这些表现手法和艺术特征（图 3-4-20、图 3-4-21）。

图 3-4-20　丰田市立美术馆外环境

图 3-4-21　哈佛大学唐纳喷泉

作为建筑相关行业的景观设计而言，建筑领域设计思潮的影响当然是最为直接而深远的，建筑大师的思想和作品逐渐影响景观设计师，引领大家追随。而且许多建筑大师在进行建筑设计探索和实践的同时，也会涉足景观设计领域，使自己的设计思想得到不同方向的展现和表达。并且随着行业发展逐渐多元化，行业分隔逐渐弱化，建筑与环境关系日益紧密而不可分，一些建筑设计作品中也会涉及到园林景观设计的部分。在 20 世纪 70 年代的美国，建筑符号学因文丘里等人的使用，很快在后现代主义时期的建筑设计和景观设计中流行起来。能产生多种符号现象的景观设计被当作一种符号体系，而这种现象被称为“景观语言”，同普通语言一样，主要包括词汇形式、语法规则、语句结构、语义内容以及形成语境（即文脉）。一般符号在设计中的应用表现方式分为三个方面：符号形式、符号结构、符号意义。而符号形式是通过移植、拼贴或嫁接某些符号形式，以期获得某种符号意义，或者是以全新的形式结构诠释和发展所需要承接的意义，这些都成为后现代主义时期建筑和景观设计中所惯用的设计手法。

建筑设计领域影响下的后现代主义景观风格主要表现为：

（1）历史与复古主义景观

历史与复古主义是后现代设计的一个典型的特征，这是后现代主义反对现代主义、国际风格的最有力的表现形式。它主张采用装饰手法来达到视觉上的观赏效果，提倡满足现代社会人们丰富的心理需求，而不仅仅是单调的功能主义。后现代主义对现代主义全然摒弃的古典主义表现出异常关注，但不搞纯粹的复古主义，而是将各种历史文化背景下的素材和设计中的一些手法和细节，作为一种隐喻的词汇，采用折中主义的处理手法，开创了历史与复古主义的新发展阶段。后现代主义的历史与复古主义风格，体现了对于传统和现代的极大的包容性，既包括传统文化，也包含现行的通俗文化：古代希腊、罗马、中世纪、文艺复兴、巴洛克以及20世纪的新艺术运动、波普艺术、卡通艺术、大地艺术等任何一种艺术风格。运用的手法更是不拘一格：借用、变形、夸张、综合甚至是戏谑或嘲讽。美国新奥尔良市意大利广场和巴黎雪铁龙公园便是其中的经典之作。

(2) 文脉主义景观

文脉主义的最初源头可以追溯到20世纪50年代中期科林·罗依在康奈尔大学任教期间所主张的城市渊源主义。他认为，一个城市的性格如何，随所增加的建筑类型及其与文脉的联系而得到加强或破坏，城市文脉成为城市发展的依据。文脉主义这个术语是在1971年由舒玛什首先在论文《文脉主义：都市的理想和解体》中提出来的，意义很简单："把城市中已经存在的内容，无论什么样的内容，不要破坏，而尽量设法使之能够融入城市整体中去，使之成为这个城市中的有机内涵之一"。现代主义运动过分强调对象本身而不注意事物之间的关联和脉络，缺乏对城市文脉的理解，使城市环境恶化，建立的新城市脱离了历史性城市的尺度，这对于设计师和社会两方面来说都是一种异化。文脉主义注意到现代主义的失败之处，认为建筑和城市要重视历史和传统的特点才能继续生存下去。文脉主义强调传统的延续不断和传统的丰富性，认为历史上的城市不是由纯物质因素组成的，城市的历史是人类激情的历史。在激情与现实之间保持精妙的平衡和辩证关系，才能使城市的历史具有活力。后现代主义的设计师们试图恢复原有城市的秩序和精神，重建失去的城市结构和文化，从理论到实践积极探索城市规划、建筑设计以及景观设计新的语言模式和新的发展方向。

城市的文脉，是城市赖以生存的背景，是城市文化观念的自然延伸。在景观设计中强调文脉主义，就是要强调每个景观作品都是整个城市环境的一部分，注重城市景观在视觉、心理以及环境上的传承连续性，而景观设计在传承历史、文化的同时又反过来影响并支配着文脉的发展。

作为老广场的改造项目，在莱戈雷塔和欧林设计的洛杉矶珀欣广场（Pershing Square）中，可以发现从历史角度出发对场所文脉的理解和尊重。由于美国加利福尼亚等地与墨西哥地缘文化的相似性，以及珀欣广场具有可追溯到1866年的悠久历史渊源，设计师调动了一切的历史语言要素，用来展现洛杉矶这个多民族聚居城市的历史特点。设计者在总平面设计中采用直角分块的手法，将大空间分解为彼此功能独立的小型叙事空间，多次重复的直角网格式平面划分手法是对原有城市网格状的历史肌理的影射。广场中央的橘树林，是典型的洛杉矶地方特色的直接暗示。广场中钟楼和水渠的形式体现出对地中海传统符号的拷贝，设计中运用的鲜黄、土黄、橘黄、紫色、桃红等墨西哥地方色彩，甚至树种的选择都表现出浓浓的拉丁风情。所有这些都表现出设计者在创造这个多意性公共空间的热情，以及对这个汇集着多种族社区的城市场所精神和历史文脉的尊重（图3-4-22）。

美国西雅图煤气厂公园也充分反映了设计师理查德·哈格对场地现状与历史的深刻理解。哈格出于对场所历史文脉的尊重，没有采用粗暴而草率的态度将已经形成的美国传统公园风格套用在这块曾经对城市有过重要贡献的工业景观之上，而是在公园设计中保留原煤气厂中相当一部分的工业设备与构筑物，让后工业文明城市中的人们能在公园休闲漫步的同时，感受到城市曾经拥有过的一段历史。保留的工业设施和厂房被改建成餐饮、休息等公园设施，甚至将一些保留处理后刷上红、黄、蓝、紫等鲜艳颜色的机器设备，覆盖在简单的坡屋顶之下，成为了游戏室内的器械。由高塔、管道、堆栈和仓库组成的混合体成为一个巨大的现代雕塑作品，蕴含着西雅图湖边发生的故事，其中也包含与后工业社会和信息社会相关的各种层面上的蕴意（图3-4-23、图3-4-24）。煤气厂屹立在严重污染的土地上，成为了正在消失的工作和生活方式的象征——辛劳、危险以及对自然资源的过分依赖。

图 3-4-22　洛杉矶珀欣广场

图 3-4-23　煤气厂公园鸟瞰

图 3-4-24　煤气厂公园保留设施

哈格的煤气厂公园设计被认为是反如画般景色这一传统公园形式的典范之一，这种后工业景观对城市早期工业废弃地的开发与重新利用提出了一种崭新的带有历史与生态双重性的设计方法。如果从场所精神和文脉主义的层面来理解这种设计的话，可以发现设计师寻求的是对旧有景观结构和要素的重新解释，设计师不会意图掩盖历史或抹去历史的印记，而是保留历史让人们去感受。建筑以及工程构筑物都可以作为工业时代的纪念物保留下来，不再是丑陋的废墟，而是如同风景园中的点景物一样，供人们欣赏；而这种从场所出发对工业废弃地的保护、改造和再利用的处理手法，更是成为一种潮流得到许多设计师的追随和发展。

(3) 隐喻主义景观

隐喻作为一种极其普遍和重要的思想情感表达方式，在文学艺术中起到很大的作用，同样在景观设计中也具有很大的优势。景观的隐喻是通过场所传递给人的，场所是人和环境情感交流的桥梁，是环境对人的生理和心理交互作用的结果。场所的隐喻也是人通过认识环境本身，显示出的精神和心理、情感态度或者某种认知的关系。实际上，隐喻也是人类文化的一部分，也是人类思维的重要表现形式。在需要更多人文关怀的今天，隐喻在设计中的应用尤其显得重要和多样。信息时代的科技发展给予了设计者更多发挥场所隐喻的空间，对于景观设计来说在新的时代下也同时具有现实意义。

隐喻主义（allusionism）是后现代主义的一种基本设计方法。罗伯特·斯特恩认为："隐喻是后现代主义建筑师在视觉上构成文脉的一种手段，这是成为新的感觉中心的产物。"它可以通过明显参照、隐含暗示等手法，使景观与历史传统构成文脉，传达凝结在城市景观中的精神和思想。对历史传统的参照和暗示，不仅可以获得历史的延续，增加内涵；而且无论是明显的还是隐含的隐喻，一旦与社会紧密相连，就会引起人们的不同看法，从而使景观得以与多种层次的人进行交流，人们对景观的认识也会显得更加熟悉和亲近。重视隐喻的意义也已经成为西方现代景观设计多元化倾向的重要特征之一，很多设计师为了体现自然状况或基地场所的历史与环境，在设计中通过文化、形态或空间的隐喻创造有意义的内容和形式，赋予城市景观以意义，使之便于理解。

对古典符号的引用，设计师常常根据大众口味和爱好或者个人的兴趣喜好，引用某个传统的符号形式，以符号的象征来暗示其含义。因为符号的象征性不仅在形式上能使人产生历史的视觉联想，更为重要的是它能唤起人们主观上的思索和联想，进而产生移情，达到情感的共鸣，景观也因而更具有意义。在矶崎新（日本后现代主义建筑设计师）设计的筑波科学城中心广场中，可以发现不同建筑大师和不同历史时代的各种风格的设计符号的引用与拼贴。筑波广场中心的椭圆形广场及图案是米开朗基罗的罗马卡比多广场的翻版，不过在图案上他反转了原作的色彩关系（图 3-4-25、图 3-4-26）。广场中心不再是米开朗基罗为广场设计的构图中心——跨在马背上的罗马皇帝奥里留斯的铜像，而是在广场高处的一角有清泉从巨型的石盆中源源涌流出来，设计师以此呼应巴洛克式的花园，喻示耶稣最后的晚餐中的食盘。巨型石盆旁缠着黄飘带的金属树形雕塑是建筑师汉斯·霍莱因在维也纳旅行社中的复制品，而台阶旁的叠水处理可以看到劳伦斯·哈普林水景设计手法的影响，干垒的块石在整组很西化现代的环境中则显现出日本传统的设计手法的痕迹（图 3-4-27、图 3-4-28）。

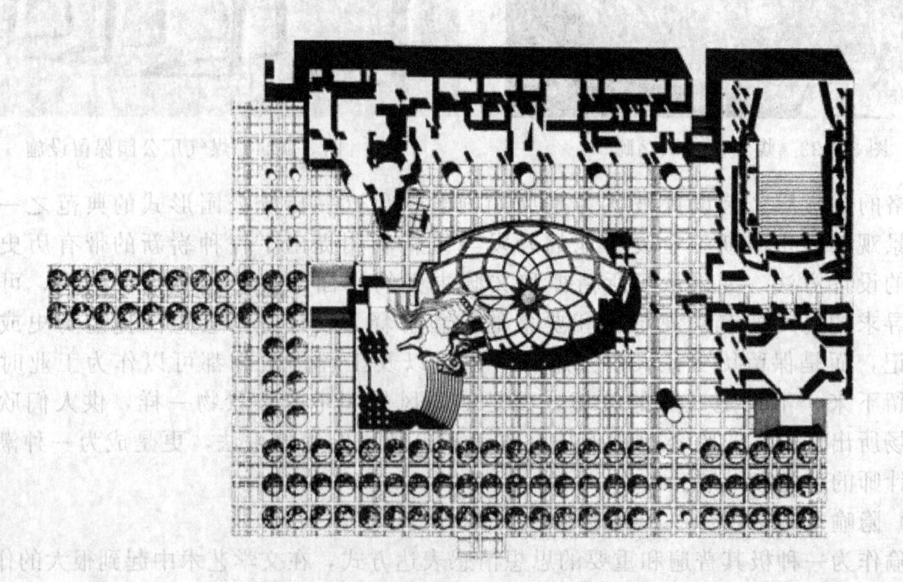

图 3-4-25　筑波广场总平面图

图 3-4-26　筑波广场局部鸟瞰

图 3-4-27　广场水景

图 3-4-28　椭圆形广场

设计师在这个日本式的建筑中随意引用历史中的设计符号，散布各种各样的隐喻和暗示，为“筑波科学新城”这片空白的地域引入一段建设文脉，而这种文化上的无政府状态不是表达出某种文化主题，而是呈现出典型的后现代主义自我意识的表达，反映了现代城市中心的消解和文化丧失，恰巧喻示出这个在一无所有基础上建设起来的新区的典型特质。

(4) 解构主义景观

1967 年前后，法国哲学家德里达最早提出解构主义（deconstruction），进入 20 世纪 80 年代，解构主义更是成为西方建筑界的热门话题。解构主义大胆向古典主义和现代主义提出质疑，认为应当将一切既定的设计规律加以颠倒，例如反对建筑设计之中的统一与和谐，反对形式、功能、结构等内容彼此之间的有机联系，认为建筑设计可以不考虑周围的环境或文脉等，提倡分解、片段、不完整、无中心、持续地变化等。而解构主义的裂解、悬浮、消失、分裂、拆散、移位、斜轴、拼接等手法，也确实能令人产生一种特殊的不安感。

美国建筑师丹尼尔·利伯斯基设计的柏林犹太人纪念馆（图 3-4-29、图 3-4-30）和建筑师伯纳德·屈米设计的法国巴黎拉·维莱特公园（图 3-4-31～图 3-4-34）便是解构主义景观设计的典型实例。解构主义与其说是一种流派，不如说是一种设计中的哲学思想，他对西方传统文化中的确定性、真理、意义、理性、明晰性和现实等概念提出质疑，故意反常理而为之。但这种设计提出了一种新的可能性，不管人们喜欢与否，至少证明了不按以往的构图原理和秩序原则进行设计也是可行的。解构主义是建筑发展过程中有益的哲学思考和理论探索，这种风格所发展出来的造型语言丰富了建筑设计和景观设计的表现力与内涵。

图 3-4-29　犹太人纪念馆鸟瞰

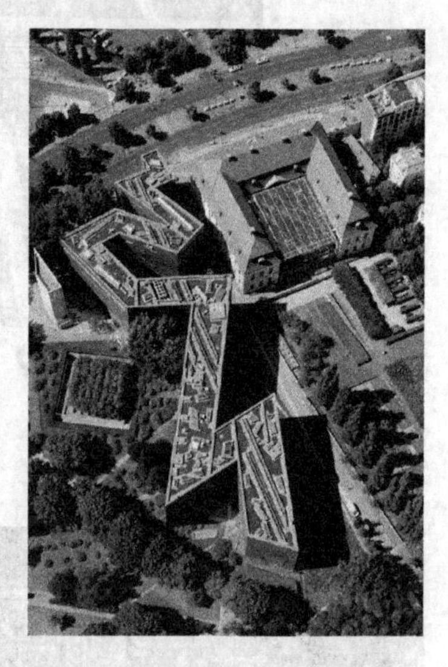

图 3-4-30　纪念馆整体环境

图 3-4-31　拉·维莱特公园总平面

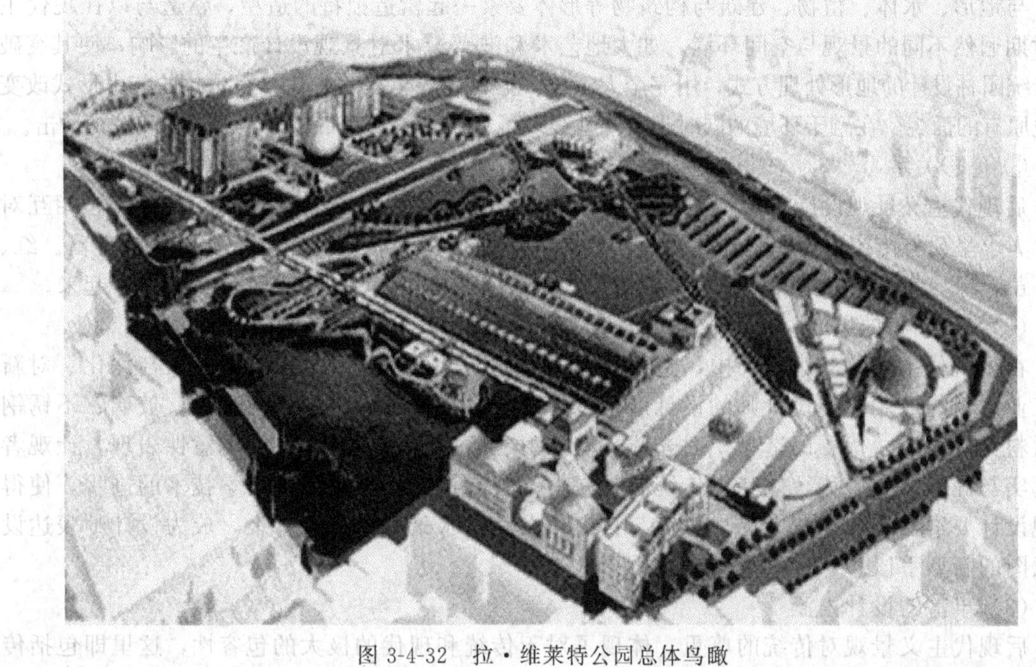

图 3-4-32 拉·维莱特公园总体鸟瞰

图 3-4-33 拉·维莱特公园中的 folie

图 3-4-34 空中步道

3.4.3.4 主要风格特点

在上述多元化的设计风格中，主要表现出后现代主义景观以下几方面的特点：

(1) 多元化的设计形式

新的后工业社会和文化背景，为设计师们提供了一个日渐丰富的灵感源泉和理论范围，以及更广阔的空间领域，景观设计师在设计形式上进行了许多具有先锋精神的探索与创新，以多元化的设计形式替代了现代主义纯粹功能性的审美需求。

① 布局和构图

为克服现代主义在形式和设计意图方面的保守和乏味，后现代主义景观发展方向首先就是在构图和布局上，抛弃现代主义简洁而均衡的构图原则，探索与传统有别的构图原理和秩序原则。后现代设计师尝试采用相互冲突、无关序列的叠置与解构的布局方式和构图，体现出一种超现实主义的意境和趣味，形成不同以往的后现代空间体验。

② 造型形式

在后现代主义景观设计中，设计师可以更自由地应用光影、色彩、声音、质感等形式要素，与地形、水体、植物、建筑与构筑物等形体要素一起营造独特的造型，营造与以往现代主义时期迥然不同的景观与空间环境。如大地艺术和波普艺术对景观设计产生的影响，使其突破了传统园林设计的地形处理方式，用完全人工化、主观化甚至是商业化、娱乐化的艺术形式改变场地原有的面貌，在融于环境的同时也恰当地表现了自我，给观者带来强烈的视觉和精神冲击。

③ 色彩关系

后现代主义景观设计不再拘泥于颜色的处理，在设计中用浓烈刺目或诙谐的色彩相互对比，力求呈现与传统审美完全不同的设计效果，这对景观设计来讲也是一种极大的丰富。红、蓝、黄、绿、紫、黑、白等多种色彩的对比、组合、拼接，使整个景观作品都活跃了起来。

(2) 新材料和新技术的应用

在后现代主义的景观设计中，造园素材的内涵与外延都得到了极大的扩展与深化。对新型工业材料的应用，使设计师的设计展现了传统园林无法达到的变化与美感。玻璃、不锈钢等材料具有简洁、优雅的造型，对光线具有反射、折射、透射等特性的创意性表现，让观者在真实与虚幻之间游移，体味出传统园林素材不曾有过的精美效果。科学技术的进步，使得景观设计要素在表现手法上更加宽广与自由，尤其是水景和灯光设计上，成为设计师表达设计意图的新型手段。

(3) 丰富的设计内涵

后现代主义景观对传统的尊重，体现了对于传统和现代的极大的包容性，这里即包括传统文化，也包含现行的通俗文化。

① 对古典传统的尊重

后现代主义在对传统经典、历史文脉的关注中找到自己的立足点，并从中激活创作灵感，但又不是简单的复古，而是带有明显的从传统化、地方化、民间化的内容和“现代意识”经过撷取、改造、移植等创作手段来实现，将历史的片段、传统的语汇用于新的景观创作之中，强调新的创作过程和新的艺术内涵。

② 对现代艺术的借鉴

景观设计作为一种实用的艺术，它的发展相对于其他相关艺术一般都较为缓慢，但这种略微滞后的节奏在后工业时期呈现一种逐渐趋同的倾向。现代艺术的发展促成了审美价值趋向多元化，审美情趣的个性化，在西方后现代主义景观设计中都得到了具体体现。对现代主义的反省而产生的艺术领域的各种新流派，如波普艺术、极简主义、解构主义等思想和表现手法都给了景观设计师很大的启发，影响了多元化综合风格的后现代主义景观设计的形成与发展。虽然在各种艺术思想的影响下，新一代的设计师对城市景观新的发展方向都有各自不同的理解，但在许多设计师的身上都可以看到各种艺术综合后的成果展现。

3.4.3.5 设计实例分析

(1) 新奥尔良市意大利广场

新奥尔良是美国南方城市。1973 年，为表示对居住在该市的美籍意大利人的尊重，市政当局决定在该市意裔居民集中的地区建造一个广场。经过激烈的方案竞赛，最终选中了著名建筑师查尔斯·摩尔的广场方案并进行施工。作为美国后现代主义的代表人物之一——查尔斯·摩尔的代表作，广场设计为表现古典主义的意大利主题，设计师深入了解意大利的传统文化，大胆抽取各种古典的要素符号，并以象征性手法再现出来。整个广场以巴洛克式的圆形平面为构图，以逐渐扩散的同心圆及黑白相间的地面铺装向四周延伸出去，直至三面入口的街道上。广场参照了罗马著名的特列维人造喷泉，它是一个由泉水和雕塑组成的露天喷泉。设计师没有使用取材于神话的雕塑而直接按照意大利地形复制了高低错落的意大利半岛的实际地形，因为新奥尔良市大部分意大利移民来自西西里岛，因而将西西里岛放置在广场的构图中心，以示纪念

(图 3-4-35)。罗马五种古典柱式——塔斯干式、多立克式、爱奥尼式、科林斯式和混合式在此大集汇，这些柱式又经设计师精心的改头换面以全新的面貌呈现出来，如科林斯柱式用的是不锈钢柱头，檐壁上用拉丁文雕刻着"此喷泉为市民们献予全民之赠礼"的献词；多立克柱式上流泉汩汩，拱券上嵌着微笑的摩尔头像，水线正不停地从他的嘴里吐出（图 3-4-36）。

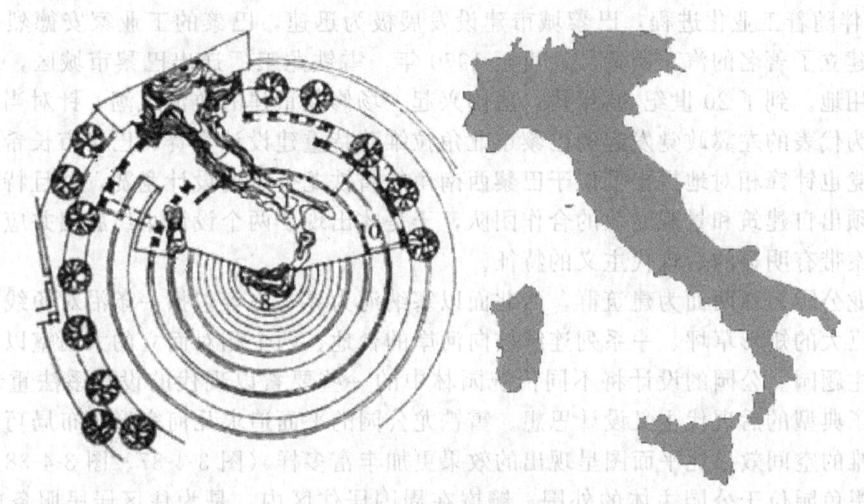

图 3-4-35　总平面与意大利地形轮廓的对比

图 3-4-36　广场中水景与柱式

上述多种古典符号的借用，准确地象征了意大利的历史文化和古典建筑形式；同时摩尔又采用了现代技术及材料，如不锈钢、霓虹灯等，使这一景观设计集古典主义、现代主义、商业性以及露天剧场之大成，适应和延续了城市文明。这些传统符号以模棱两可或不确定的变形、断裂和反射的设计手法加工组合起来，使它们处于人们不习惯的位置，引发现实与经验的矛盾冲突，从中体现讽刺、诙谐、玩世不恭的意味，成为一个典型的后现代主义符号拼贴的大杂烩。广场不仅充满了欢快浓郁的现代商业气氛，而且具有对乡土强烈的依恋之情。

正如著名建筑评论家戈德伯格所说："实际上，你马上意识到它完全不是对古典主义的嘲弄，这是一种欢欣，几乎是对古典传统歇斯底里般高兴的拥抱。"

(2) 巴黎雪铁龙公园

雪铁龙（Citroen）社区位于巴黎中心城区西部，属于19世纪形成的旧城区的一部分。20世纪初伴随着工业化进程，巴黎城市建设发展极为迅速，巴黎的工业家安德烈·雪铁龙选择此地建立了著名的汽车制造厂；直至1970年，雪铁龙工厂迁出巴黎市城区，政府得以收回这片用地。到了20世纪80年代，法国兴起一场修复重建的政治风潮，针对当时法国总统密特朗为代表的左翼政党发起的巴黎东北角拉维莱特重建设计竞赛，巴黎市长希拉克为首的右翼政党也针锋相对地提出了位于巴黎西南角的雪铁龙公园的设计竞赛，并且特别要求参赛作品必须出自建筑和景观专业的合作团队，于是才出现了两个设计小组胜出并应邀进行了合作，方案带有明显的后现代主义的特征。

雪铁龙公园东西两面为建筑群，西北面以塞纳河为界，内容包括一条沿对角线布置的宽阔斜路、巨大的矩形草坪、一系列连续坡向河岸的台地、两个相对而立的大温室以及周边环绕的众多主题园。公园的设计将不同传统园林中的一些要素以现代的设计手法重新组合起来，体现了典型的后现代主义设计思想。雪铁龙公园的平面追求几何完形，布局巧妙，比例精致，三维的空间效果比平面图呈现出的效果更加丰富多样（图3-4-37、图3-4-38）。其中，白色园和黑色园位于公园主体的外围，镶嵌在周围居住区内，是为住区居民服务的小区游园。白色园紧挨社区墓园，处理得朴素平淡，在设计上除了集中运用浅色材料体现白色的主题外并未多着笔墨。黑色园位于居住区中心，相对独立、自成体系，风格上明显地受到日本枯山水园林的影响。设计师在有限的空间内创造出有四个标高的立体公园，以满足居民多样灵活的使用需求。除了运用植物材料体现色彩主题外，这里由于地形下沉而空间狭窄、光线较暗，加之植物生长茂密、树影婆娑，使得黑色园的主题得到了很好的诠释。

图3-4-37　雪铁龙公园鸟瞰

两个温室雄踞全园最高点，俯瞰公园中心缓缓坡向塞纳河岸边的大草坪，两座温室之间是一组喷泉（图3-4-39）。这个区域是全园中心轴线的起点，空间感的形成并不倚重边界的围合，而是突出两座建筑的主体地位。

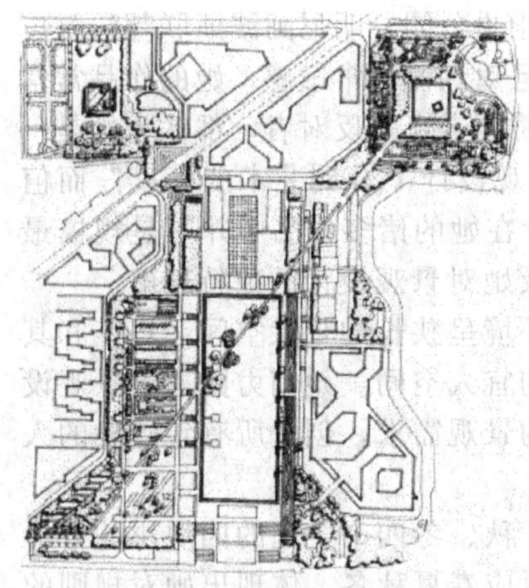
图 3-4-38　雪铁龙公园总平面图

图 3-4-39　温室与喷泉

大水渠边的 6 座小温室被抬升大约 4m 的高度，背向园外一侧，形成界定公园的边界，面向园内中心的大草坪。一条高架步道串联这 6 座小温室，地面道路与高架步道之间由 6 条大坡道连接。坡道上接小温室的出口，下联地面道路，指向中心大草坪。6 组跌水在道路的另一侧与这 6 条坡道呼应，在空间里形成坡道的直线延伸，并与围绕大草坪的水渠呼应，像 6 枚纽扣把两个部分扣在一起，起到空间转换承接的作用。六条坡道和两条平行的地面道路围合出一系列长方形的部分，设计师将这些彼此独立的长方形地块下挖 4m 左右的深度，形成下沉空间。于是整个区域的空间结构就由最初的二维平面上升下沉，转变为一个在竖向上存在近 10m 高差的三维空间，且一个较大的空间被分割压缩成更加宜人的几个较小部分。一系列下沉花园采取了各不相同的空间处理手法，在完成了大高差和小空间的总体序列框架的同时，一个个精心推敲设计的小空间也为游人提供了多元化的景观场所（图 3-4-40、图 3-4-41）。

图 3-4-40　枯山水风格的景观

图 3-4-41　植物与水景

中心的大草坪，是整个设计的核心，它的空间边界明确，占地面积广大，设计语言非常统一，与周边丰富多样的小空间形成了鲜明的对比；它的宏大、明晰和力度，将周边所有的元素融合为一个有机整体。虽然整个大草坪主题单一、元素纯粹，但是空间的丰富性却丝毫不弱。围绕草坪的水渠提供了一道漫长的亲水边界，增加了边界的丰富性；草地中有斜路穿插，有乔木散植，有成组的灌木方阵。这些元素非常奇妙地使巨大的矩形草坪呈现出一种恬然舒雅的自然风景园疏林草地的风貌，这充分证明了严整规则的几何平面形式创造丰富空间效果的无限潜力。

（3）日本岐阜 kitagata 公寓外环境设计

玛萨·舒瓦茨是著名的后现代主义景观设计师，她的经典代表作品包括：面包圈花园、美国梅萨艺术中心景观设计、都柏林大运河广场、迪拜朱迈莱中央公园、明尼阿波斯联邦法院广场等。她酷爱在设计中使用鲜艳夺目的色彩和另类材料，而且对潮流非常敏感，她的作品常常会与公众舆论相冲突，甚至招致同行的批评；但是，无论是赞同者还是反对者，都认为她是一位“始终孜孜不倦地探索景观设计新的表现形式，希望将景观设计上升到艺术的高度”而值得尊重的景观设计大师。日本岐阜 kitagata 公寓的景观设计在她的诸多作品中并不是规模最大或最复杂的设计项目，但却同样拥有鲜明的个人特色以及她对景观设计的独特理解。

这是日本岐阜市的一个项目，四栋板式高层公寓的外环境呈狭长的带状空间。玛莎和其他女设计师组成了女子团队，因为女性更善于设计小尺度的宜人空间。她们力图通过景观设计为不同的人群提供不同的景观使用空间，以满足多层次的景观需求，创造所有年龄段的人都能融合的场所，让不同的使用者都能产生心理舒适感。

在系列的带状景观设计中，最吸引人的是表达春、夏、秋、冬四个主题的四块小的方形空间。玛莎·施瓦茨使用绿色、红色、橙色、蓝色来分别对应春夏秋冬，体现出她对规则的几何形式以及鲜艳的绚丽色彩的偏爱（图 3-4-42～图 3-4-45）。

图 3-4-42　公寓外环境鸟瞰

图 3-4-43　四个方形主题空间

图 3-4-44　局部鸟瞰

图 3-4-45　从另一方向鸟瞰

3.5 当代城市景观设计现状总结

通过上述几个城市景观设计作品，可以看到后现代主义在城市景观设计中表现的总体轮廓。在纷扰复杂的后现代语汇中，作为关注人们精神层面的后现代主义景观设计，一直以来都是以场所的意义和情感体验为核心的。现代艺术和后现代艺术虽然以对立的态度先后出现，但并不影响景观设计作为一个独立的系统对这两者的吸收和容纳。现代主义对景观设计最积极的贡献在于，它所认为的功能应当是设计的起点这一理念，使得景观设计从传统图案和所谓的风景秩序中解放出来，引入到功能和社会尺度的角度。但现代主义过分地追求纯粹、形式至上、自我中心和整体艺术语言的单调，在一定程度上迅速促成了后现代艺术的诞生。20 世纪 60 年代以来，城市景观设计受到了后现代主义的推动，与此同时，生态意识在景观设计中也有所体现。设计师们从对形式美的追求，引向对自然和自然与人的关系的关注。在现代艺术和后现代艺术思潮的影响和推动下，城市景观设计领域呈现出风格多样性的特点；在科技迅猛发展的时代背景下，新的设计方法与手段也逐渐被运用到城市景观实践当中。景观形态及表达是设计师们一直以来不曾放弃的追求，但在此基础上，当代的城市景观实践还体现出以下几个方面的发展趋势：

(1) 各种思潮的相互交融与相互影响

麦克哈格的生态主义思想是整个西方社会环境保护运动在景观设计中的折射。他 1969 年所著的《设计结合自然》一书，提出了综合性生态规划理论，诠释了景观、工程、科学和开发之间的关系。20 世纪 80 年代早期，理查德·福尔曼和米切尔·戈登合作完成了著作《景观生态学》，由此进入了生物学家、地理学家和景观设计师紧密合作的年代，使得城市景观设计的科学性受到前所未有的重视，在设计中出现了严谨的指标量化，不再是传统的过于主观的设计方式。

同时，西方景观界也注意到了科学设计的局限性。首先，由于片面强调科学性，景观设计的艺术感染力日渐下降；其次，鉴于人类认识的局限性，设计的科学性并不能得到切实保证。因此，生态设计向艺术回归的呼声日益高涨，融合了科学性和艺术性、形态和生态并重的后工业景观设计应运而生。

毫无疑问，当现代主义和生态主义思潮使得城市景观设计在艺术创新和文化性上逐渐被受到抑制之时，后现代主义的某些思想使得景观设计得以拓展了视野和想象力。景观设计师们开始转向多个方向和领域寻求突破，例如对形式的注重和表达、对文脉主义和场所精神的探索使得城市景观的文化意义得以加强等。这些都使现代景观逐渐得到丰富和多元化，是与当今多元共生的时代精神和需求逐渐和谐的积极表现。

后现代主义所强调的对艺术形式的探索，对传统经典、历史文脉、大众文化内容的关注，以及创新的审美原则等这些内容基本都是在形式和意义上的探索和追求。因此，后现代主义景观是建立在现代主义景观已经发展成熟的基础之上的，它是对现代主义景观风格的调整、修正、补充和更新。而从另一个方面来看，后现代主义的多元性缺少了对生态科学性的追求，如果没有同时代并行发展的生态主义对科学性探索的补充，那么现代城市景观是不可能发展成为现在这种多元并存的趋势和状态的。

(2) 新技术的应用

20 世纪 60 年代末开始，美国“宾夕法尼亚学派”兴起，他们的理论和方法对于大尺度的景观规划、区域规划和环境评价有重大的意义。应该说，这个学派的兴起壮大不是偶然的，是人类开始思考如何尊重自身生存环境的结果。与此同时，设计师们开始认识到对于一项大尺度的景观规划及设计来说，正确的基础信息资料的采集与分析是成功设计的一半。因此，借助信息时代的卫星技术、信息技术和网络技术等新技术已经成为信息时代景观规划设计领域的重要手段。

① 遥感技术（RS）

遥感在规划中的主要作用是识别地物，根据遥感数据可以得到大规模规划对象的基础数据，如植被空间分布图、水系分布图等。遥感技术包括由卫星实现的航天遥感、通过飞机完成的航空遥感、雷达以及数字照相机或普通照相机摄制的图像。高精度的卫星照片拥有精确、经济、即时的特征，将其与地理信息系统相结合对于分析城市绿地景观和环境监测具有无法比拟的优势。

② 地理信息系统（GIS）

麦克哈格在《设计结合自然》一书中提到景观是一个生态系统，在这个系统中，地理学、地形学、地下水层、土地利用、气候、植物、野生动物都是重要的元素。他运用地图的叠加技术，把对各个要素的单独分析综合成整个景观规划的依据，将景观设计提高到一个科学的高度。GIS恰恰是哈格理论的最有力的实践工具。GIS是一系列用来收集、存储、提取、转换和显示空间数据的计算机工具，它具有数据库管理、制图、图像处理和统计分析的功能。GIS的叠置技术不但能够分析评价规划区域本身的生态特征，而且能够对相邻景观单元及其与景观构成的各因子的关系在空间上进行定量的描述，进而依据景观生态规划的基本原理，决定景观规划方向，进行合理的规划。此外，GIS还具有动态分析和模拟的功能，通过对不同时间得到的遥感数据进行分析，检测和分析景观的动态过程，并模拟景观未来的发展动态，这样就可以实现景观的动态规划，完善传统的规划思路。

③ 全球定位系统（GPS）

GPS是建立在无线电定位系统、导航系统和定时系统基础上的空间导航系统，以距离为依据进行测量，可同时通过多颗卫星进行距离测量来计算目标的位置。其主要作用是对航空照片和卫星相片等遥感图像进行定位和地面矫正。目前在动物活动监测、生境图、植被图的制作方面得到广泛的应用。在景观生态规划过程中，由于要借助大量遥感数据，因此GPS的辅助功能也日益突出，可以将GPS获得的数据处理后直接录入GIS系统，达到精确定位的目的。

（3）景观评价

对景观评价可以定义为：个人或群体以某种标准对城市景观的价值做出判断；具体来说，是指运用社会学、美学、心理学、生态学、艺术、当代科技、建筑学、地理学等多门学科和观点，对拟建区域景观环境的现状进行调查与评价，预见拟建地区在其建设和运营中可能给景观环境带来得不利和潜在影响，提出景观环境保护、开发、利用及减缓不利影响措施的评价。

从20世纪60年代中期开始，美国、英国、德国等发达国家，提出了一系列保护环境和风景资源的法案。如美国的《荒野法案》（1965年）、《国家环境政策法》（1970年）、《海岸管理法》（1972年），英国的《乡村法》（1968年），德国的《自然与环境保护法》（1973年），这些法案和规定促进了景观评价研究的发展。1974年，美国农业部颁布了《视觉管理系统》法规，该法规的特点是从视觉形象入手将国土景观资源的评估体系加以完善和细化。从审美视觉体系方面管理国家农业与林业景观，此法规所提出的景观评价体系将国土景观资源经评价后分为保存、保留、部分保留、改造、最大限度改造五种梯级模式，这一景观评价模式被广泛应用于美国国土环境整体评价中。可以明显看到，经过评估之后的景观建设极大地改变了美国的国家形象，使一个缺乏国土景观历史文化资源的国家拥有了独特的环境资源与景观魅力，使美国在近几十年中一直保持着世界第一大旅游目的地国的地位。

此后，景观评价研究发展迅速，逐渐形成众多领域和不同学派。目前受到公认的有四大学派：专家学派（expert paradigm）、心理物理学派（psychophysical paradigm）、认知学派（cognitive paradigm）、经验学派（experiential paradigm）。不同学派在不同理论指导下形成很多各不相同的评价方法，并结合具体做法形成相对稳定的评价模式。总的来说，对景观进行评价的方法主要有以下三种类型：一是侧重于“景”，对景观的物理特征进行分析研究的客观方法；二是侧重于“观”，对个人或群体的主观感受进行分析研究的方法；第三种是将主观方法和客观方法结合起来进行研究的方法。第一种类型称为详细描述法（也成为专家法），主要包括形式美学模式和生态模式。第二种类型称为公众参与法，主要包括心理模式、认知模式和经验模式。第三种类型称为综合法，主要包括心理物理模式。

专家法主要由具有相应专业知识的规划与设计专家及政府主管官员组成，主要从五个方面入手评价景观。第一，地理地貌：研究被评价区域的地质、地形、地貌和水文特征，也包括气象、空气清洁度等；第二，景观生态：重点考察被评价地区的动、植物分布栖息地以及生态系统的基础；第三，视觉与感性：通过问卷或对居民的调研确定通过感官感受到的景观质量，单个地形或地貌的物质构成、分布模式、感性特征以及不同景观之间的相互关系；第四，历史景观：关注环境与景观的历史性特征、记忆、传说与故事；第五，文化景观：考察人类与景观之间的关系，人类如何给景观场所赋予意义，景观与人类活动的相互关联度等。

专家法通常通过复杂的绘图、记录与分析方法获得，注重量化指标，强调评价的客观性与科学性。公众参与法是英国景观特征评价方法的主要特色。英国景观评价体系重视程序公正，它包含着公众参与的重要步骤，公众参与通过问卷调查或重点讨论的方式被纳入到评价程序中。公众参与一直是景观评价是否有效的关键之一，公众参与使居民主动关心其栖息地景观的保护、管理与应用，居民认识到景观在社会生活、文化领域以及经济生活方面具有重大作用，他们积极参与到景观评价的讨论中有利于体验到自我生态教育与景观历史文化传承。同时，公众也认识到景观与经济生产密不可分，景观的管理和保护创造了就业机会，是人们保持对周边生活区域良好心态与健康生活的必要保障。

综合法是将上述两种方法结合而成的方法，专家法理性而科学，公众参与法感性而主观。专家法虽然科学，但缺乏居民对故乡土地文化历史与情感的深刻感知；而居民由于少了专业知识难以对景观的未来变化选择正确方向，综合法是一种适合的调和方法。当代的综合景观评价方法更是借助于数学、拓扑学、计算机与网络技术将景观评价的原始资料进行大数据分析，进而得到科学与艺术、现代与未来共赢的评价结果。

模糊数学和拓扑学的发展为景观的科学评价提供了有效支持。模糊数学以模糊集合论为基本方法，已经形成了自己的理论体系，在模糊语言变量、模糊逻辑、模糊识别、模糊聚类分析、模糊综合评判、模糊决策等方面都有广泛的研究成果。近年来模糊数学在信息处理、图像识别方面有了进一步的发展，这些成果在景观科学评价的方法论发展上有重要意义。拓扑学关于网络优化等方面的研究可以提供方法支持。如拓扑学中的中心度、连接度等概念，都可以引入到对景观空间的可达性、联系程度、绿地系统的完整性等方面的评价中。目前空间句法分析技术日趋成熟，已经被世界许多知名的设计事务所引入到实际项目的优化评价中。计算机技术飞速发展也为景观的科学评价工作提供了强有力的工具，其大容量的数据运算和存储能力使景观视觉资源管理系统的建立成为可能。近年来随着数字图像处理、三维动画和虚拟实境技术的发展，建立景观三维虚拟模型，并进行虚拟实境的动感体验已成为现实，这就为景观的科学评价和景观建设方案的环境影响评价，提供了更接近现实、经济、有效的手段。人工智能模拟研究，为提高景观建设项目评价决策的效率和准确性提供了可能。人工智能模拟研究主要有从结构和功能上模拟人脑的人工神经网络研究（仿生学）和不考虑大脑结构通过启发式程序来模拟人脑功能的专家系统研究两个方向，近年来均有不少新的进展。随着互联网技术的普及，计算机人性化界面的设计和互动功能的实现，为公众参与景观建设的评价和决策事务提供了更有效的手段。

在经过无数思潮和运动之后，当代城市景观设计已清晰地呈现出多元化发展的趋势。现代主义与后现代主义使城市景观的社会功能和文化功能得到平衡。现代艺术的思想和手法对于提升现代景观设计的艺术性起了很大作用，也使其表现力更加丰富。代表科学的生态主义思想和原则渗透到景观设计中，并且成为设计的指导思想，表明了设计师已经意识到自己的技巧应该纳入到整个地球生态体系当中。同时，科学和技术的不断进步，使得景观设计不断出现更多的可能性、出现更多全新的形式，变得更富有包容性。现代的城市景观设计变得越来越丰富多彩，风格也越来越多样，它虽然吸收了历史的精神、但决不模仿固有的风格，它符合科学的原则，反映了社会的需要、技术的发展、新的美学观念和价值取向，与时代精神紧紧相系。

第4章
城市景观的基本构成要素

从城市景观的产生、发展及其演变过程中显现出来的特性可以看出，其无疑是属于人文景观中的一种，是人类改造自然的产物，是人类意志在城市环境中的具体表现，它折射出人们不断创造和经营生活环境的结果。

城市景观包含了自然景观和人工景观两方面的基本物质基础，在城市发展过程中，与社会、经济、政治、文化等诸多人文因素互相呼应、相互融合，综合塑造形成了城市的整体环境。因此本书将城市景观的基本构成要素分为自然景观要素、人工景观要素和人文景观要素三大类。在城市景观复杂的组成体系中，必须合理安排和协调人的活动和各种景观要素的相互关系，使其和谐统一、良性循环，才能形成一个综合的、可持续的、有独特气质的城市景观。

4.1 自然景观要素

自然景观要素是城市景观设计的物质基础，地形地貌、动植物、水体、气候条件等都属于自然景观要素。虽然在城市环境中，自然景观要素会不可避免地被不同程度的人工改造，但不可否认的是，自然景观元素是构筑城市生态环境的必不可少的物质保障。

4.1.1 地形

从地理学的角度来看，地形是指地球表面高低不同的三维起伏形态，即地表的外观，地貌是其具体的自然空间形态，如盆地、高原、河谷等。地形是内力和外力共同作用的效果，它时时刻刻都在变化。

4.1.1.1 地形的种类

按地形的规模，可以将其划分为大地形、小地形和微地形三类。大地形是指就国土范围来讲，地形地貌变化复杂多样，包括高原、平原、丘陵、山地、盆地五种地理形态；小地形是指地理范围相对较小，针对一块特定的区域（例如城镇地形、大型风景区等），包含各种地形形态但起伏度相对较小的地形形态；微地形是针对小区域（例如居住小区、公园绿地等）的地形形态而作的定义，微地形的概念常作为景观设计和室外环境设计的专业用语。一般在城市景观设计中，通常都以小地形和微地形为主。

按表现形式，城市景观中的地形可分为人工式的地形和自然式的地形（图 4-1-1、图 4-1-2）。人工式的地形多运用硬质材料采用规则化的线条，营造一种层层叠叠的形态，给人一种简单规则化的美感，比如下沉广场、台阶、挡墙、坡道等；自然式的地形，通常是指用草坪、土石等自然材料塑造的地形，运用柔和的线条来模拟自然界中的天然地形，可以给人带来一种亲近自然的感觉，这类地形在公园绿地中运用的比较广泛。

图 4-1-1　自然式地形

图 4-1-2　人工式地形

按竖向形态特征，地形可以分为以下几类：

(1) 平地地形

平地是一种较为宽阔的地形，最为常见，被应用的也最多。在平地上构筑景观可保持通风、开阔视野，展示景观的连续性和统一性。平地相对缺乏围合的感觉，塑造的景观效果相对大气，因此，多见于草坪、广场、建筑用地中。从设计角度看，平地对于城市景观设计的局限性最小，在平地上可以用连续性的景观要素和其本身良好的通透性来实现扩展设计，其内部空间景观要素既相互联系，又各有重要的视觉作用。但是，景观的趣味性较差是平地的一个弱势，所以需要依靠空间与空间、景观要素与空间及景观要素之间的相互关系来补充，通过颜色、体量、造型等的变化来增加空间的趣味性，形成视觉焦点；通过建筑物来强化地平线与天际线的水平走向，形成大尺度的韵律；通过竖向垂直的标志物来形成与水平走向的对比，增加视觉冲击力。

(2) 凸起地形

相对于平地而言，自然式的凸起地形通常富有动感和变化，如山丘等；人工式的凸起地形能够形成抬升空间，往往在一定区域内形成视觉中心。在通常情况下，突然起伏的地形容易对人的视觉感受形成刺激，所以，在景观设计时，在较高的地方设置景观标志物等主景，更强化其本身对人的吸引。同时，应注意从四周向高处看时，地形的起伏和景物之间所形成的构图及其相互关系，应从整体角度进行布置。另外，凸起地形还能够调节微气候，不同朝向的坡地适宜种植的植物也有所不同，在设计时应合理选择。

(3) 凹陷地形

凹陷地形可以看做是由多个凸起空间相连接形成的低洼地形，或是平坦地形中的下沉空间，其特点是具有一定尺度的竖向围合界面，在一定范围内能产生围合封闭效应，减少了外界的干扰。凹陷地形周围的坡度及凹陷下沉的尺度，会给人带来不同的空间感受。一般来说，坡度越接近 90 度，或凹陷下沉的尺度越大，形成的空间封闭感越强，这样的空间在一定程度上易于被人们识别和利用，而且会给人的心理带有某种稳定和安全的感觉。与凸起地形一样，人工或自然的凹陷也能起着突出中心的作用，只不过这里的中心不再是具体的某一景观标志物，而是一个点状或面状的空间，在形式上与周边用地形成对比。凹陷地形同样也能创造独特的微气候，在设计时应考虑充分利用。

以上几种地形地貌是在城市景观设计中经常遇到的，但在实际设计过程中，多数基地都是由两种或更多的地形组合而成，更有助于丰富城市景观的空间形态、视觉效果及使用功能等。

4.1.1.2　地形在景观设计中的作用

地形设计在城市景观中有着非常重要的功能作用，主要体现在以下几个方面：

(1) 骨架作用

地形是整个景观场地的载体，它为其他的景观元素和设施提供了一个依附的平台，其他元素的层次变化在很大程度上是建立在地形层次的基础之上，地形甚至能影响到整个场地的景观格局。

(2) 造景与背景

地形自身即能创造出优美动人的景观供人欣赏，如著名的喀斯特地形和丹霞地貌，吸引众多游人观看。在地形处理中可以利用具有不同美学表现的地形地貌，设计成千姿百态的峰、岭、谷、崖、堤、岛等人造地形景观。

高低起伏的地形常常是场地中植物、建筑、水体等其他景观要素的背景依托，或相互成为背景关系。作为背景的各种地形要素，能够截留视线，划分空间，突出主景，使整个景观空间更加完整生动。

(3) 限定与划分空间

景观空间的围合，通常需要地形、植物、建筑等几种景观元素来共同完成，而其中地形是最基础的、也是用得最多的，地形围合起来的空间具有其他景观元素所达不到的效果，而且在复合型的、连续的大空间塑造方面也极有优势。利用地形高低起伏的特点可以分割、组织空间，合理的地形变化可以实现各种各样的空间功能，如垂直空间、半开敞空间、开放空间、私密空间等，使空间之间既彼此分割又相互联系，空间层次更加丰富。

一般来说，凹形下沉的地形能够形成空间的竖向界面，从而形成对空间的限定，而且坡度越高越陡、下沉尺度越大，则空间限制力越强。反之，凸起抬升的地形通常能够起到突出主景的作用，这并不一定依赖于抬升高度绝对尺度的大小，更多的是通过视觉的变化引起景物观赏者的注意，从而达到心理暗示的作用。

(4) 控制、引导观赏视线

地形构成了景观空间的地界面以及部分的竖向界面，因此是空间尺度大小的决定因素之一，它能限定视觉空间大小，并有助于视线导向，同时也能够在需要时起到遮蔽视线的作用。景观地形的真正价值在于人与自然的交流，好的地形设计，能为游人提供最佳的观景位置或者是创造良好的观景条件。

(5) 引导游览

地形可以影响车辆和行人的运动方向和速度。一般来说，平坦的地形上，人的步行速度较快且少有停顿；而在有台阶或坡道的地形上，步行速度会相对放缓。因此，利用不同类型地形的组合，可以控制或改变游人的行进节奏，从而达到引导游览、观赏的效果。

(6) 场地排水

在城市景观中，降到地面的雨水、没有渗透进地面的雨水以及未蒸发的雨水都会成为地表径流。在一般情况下，地形的坡度越大，径流的速度越快，会造成水土流失严重；过于平坦的地形，径流速度缓慢，又容易造成积水。因此，在设计时，地形的坡度需要在一定合理的范围内才能更有效地控制流速与方向，排走地表径流。

(7) 防洪

对于滨水景观，地形还有着一个更为重要的作用——防洪。如果巧妙地将防洪墙与地形相结合，将其慢慢过渡隐藏在景观中，不仅能解决城市的防洪，而且还能防止数米高的大堤阻断游客的视觉通廊。

(8) 有利于其他景观元素的设计完善

地形设计有利于场地的小气候营造，能影响场地中的日照、温度、风向、降水等诸多气候因素。合理的地形设计还能增加绿化面积，有利于植物设计的层次性及丰富性；不同坡度的地形可以影响植物种植的分布，适合不同习性的植物生存，从而提高了植物的多样性。另外，地形设计还能影响交通路网的布置，影响水体设计的走向、状态和整体布局，水景的丰富性通常也离不开地形的烘托。

4.1.1.3 地形的设计手法

总的来说，地形设计应该因地制宜、顺其自然，利用为主、改造为辅。在城市景观中的铺装、植物、建筑等的布置应根据地形的走势，尽量避免、减少挖方或填方，做到挖、填土方量在场地中相互平衡、合理运用，这样可以节省大量的人力、物力、财力，减少不必要的资源浪费。

在景观设计中，坡地具有动态的景观特性，合理地利用坡地的地形优势，与水景（瀑布、溪涧等）、植物、建筑等结合，能创造出层次丰富、极具动感的景观效果。同时，在地形变化不明显的场所中，通过营造局部下沉或抬升空间的方法，可以增强景观的视觉层次及空间的趣味性，给游人带来不同的空间感受，即用点状地形加强场所的领域感、用线状地形创造空间的连续性。由于自然界中未经处理的地形变化通常都是线条流畅的自然形态，因此，将景观设计中的地形处理成诸如圆锥、棱台、连续的折线等规则或简洁的几何形体，形成抽象雕塑一样的体量，能与自然景观产生了鲜明的视觉效果对比，从而提升游人观赏及参与的兴趣（图 4-1-3、图 4-1-4）。

图 4-1-3 几何规则式下沉地形

图 4-1-4 简洁而抽象的地形起伏

场地的等高线是地形设计的主要参考因素，一般来说，车与人沿等高线方向行进最为省力，建筑物的长边平行于等高线布局，也可以在一定程度上减少土方量。当场地坡度过大，或是需在坡地环境营造平坦空间时，可利用挡土墙将原有地形做梯田状的改造，即把连续的坡地分割成几个高度跌落的平台，在不同的台地上分别组织相应的功能，极大地提升了景观的层次感和丰富度。

除上述手法外，在地形设计中，常用的手法还有：

① 分隔、引导空间

通过利用自然的或人工的地形地貌对空间进行划分，可把大的景观空间分隔为相对较小的空间，为景观的设计创造基础。适当的间隔和限定有时也是对空间的引导，如传统园林中的"欲扬先抑"、"欲露先藏"等设计手法。

② 形成特殊景观效果

如前面提到的凸起地形，由于其本身的高度优势，有利于被观赏，让人形成超凡脱俗感的同时，设置于其上的建筑和构筑物也会有良好的观景视野，常作为观景点。

③ 遮蔽不利效果

城市景观中往往有很多不利因素，如噪声、寒风等，这都可通过对地形纵向上的调整来改善。

总之，在城市景观设计中，要充分利用地形自身的优点，深入研究挖掘其潜在特点，营造出不同的空间形态，通过设计手法的不断变化和更新，使城市景观随之产生丰富多彩的变化。

4.1.2 植物

植物在城市景观中也是一个重要的造景元素，在设计中常用的有乔木、灌木、草本植物、藤本植物、水生植物等。植物对城市景观的总体布局极为重要，所构成的空间是包括时间在内的四维空间，主要体现在植物的季相变化对三维景观空间的影响。

4.1.2.1 植物在景观设计中的作用

植物具有的功能是多方面的，在城市景观中的作用主要有以下几点：

(1) 生态功能

植物具有非常丰富、强大的生态作用，主要表现在保护与改善环境以及环境监测与指示两个大的方面。

① 保护与改善环境

a) 净化大气：二氧化碳是“温室效应”气体，其浓度的增加会使城市局部温度升高从而产生“热岛效应”，并促使城市上空形成逆温层，加剧空气污染，利林植物消耗二氧化碳并制造氧气的功能，可以改善空气中的二氧化碳和氧气的平衡状态，净化空气；植物表面能吸收空气中的有害气体——二氧化硫，在植物可忍受的限度内，被吸收的二氧化硫可形成亚硫酸盐，然后再氧化成硫酸盐，变成对植物生长有用的营养物质；植物叶片对尘埃有吸附和过滤作用，对放射性物质有阻挡和吸收过滤作用，再加上高大的树干和茂密的树冠可以减低风速，使空气中的尘埃随风速降低而沉降，从而增强叶片的吸附作用。

b) 杀菌：一方面，大片绿化植物可以阻挡气流，吸附尘埃，空气中附着于尘埃的微生物随之减少；另一方面，很多植物能分泌可杀灭细菌和病毒、真菌的挥发性物质，如桉树能杀灭结核杆菌和肺炎球菌，松、柏、樟、桧柏等树木常会分泌强烈芳香的植物杀菌素。

c) 通风防风：城市的带状绿地，如道路绿地及滨河绿地是城市的绿色通风走廊，能有效改变郊区的气流运动方向，使郊区空气流向城市。将乔木和灌木合理密植，也可以起到很好的防风作用。绿地不但能使风速降低，而且静风时间较未绿化的地区长。

d) 净化污水：许多陆生植物、水生或湿生植物都可以吸收水体中的污染物，杀灭细菌。

e) 防火：在城市绿地植物配置中，应用防火树种可以建立隔火带，阻止火势蔓延。常用防火树种有刺槐、银杏、大叶黄杨、女贞、五角枫等。

f) 水土保持：树木的树冠能够截留雨水，缓冲雨水对地面的冲刷，减少地表径流，同时植物根系能够疏理土壤，林地上厚而松的枯枝落叶层能够吸收水分，形成地下径流，加强水分下渗，对水土保持起到了很重要的作用。

g) 减弱噪声：植物枝叶对声波具有反射作用，能减弱噪声或阻止声波穿过。通常高大、枝叶密集的树种隔音效果较好，如雪松、桧柏、龙柏、水杉、垂柳、云杉、女贞等。

h) 增湿降温：植物可以通过叶面水分蒸腾作用增加小气候湿度。由于树木强大的蒸腾作用，使水汽增多，空气湿润，可使绿化区内湿度比非绿化区大10%～20%。同时，植物的枝叶形成浓荫覆地，能够直接遮挡来自太阳的辐射热和来自地面、墙面和其他相邻物体的反射热。城市绿化地段有强烈的蒸散作用，它可以消耗掉很大一部分太阳辐射能量，因而能使城市气温显著降低，高温持续时间明显缩短。据相关研究结果表明：绿化覆盖率与热岛强度成负相关，即绿化覆盖率越高，则热岛强度越低，当一个区域绿化覆盖率达到30%时，热岛强度开始较明显的减弱；绿化覆盖率大于50%时，热岛的缓解现象极其明显。

② 环境监测与指示

对环境中的一个因素或几个因素的综合作用具有指示效果的植物或植物群落被称为指示植物。指示植物按其指示的环境因素可以分为土壤指示植物、气候指示植物、矿物指示植物、环境污染指示植物、潜水指示植物。植物作为自然界生物链中的一环，它和周围的环境有着密切的联系，有的植物甚至能预测自然界的一些变化，并通过一定的形式表现出来。一些植物对周边环境的污染有着敏感的变化，如雪松遇到二氧化硫或氟化氢的危害，便会出现针叶发黄、变枯的现象；悬铃木、秋海棠对二氧化碳敏感。利用植物的这一特性，可以对空气状况进行辅助监测，既经济便利，又简单易行。

（2）美学功能

① 造景作用

植物自身具有良好的观赏展示效果，除了优美的形态与色彩，植物还能够体现和表达景观场所中的文化内涵及主观情感。

② 完善作用

植物通常作为配景出现在城市建筑的周围，其形态与体量与建筑形成互补，能够起到延长建筑轮廓线、软化建筑体量的作用，形成建筑与周围环境的自然过渡（图 4-1-5），达到协调、完善的景观效果。

图 4-1-5　建筑周围的植物配景

③ 统一作用

在景观视觉效果较为凌乱的情况下，一些相对分散且缺乏联系的景物可以利用成片或线状植物配置带来进行连接。通过适当的、整体性的植物配置，可以将环境中杂乱无章的景观元素在视觉上连接在一起，使之成为一个景观整体（图 4-1-6、图 4-1-7）。

图 4-1-6　杂乱无章的视觉效果

图 4-1-7　整体性较好的视觉效果

④ 强调作用

借助于植物截然不同的大小、形态、色彩、质感来突出或强调某些特殊的景物，可以将观赏者的注意力集中到适当的位置，使其更易被识别或辨明（图 4-1-8、图 4-1-9）。

图 4-1-8 强调建筑入口

图 4-1-9 突出高大植物前的雕塑

⑤ 软化作用

植物可以用在景观空间中软化或削弱形态过于呆板僵硬的人工化景物，被植物软化的空间，比没有植物的空间更富有人情味和吸引力。

⑥ 过渡作用

植物既可以减缓场地地面高差给人带来的视觉差异，又可强化地面的起伏形状，使之更有趣味。另外，深绿色可以让景物有后退的感觉，因此，可通过种植深浅不同的植物来拉伸和缩短相对的空间距离，制造适宜的景深视觉效果。

(3) 分隔与限定空间

植物本身的可塑性很强，可独立或与其他景观要素一起构成不同的空间类型。植物对于景观空间的划分可以应用在空间的各个层面上。在平面上，植物可作为地面材质，和铺装配合，共同暗示空间的划分；在此基础上，植物也可进行垂直空间的划分，如不同高度的绿篱可以形成空间的竖向围合界面，从而达到明确空间范围、增强领域感的作用；而高大乔木的树冠可以从垂直方向把景观视野分为树冠下和树冠上两个部分，形成不同的景观视觉效果。

另外，植物营造的软质空间可以起到控制交通流线的作用，利用植物去隔离人的视线，形成天然的屏障，在某些开阔的场所可以起到明确的交通导向作用。此外，植物还能配合水体、地形、建筑等其他景观要素，营造不同功能的游憩空间，以及形成景观空间序列和视线序列，从而构成丰富的城市景观。

(4) 遮蔽视线

植物遮蔽视线的作用建立在对人的视线分析的基础之上，适当地设置植物屏障，能阻碍和干扰人的视线，将不良景观遮蔽于视线之外；用一定数量、体量的植物围绕在主景周围，遮蔽掉周围无关的景物，形成一个景框，能很好地起到框景作用。一般来说，用高于人视线的植物来遮蔽其他景物，形象生动、构图自由，效果较为理想。此外，还需考虑季节变化，使用常绿植物能达到永久性的屏障作用。

(5) 私密性控制

这一作用与遮蔽的作用原理一样，但作用的对象不同。私密性控制就是将人的行为空间相对遮蔽起来，利用阻挡人们视线高度的植物，对明确的所限区域进行围合。其目的就是将特定空间与周围环境完全隔离，给人一种安全感和私密感。由于植物具有屏蔽视线的作用，因而围合空间的私密性程度，将直接受植物品种、大小以及位置的影响。一般来说，植物高度越高，枝叶密度越大，私密性越强。当然，植物本身并不是密不透风的，所以植物很难达到对私密性的绝对保护。

4.1.2.2 植物要素的运用原则

植物种类繁多，又各具特性，怎样才能合理地实现其诸多功能，同时又能展示出景观的多样性和复杂性是植物设计的难点。传统的园林植物运用法则是“四季常绿，三季有花，高低错落，疏密有致”，但在城市景观设计中还应遵循以下原则：

（1）符合植物的生态要求

选择当地的常见植物在城市景观中运用，不但强化了景观的地域特色，同时也给植物提供了一个良好的生存环境，因为本地植物对光照、土壤、水文、气候等环境因子都已适应，更易于养护管理。

所有的动植物和微生物对其生长的环境来说都是特定的，设计师不能仅凭审美喜好、经济因素等进行植物设计，还应当考虑到病虫害的防御、所需土壤的性质等因素，保持有效数量的乡土植物种群，尊重各种生态过程及自然的干扰，以此来形成生物群落，才能保持生态平衡。

根据当地城市的环境气候条件选择适合生长的植物种类，在漫长的植物栽培和应用观赏中形成具有地方特色的植物景观，并与当地的文化融为一体，甚至有些植物可能逐渐演化为一个国家或地区的象征，如荷兰郁金香、加拿大枫树、日本樱花都是极具地方特色的植物景观（图4-1-10、图4-1-11）。我国地域辽阔，气候迥异，园林植物栽培历史悠久，形成了丰富的地方性植物景观，例如北京的国槐、侧柏，深圳的叶子花，攀枝花的木棉，都具有浓郁的地方特色。这些特色植物种类能反映城市风貌，突出城市景观特色。

图4-1-10　风车和郁金香是荷兰的景观标志

图4-1-11　加拿大的枫叶大道

运用具有地方特色的植物营造植物景观，对弘扬本土文化和陶冶市民情操都具有重要意义，选取与自然生境最相适宜的植物或者最能反映地域特征的植物景观形式，换言之，就是把植物和环境放在一起共同展示，才能塑造有地域特征的植物景观。

（2）符合景观的功能性质要求

首先，植物的运用要符合整个景观环境的功能要求，搭配时要考虑其协调性。如居住类景观场所中，植物配置就应当考虑居民的需求，设置适合休憩的草坪以及遮阴的树木等；城市纪念性景观场所中，则应选择松柏等长青植物体现庄严肃穆与精神永存；规则式布局的景观场所中，植物最好对称、整齐的布置；而自然式形态的景观场所中，则要对其生态景观进行模拟，充分体现植物的自然美。

另外，还需要考虑植物的属性与景观场所的功能匹配性，例如在儿童经常玩耍的地方不能设计有刺的植物，尖形属性的植物，如雪松、鸢尾等，更不能设计具有毒性的植物；在人行道的两侧尽量不要种植表面有根系的植物，因为它们长长的根系能拱起路面，引起行人的不便；果实较多的植物非常容易使路面打滑，影响行走；长枝条的植物，如杨柳、迎春等，容易伤到行人的眼睛和脸部等。所以，要根据植物对土壤、空间等元素的要求，人对城市景观的要求和植物本身的属性相结合来设计城市中的植物景观，这样才能达到植物良好的生存状态，使城市的植物景观效果能够可持续发展。

（3）展现植物的观赏特性

每种植物都有其不可替代的观赏价值，因此要对其艺术地搭配和种植。考虑植物的季节特性，力求使丰富的植物形态和色彩随着季节变化交替出现。当然，这要建立在主次分明的基础上，以免产生视觉上的混乱。

可持续的植物景观设计，需要设计师掌握大量的植被、花卉等的种类、生长习性、年龄、花期、花色、生长状况和土壤温度、湿度、盐碱度等方面的知识，同时能够根据不同的景观要求去设计植物。由于植物是有生命的景观元素，在其生长的过程中需要阳光、空气、水、土壤和一定的空间，因此必须要合适地安排和种植，不仅仅要追求短期的景观效果，还要实现植物长期的生长和成才，才能够达到可持续的设计目标。

4.1.3 水体

"自古以来人类文明起先发源于水域地带，水哺育着地球上所有的生物，人类与水共生存，水蕴藏着城市的历史文明，人们在水源之滨发展起颇具人文气息的城市"，水的灵动带给城市无限活力与灵气。正因为人与水的这种依赖关系出现了人类亲水、敬水、爱水的情绪倾向，产生了以水文化闻名于世的诸多历史名城。

水是景观设计师最得力的工具之一，常常是整个设计的点睛之笔。水体的设计与处理的优劣与整个城市景观的环境生态以及优美程度直接相关。水具有很多特性，如可流动、可充实和附和空间、可引导空间、可产生丰富的变化、可产生特殊音效。将水应用于城市景观中，可以软化过于人工化的景观氛围，产生虚实对比的效果，丰富景观层次；依托水的有形处理，将自然界中的池沼、湖泊、溪涧、瀑布等形态引入园景，能给人以极生动的美妙幻想。水体"与周围的环境形成强烈的对比，它们有平坦的表面，但又不乏运动感，浅浅的波浪，细碎的音响。它们在风或暗流的作用下，不停地变换和游戏着，像人一样具有生命力和不同的性格。在风和雨的作用下，它会瞬间从平静祥和中苏醒过来，变得或活泼、或忧郁、或狂怒。它的情绪表达方式是如此的千变万化，在所有自然的景观元素中，恐怕只有天空能与之媲美"。

4.1.3.1 水体的分类

城市中的水资源是非常宝贵的，其可持续利用体现在河流自然的水循环过程、地下水的净化和利用、雨水的回收再利用等方面。从宏观层面看，城市景观中的水体主要包括自然水体和人工水体两种类型。

（1）自然水体

自然水体主要是指江河湖泊等大的水域，可作为城市生活用水的来源，在城市景观中具有很高的象征意义和生态价值。目前，越来越多的城市非常重视保护和恢复河流的自然形态，把河流的驳岸生态性作为城市自然水体净化的一个重要方面。生态河岸是指恢复后的自然河岸或具有自然河岸"可渗透性"的人工驳岸，它可以充分保证河岸与河流水体之间的水分交换和调节的功能，同时具有一定的抗洪强度。生态河岸对河流水文过程、生物过程还具有很多功能，例如：滞洪补枯、调节水位；增强水体自净作用；为水生生物提供栖息、繁衍的场所等。

（2）人工水体

人工水体是指在景观设计中，根据一定的功能需要，设置在特定位置的、或供人娱乐、或供人观赏的，并且具有不同形式美的人造水体景观。人工水体往往缺乏自然水体的生态性，在实现其功能价值的同时，却缺乏自我洁净能力，如果处理不当，容易形成污水，影响城市景观效果。

从基本形态上看，水体可分为静态水和动态水。当然，水体并没有绝对静止的，只是相对于动态水而言，流动速度相对较缓的湖泊、水塘、水池等中的水，一般被划分为静态水体。静水的特点是宁静、祥和、明朗，能够起到净化环境、划分空间、丰富环境色彩、烘托环境气氛以及暗示和象征的作用。静水的景观特质有以下三个方面：色彩——水本无色，但随着环境的变化和季节的更替，也会表现出变化无穷的色彩感，结合水自身的特质，具有朦胧通透的色彩；波纹——任何一种外来的力量，如风、雨或人力作用等，都会使静水呈现出涟漪或波浪，如在日光或月光下，更有波光粼粼的效果；光影——在光线的作用下，水面对物体会形成倒影、反射、投影等景观效果，充分利用这一点，可以丰富景观空间的层次感（图 4-1-12）。

图 4-1-12　四川九寨沟

借助于静态水体的开放性，可达到延展景观视角的效应；同时，静止的水面可倒映天空及周围景物，水的深度和水的表面色调还可营造出不同视觉效果的景观。静态的水体景观更易于营造出静谧、悠然的环境氛围，常给人以无限遐想。但是由于静态水体的流动性相对较差，需要以坚实的生态基底作为基础，以多样的水生植物和水生生物及菌类来形成生物链，保证水质的更替循环，才能形成一个可持续的净水系统。尤其是人工静水水体，其驳岸边的过渡性植物必须和周边环境中的植物相协调，注意不同物种之间的搭配和不同时期植物的观赏性，这样才能丰富静态水体的变化，达到可观赏、可持续相结合。

动态水体指水的运动状态，动态水体在城市景观中具有较高的审美情趣，因为动态水不仅仅具有色彩和质感的体验，还有声音和触觉的感受。动态水主要包括：

① 流水

流水包括河、溪、涧以及各类人工修建的流动水景，如运河、水渠等，多为连续的、有急缓深浅之分的带状水景。流水富有变化，水流的速度受地形地貌的影响，流量、流速是决定流水变化的主要因素。流动的水具有活力和动感，给人一种蓬勃欢快的心情。在城市景观设计中，设计师经常把流水引入设计中，借助溪流等形式来营造生动活泼的气氛，还可配以植物、山石，营造出闲适、优雅的意境，其蜿蜒的形态和流动的声响使景观环境富有个性与动感。

② 落水

落水是指从高处突然落下形成的水体。自然界中的落水主要有瀑布、叠水和水帘三种。其中以瀑布的景观感染力最强，可产生飞溅的水花和泼溅的声响。叠水由于水是沿一些台阶或坡面流下的，这些相对减缓了水的跌落速度，因而能够产生差异性较大的景观效果。水帘则是通过出水孔的刻意设计而产生出的特殊水景效果。落水一般是由于水体受地形条件的影响而产生高差跌落，受落水口、落水面的不同影响而呈现出丰富的下落形式，经人工设计的落水包括线落、布落、挂落、条落、层落、片落、云雨雾落、多级跌落、壁落等。不同的落水形式带来不同的心理感觉和视觉享受，时而潺潺细语、幽然而落，时而奔腾磅礴、呼啸而下，变化十分丰富（图 4-1-13）。

图 4-1-13　丽江玉水寨

③ 喷水

图 4-1-15　旧金山赫曼广场华伦寇特喷泉

喷水是指水由下而上形成的造景方式。利用压力，使水喷向空中，到一定高度后水受到地球引力的的作用而落下，从而形成的水体景观。水量和喷水的压力直接影响到喷水的高度。喷水可以分为壁泉、涌泉、间隙泉、旱地泉、跳泉、雾化喷泉等，都各自呈现不同的动态美。喷水还可加入音乐、灯光等元素，构成喷水景观，水姿也犹如喷珠吐玉、千姿百态，具有强烈的情感特征，常常成为城市景观设计组合中的视觉焦点（彩图 4-1-14、图 4-1-15）。

4.1.3.2　水体在景观设计中的作用

水本身是没有形状的，遇势而变，随器而形；水有时气势如虹，有时平静如镜。水的可塑性是无穷尽的，唯一受限制的是人的想象。

水景在设计上的应用范围很广，它可以依附空间的尺度，自由扩充高低和深浅，根据空间的变化引导人们的游览路线和视线，不同形式的水景给游人不一样的心理感受，或动或静，或跳跃或飞溅，丰富了空间变化，软化了人工化的景观效果，同时具有很强的生态效益。从古代的曲水流觞（图 4-1-16、图 4-1-17）到现代景观中的喷泉、水池，一直以来水景在景观设计中以其独特的魅力和姿态吸引着人们的驻足和留恋。

图 4-1-16　曲水流觞古画

图 4-1-17　兰亭的曲水流觞实景

水体在城市景观中的的作用可概括为以下几点：

(1) 基底背景作用

广阔的水面可开阔人们的视域，有衬托水畔和水中景观的基底作用。当水面面积不大时，水面仍可因其产生的倒影起到扩大和丰富空间的视觉和心理效果。

(2) 生态平衡功能

在大尺度的自然水体——湖岸、河流边界和湿地会形成多个动植物种群的栖息地，生态系统维持着生物链的平衡、多样和完整，为人类与自然的和谐共存奠定基础。虽然城市景观中一些小尺度的水景不具备宏观景观生态学所定义的生态意义，但是它们仍然对人居环境具有积极的作用：

① 防灾功能

水景最早被用于人居环境中就具有防灾的功能，到了现代在城市景观中的水景通常是位于人流活动比较密集的公共开放空间中。人们利用水景工程，能够有效的“蓄水”与“导水”，从而调节小区域内的水资源分配，对预防火灾有一定积极作用。

② 调节气候

在城市公共开放空间中，即使是小尺度的水景也能对增加空气湿度、调节局部小气候、改善一定区域的生态环境有比较明显的作用。在空气炎热、干燥的季节，水的蒸发和冷却可以有效降温增湿，从而提高景观空间的舒适度。

③ 维持生物多样性

滨水地区是地球上物种体系结构最复杂的地带，小尺度的人工水体同样也能为一些小动物如昆虫、两栖动物提供生境。所以小尺度的人工水景在高密度的城市公共空间中为维持生物多样性起着重要的作用。

④ 屏蔽噪声及污染

水声具有独特的魅力，当水在流动中遇到障碍物，或是从高处跌落，都会发出各种各样的音响。水声能够对景观环境内的噪声形成一定的掩蔽效果，具有安抚心灵的作用。另外，水景还能起到隔离城市交通带来的粉尘、废气等污染物的作用，创造出更为洁净、卫生的景观空间。

(3) 赋予感官享受

水可通过产生的景象和声音激发思维，使人产生联想。水的影像、声音、味道和触感都能给人的心理和生理带来愉悦感。对于大多数人来说，景观中的水都是其审美的视觉焦点，可以从中获得视觉、听觉和触觉的享受，甚至升华为对景观意境的追求与共鸣。

(4) 联结与引导作用

在景观设计中，水体可以作为联系全园景物的纽带，能起到组织空间、协调景物变化的作用。例如，扬州瘦西湖的带状水面延绵数千米，众多景物或临水而建，或三面环水，水体使全园景物逐渐展开，相互联系，形成有机整体。而苏州拙政园中的许多单体建筑或建筑组群都与水有不可分割的联系，水面将不同的建筑组合成为一个整体，起到统一的作用。在此基础上，适当的水景设计还能提示游览路线，给人以明确的行进方向感。

(5) 提升景观的互动和参与性

水体不仅仅给人以感官享受，在一些特定的水体形式中，人们能与水景产生互动，可以增强人对城市景观的体验。

随着时代的发展，现代生活节奏变得越来越快，人们渴望亲近自然、释放情感、缓解工作中身心压力的愿望越来越强烈。中国古代的曲水流觞就是人们参与嬉水的最为典型的例子，是古代一种高雅的文化娱乐活动。如今在城市景观的水景设计中，参与性和互动性的亲水景观越来越受到欢迎，人们可以以多种方式接触到水，用身体的各个部位感受水的亲切，水的气味、水雾、水温、声音等都直接刺激着人的感官系统，让人感到新奇与有趣，例如造浪嬉水池、跳泉、踩泉、旱式喷泉、音乐喷泉、水上漂流等，人们参与到这些亲水、嬉水活动中或兴奋、或惊险、或惬意，对舒缓工作和学习的紧张与压力有极大的帮助。因此，在保证安全的前提下，以各种形式拉近人与水的距离，是提升景观的互动性和参与性的有效方法(图 4-1-18～图 4-1-21)。

(6) 划分与割断空间

在景观设计中，尤其是一些场地尺度较为局促、紧张的景观场所中，为避免单调，不使游客产生过于平淡的感觉，常用水体将其分隔成不同主题风格的观赏空间，以此来拉长观赏路线，丰富观赏层次和内容。

图 4-1-18　沉入水中的亲水平台

图 4-1-19　广场中的戏水渠

图 4-1-20　不同的亲水方式

图 4-1-21　儿童与水景的互动

水体在具有划分空间作用的同时，还具有其他景观元素不具备的特点：在保证足够尺度的前提下，会完全隔断水体两岸的交通联系，只能通过特定位置的桥或汀步等设施才能到达对岸的空间；与此同时，水面并不会破坏地界面的视觉完整性，并能保证水面上的视线通透，甚至能够形成畅达的视觉廊道。水体的这种特性，在被隔断的景观空间中，形成了“可视而不可达”、“可望而不可即”的特殊效果。

这种特殊效果有助于人产生视觉和心理上的空间延续性。尤其当水体环绕于密集的建筑群时，能够柔化建筑立面与地面的冲突，甚至进而更好地衬托建筑的风格。当大面积的整体水面依托建筑形体时，水不仅能够柔化建筑界面与地面的交接，还能够起到托浮建筑的的作用，丰富了景观的空间层次，如果用同等面积的草坪作为替换，则很难达到相同的效果。利用水体能够映射倒影的特性，将水与建筑虚界面结合在一起，可以将人的视线引向整个建筑空间之外，既可以丰富空间的层次感，又能够体现建筑内外空间的整体感。同时，由于切断了人的交通可达性，保证了水面上开阔、旷达的视觉效果，可以进一步增强空间的扩大感和延续性，从而缓解了景观空间中场地局促、建筑密度大、人员密集的不利影响（图 4-1-22、图 4-1-23）。

博多水城是日本最成功的大型商业中心之一，它开创了日本综合 shopping mall 的全新理念和业态，项目占地面积为 3.44 万平方米，总建筑面积约为 22.3 万平方米；于 1996 年竣工，从取得土地到最终方案的完成和敲定，历时 18 年之久。

图 4-1-22　豫园密集的建筑和游人

图 4-1-23　利用水体扩大空间感

博多水城场地周边是曲线道路，设计师将所有沿街立面处理成与道路一致的弧线，在增加空间与面积的同时，最大限度地保持了与地块周边的和谐。由于拥有与流经市内的博多河相邻这种先天条件，博多水城能创造出人工的“滨水空间”。它圆弧状的室外中庭作为公共空间开辟了一条长约 180m 的人工河流，其中增建了富有魅力特色的水边空间，确保能看见整个设施，构成了一座环游性极高的场所（图 4-1-24）。中庭被划分为五个片区，分别设有中心舞台以及可供孩子们戏水的场地等，它以流水为背景，创造出物、人、信息相互交融的景观空间。

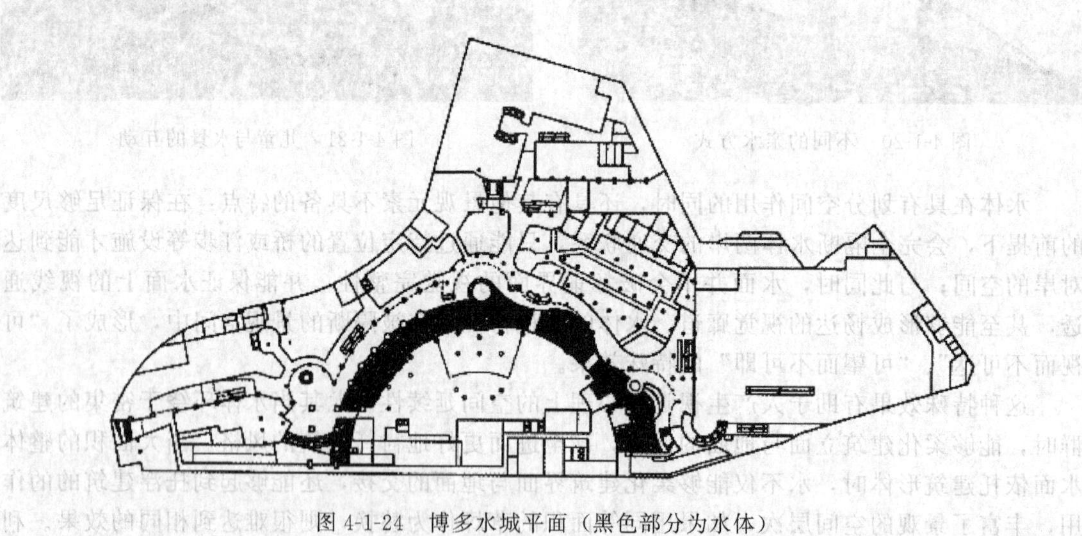

图 4-1-24　博多水城平面（黑色部分为水体）

博多水城的建筑密度很大，其空间的结构模式可以归为线形平面，所有的商业子空间大致沿一条线排列：包括一字形、弧线形与折线形，这种形式的流线比较单一，走向明确而具有连续性（图 4-1-25、图 4-1-26）。为了避免单调，有意识地设置了交叉、转弯、收放、弯曲等不同形态的空间节点，并考虑其上、下楼层的视觉联系效果，合理设置绿化、喷泉、休息座甚至表演或展示的场所，以增加景观的多样性（图 4-1-27、图 4-1-28）。将河流引入密集的建筑群，将柔软的水体与坚硬的建筑连成一体，既在形态上给人以变化，又在心理上给人以放松，创造了可体验性的商业景观场所。

图 4-1-25　博多水城建筑鸟瞰

图 4-1-26　博多水城内景鸟瞰

图 4-1-27　水上平台与空中连廊

图 4-1-28　自然景观元素与人工环境的结合

4.1.3.3　水体要素的设计原则

水体要素在城市景观中的的应用是一个亮点，同时也是一个难点，一般来说要注意以下几点：

(1) 合理定位水景的功能与形式

在对整个场地进行勘察的时候要明确水景的具体功能，应该结合当地的自然资源、历史文脉、经济因素等条件因地制宜地建造功能适宜的水景观。是供人观赏，还是供人游憩；是突出设计创意，还是保护生态环境为主，只有合理地定位后，才能依据相应的设计规范进行设计。同时，城市景观是一个整体，水体是整个景观的一部分，所以水景要与整个景观融为一体，水体应与场地内的建筑、环境与空间相协调，尽可能合理利用景观所在地的现有条件造出整体风格统一、富有地域性文化内涵的水体景观，而不是孤立地去设计水景。此外，初期投资费用以及后续管理费用也应结合水景的功能定位，给予合理安排。

（2）人工水景设计要考虑净化问题

人工式水景应用于景观时其实是“死水”，即不可自洁，循环水在长期使用的过程中难免会受到无机物、有机物、细菌与微生物及藻类的污染。这些污染有人类活动产生的，也有自然因素造成的，如果不及时处理并消毒可能会引起两方面的危害：一方面可能会毁坏水景的设备，如堵塞和腐蚀设备；另一方面细菌微生物的繁殖，很可能会传染疾病，危害人体的健康。因此，可根据具体的水景形式，通过安装循环装置或种植有净化作用的水生植物来解决，并且应对水体进行连续或定期的水质检测、消毒等措施，以便发现问题及时处理。

（3）高科技元素可以丰富水体的应用与表现形式

水景设计是一项多学科交叉的工程，它是一门集声、光、电与一体的综合技术。灯光可使水体拥有绚烂的色彩，一些电子设备可以使水纵向造型，音乐和音效的加入更强化了观者的心理愉悦程度。另外，对于一些有特殊需要的水体景观，例如在降低能耗的前提下，如何保持水在低温环境中不结冰，都需要创新性科技元素的应用。

（4）做好安全和防护措施

水能够导电，水深也是一个安全隐患，在水景设计时要根据功能合理地设计水体深度，妥善安放管线和设施，深水区要设置警示牌和护栏等切实有效的安全防护措施。另外，要做好防水层的设计，在一些寒冷的地方还要做好设施的防冻措施。

4.1.4 其他自然景观要素

除上述地形、植物、水体三种要素外，构成城市景观的自然要素还包括气候、地质、水文等诸多方面，由于本书篇幅所限，不再一一赘述，本小节仅简单阐述一下城市景观的质感与色彩要素。

4.1.4.1 质感要素

质感是指人们通过视觉或触觉对不同物态特质的感觉，是物体通过表面呈现、材料材质和几何尺寸传递给人的视觉和触觉对这个物体的感官判断。质感是由小的单位群集组合而成的界面效果，其肌理反映了界面的基本单位的组合秩序和样式。一切质感都是相对而言，距离会对质感产生巨大的影响，随着距离的变化，质感也会发生极大的变化。

质感可以分为自然的和人工的、触觉的和视觉的。有些事物的表面特征是自然存在的特质，称为天然质感，如水、草木、岩石、沙和土壤等。有些事物的表面特征是经过人为改造而呈现的，称为人工质感，如织物、陶瓷、玻璃、金属等。

不同的质感有不同的表达效果，光洁的质感给人以女性的、简单的、优雅的感觉，粗糙的质感给人以男性的、朴实的、粗犷的感觉。有些织物具有良好的触感，使人感觉舒适、柔软；有些质地富有视觉联想因素，如大理石、木材表面的纹理，利用它们能够创造出耐人品味的景观效果，含蓄而富于变化的纹理适合长期性的、日常性的视觉欣赏要求。

因此，在城市景观设计中应充分发挥事物固有的质感美，可根据具体的景观设计主题采用不同的设计手法。质感的调和可以是同一调和、相似调和或对比调和。另外，表现质感美要把设计隐藏于无形中，要使其看上去像是无意识的使用，更能达到出其不意的效果。

4.1.4.2 色彩要素

色彩是景观设计中最动人的视觉要素，通过色彩的变化，不但能引发人对景观形式美感的评价，还能让人产生心理共鸣或是主观联想。因此，色彩可以大大增加景观环境的表现力，对整个景观气氛起到强化和烘托的作用。色彩可以在形体上附加大量的信息，使环境的表达具有广泛的可能性和灵活性。

一个城市的色彩是城市文化发展的积淀，城市色彩往往带给人一种回归的亲切感和认同感，对于色彩的规划也是城市景观可持续发展的方向。每一个有性格的城市都应该拥有属于自己的色彩，来代表这个城市的文化和历史。在城市景观的设计上，需要对城市色彩进行筛选和定位，对城市建筑以及各种城市设施的色彩设计给予一定的倾向性指导，形成整体的色彩基调，统一融合城市的主要色调，体现出城市的文化历史脉络和城市本真个性。

色彩在环境表达中有以下作用：

(1) 强调气氛

色彩对景观气氛的强调与基调色有很大关系。基调色彩反映整个景观的基调，色相对比时，差别越大，色彩就越显得鲜艳夺目，表现的气氛越活泼；近似色使用时，则气氛含蓄、柔和。纯度对比使色彩鲜明、纯正；明暗对比可以使环境显得清晰、爽朗。

(2) 表达情感

其中冷暖感、远近感、轻重感在景观小品造型设计中具有广泛的实用意义。一般来说，红色、黄色给人以温暖的感觉，青紫、蓝色给人以寒冷的感觉；暖色有接近感，冷色有远离感。由于色彩的远近感差别，同一平面上的不同色彩可以在感觉上有远近的区别，形成不同的空间层次：亮色显得近，暗色显得远；彩度高的色显得近，彩度低的色显得远；明度越低，给人的感觉越重。

(3) 区分识别

色彩之间本来由于色相的不同易于被人们区分和识别，应用于城市景观中，可以传达多种信息，如区分功能、区分部位、区分材料等，给人以清晰、深刻的印象。

(4) 强调重点

对特别的部位或景物施加与其他部分不同的色彩，可以使该部分由背景转化为被观赏的主要对象，从而得到强调的效果。对比色的使用更能加强强调的效果。

(5) 装饰美化

根据具体的景观需要对事物辅以色彩可提升其装饰和美化环境的效果。

4.2 人工景观要素

构成城市景观的人工要素主要包括建筑、铺装、景观小品、服务设施等“人为建造”的基本景观单元，与自然景观要素一样，它们都是属于物质层面的，人们可以通过眼、耳、鼻、舌等感觉器官感知到它们的“客观实在性”；并且，它们都具有一定的具体表现形态，都是依赖于人的参与、改变或创造而形成的。

4.2.1 建筑

本小节的“建筑”并非单指传统认知中的园林建筑，而是指在城市环境中为居民提供居住、餐饮、娱乐等各种单一或综合使用功能的城市建筑，尤其是作为城市“新地标”，与城市空间高度融合的景观建筑。

城市中的建筑和城市中的景观空间相辅相成、互为依托，城市空间通过建筑来界定，建筑通过城市空间来连接。可以说，任何建筑都根植于其自身特定的环境、场景，因此而生、随此而长，所以好的建筑应该具有既定环境的特质，并促进城市环境的互融共生。随着城市化的不断推进，人们对生存环境的要求不断提高，建筑的发展开始走向景观化，建筑设计已经不是传统意义上独立的建筑设计，而是讲究与环境的协调，把建筑看作环境的一个部分，作为城市环境中的一个景观元素。城市中的建筑如果缺乏了与环境的过渡与协调，最终将会形成对其所属环境的一种背离状态和一种拒人千里之外的姿态而游离于城市景观的整体环境之外。

4.2.1.1 景观建筑的概念

在本小节中的“景观建筑”是指城市景观视角下的建筑，特别是那些形象突出、地域特征鲜明的建筑物，以及与室外空间和周围环境结合紧密的建筑单体或群体。标志性景观建筑是城市中的点睛之笔，以其实体承载了城市历史的、文化的、象征的丰富内涵，是构成城市景观特色的重要元素。

一个城市，尤其是具有深厚历史文化的城市，应该要注意保护和创造其自身建筑文脉延续中的标志性景观建筑。在城市景观控制中，将其纳入城市的大系统中去，注意其相互之间以及与城市的关系，既要保护，又要更新和发展。

根据景观建筑的成因和特色，景观建筑大致可归为以下几类：

① 由特定文化内涵意义而成为景观点：具有特定文化意义的城市景观建筑是城市特色构成的重要组成部分。城市的文化积淀越丰富，则这类建筑就越多，它体现着城市的历史延续和时空发展的延伸，这类建筑以纪念性建筑居多。

② 因别致的造型形态而成为景观点：艺术的感染力向来是很多建筑的深层内涵的高层次体现，设计精妙、构思奇巧、造型独特的建筑可以烘托城市的文化气氛，是城市景观的重要组成部分。

③ 因其高度而成为景观点：并不是所有的建筑物、构筑物都能成为景观点，因高度而成为城市标志的建筑物、构筑物应占据城市重要的位置，对城市整体景观秩序有巨大的影响。

绝大多数的景观建筑，本身都具有较强的实用功能，同时造型设计、立意等方面也极具特色，作为环境中极为抢眼的视觉主角，起到烘托气氛、点染环境的作用。除此之外，也有一些景观建筑的精神功能大大地超越了物质功能，其特点是对环境贡献较大，通常会成为城市的地标性建筑。

一般来说，景观建筑具有以下几个特点：

① 景观建筑往往有良好的景观效应或是景观辐射作用，它能够影响并组织周边环境，形成具有特色的城市氛围。城市景观是实体环境通过人的视觉等多重感官作用所反映出的良好的城市形象，一般由优美的自然环境，大量的背景建筑和突出的景观建筑所组成，景观建筑在这个环境中引导着人的视觉感受，起着统领城市景观的作用。

② 景观建筑自身形态优美，室内外环境优良，设计质量高，因此大多数的景观建筑体现了对人们心理、生理上的关怀，体现了对生态环境的尊重，满足了人们对环境美的需求。

③ 景观建筑因其自身特征显著，具有明显的可识别性，往往能够成为一个区域乃至整个城市的地标。一组景观建筑更能形成一种有序列的标志系列，有助于人们对城市形象的记忆和识别，突出城市的特色。

通过上述的分析，可以总结出：景观建筑是城市景观中的一部分，从属于整个城市景观系统，同时其本身也具有相对的独立意义，它是从城市大环境背景中分离出来的具有一定功能、含义的空间及实体。景观建筑在形成建筑自身的良好景观的同时，又是整体环境中的一部分。景观与建筑是等同的，不仅是意义上的，而且是形式上与内容上的。

“建筑仅仅是环境的一个部分，建筑美从整体上说是服从于周围环境的”。建筑作为稳定的不可移动的具体形象，总是要借助于周围环境恰当而和谐的布局才能获得完美的造型表现。建筑与周围环境的结合，不仅反映了人与自然的和谐关系，而且造就了丰富多彩的地域景观。虽然现代资讯共享带来人们生活方式、审美取向的日渐趋同，使建筑风格的同化现象不可避免，但迥异的建筑室内外景观却为城市面貌带来迥然不同的人文视觉景观，这种不易消融的特点使其成为一座城市最不易磨灭的印记。

4.2.1.2 构筑景观建筑的手法

(1) 突出地标建筑——形成最具标识性的城市景观

地标建筑是地标景观重要的构成要素。地标景观是代表或象征某一地域或场所显著的景观要素，而具有标志性的建筑物往往起着地标景观的作用。地标建筑不仅仅代表区域或者城市的主要意象，更能凭借其自身的魅力对周围环境有一定的辐射影响作用。地标建筑的显性标识性是它的外在形式、体量等具有视觉价值的物质要素，而隐性标识性则是蕴涵其中的象征性，包括文化特质和独特的地域风格。城市中的地标建筑一般是形态极为独特、具有极强标识性的建筑，或是具有深厚历史文化积淀的、或者具有特别纪念意义的建筑物（图 4-2-1、图 4-2-2）。

图 4-2-1 国家大剧院

图 4-2-2 悉尼歌剧院

(2) 弱化建筑的视觉体量——对原有地形的最大尊重，与场地环境更好地融合

与尺度巨大的环境相比，弱化是低调的：建筑不是视觉焦点，而是与背景环境融为一体。如果说通常意义下的建筑注重形式上的实体，那么弱化建筑则是对建筑形体的逆转，建筑的造型被“抹掉”或“削弱”了，但是人们对建筑空间的体验仍然存在，所以，“弱化”是试图用现象的建筑来取代以往造型的建筑。

① 覆土建筑 早期的覆土建筑在形态操作上的考虑是朴素而直接的——通过挖入土地或用泥土掩埋而消除人工营造的痕迹，尽可能地复原场地自然原始的状态，这种处理手法由于具有比较广泛的适用性而一直沿用至今（彩图 4-2-3～图 4-2-8），可以说，它是对原有地形及环境的最大尊重。随着建筑技术和设计理念的不断更新与发展，覆土建筑的概念内涵更为广泛，对于地表的操作也复杂许多——将地面视为一层（或是多层）可以被任意改变的柔性表皮，它可以被隆起、掀开、扭曲、翻折乃至重构。而这些操作更多时候并非去实际改变原有的土地，而是通过与地面连为一体的大尺度、整体性的屋顶形态的变化而达成，从而具有了概念化和人工化的特质（图 4-2-9～图 4-2-16）。事实上，这样的操作是基于对“地表/屋顶”这一对相对概念的有意混淆、模糊、反转和互逆，这种形态操作往往伴随着屋顶的可达性，从而确立起建筑与景观双重意义上的整合：一方面是形态上的融合，建筑形体似乎被置于隆起的地表之下；另一方面是景观空间的连续性，地表的空间界域不再被建筑形体所打断。二者相互驱动，互为因果。

图 4-2-4 卢浮宫扩建工程地上玻璃金字塔的入口

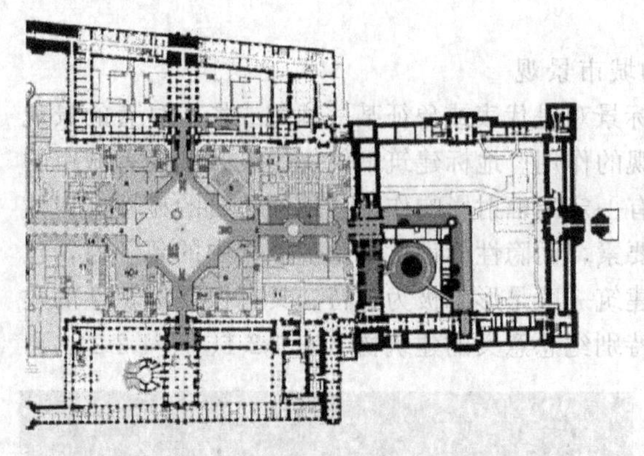

图 4-2-5　卢浮宫扩建工程的地下部分

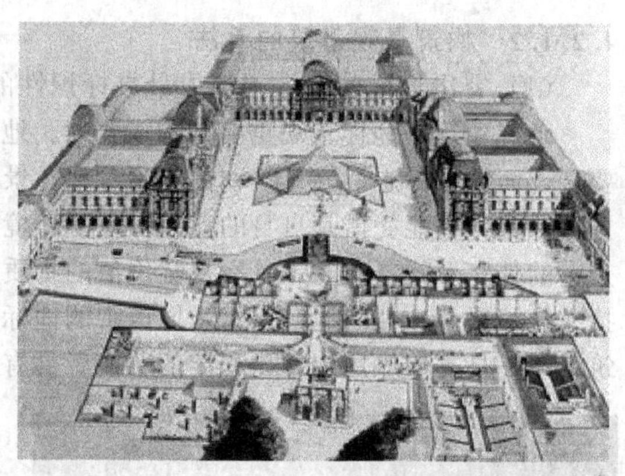

图 4-2-6　扩建工程的主体空间在广场地下

图 4-2-7　玻璃金字塔所在广场的地下建筑空间

图 4-2-8　透过玻璃金字塔看卢浮宫

图 4-2-9　首尔梨花女子大学教学楼——校园中的峡谷

图 4-2-10　从坡道一侧看屋顶花园与“峡谷”

图 4-2-11　“峡谷”一端的台阶

图 4-2-12　“峡谷”另一端的坡道

图 4-2-13　亚德瓦谢姆纪念馆鸟瞰

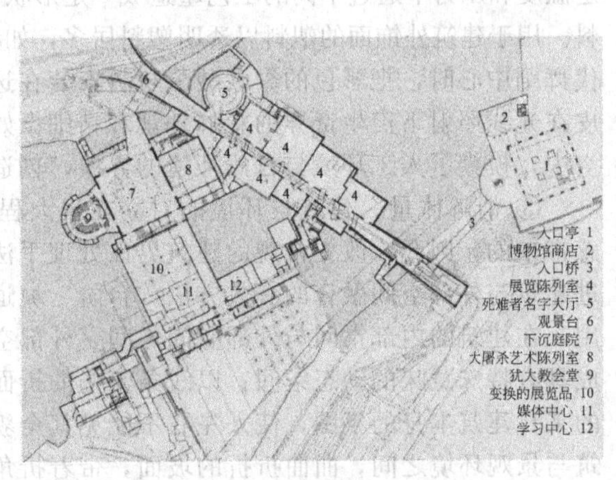

图 4-2-14　亚德瓦谢姆纪念馆平面图

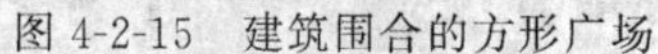

图 4-2-15　建筑围合的方形广场

图 4-2-16　广场的氛围与建筑主题的呼应

② 虚化立面　玻璃作为建筑的外围护材料是现代主义建筑之后才大量出现的。这种材料的两个主要特点跟水体有类似之处：通透性和反射性。尤其是随着建筑材料技术的不断发展，各种各样不同属性的玻璃被广泛应用到建筑与景观设计之中，其色彩、形态、质感越来越丰富，光线透过率、反射率、辐射率及传热系数等基本参数的变化也使得玻璃更加符合高科技、生态化的建筑发展趋势。玻璃可以使建筑实体具有轻灵剔透的效果，同时，还能够不同程度地在表面反射出周围的环境景物，这并不仅仅是让建筑"透明"而使其融入环境，更为重要的是要使建筑与其外部空间连续起来，包括视觉上的连续和行动上的连续，让环境和建筑主体切实地结合起来，这样建筑才是真正的"被弱化"甚至"消失"，而人对空间的感知和体验却并没有被弱化，甚至是更为突出了。玻璃的这种独特属性，在它与水体结合运用时，获得的效果更加灵动、丰富、变化多端，这样的设计实例在本书前文中出现很多，在这里就不一一列举了。

此外，随着建筑表皮材料的种类越来越丰富，各类与玻璃具有某种相似属性的材料也被大量应用，例如铝、钢、铜以及它们的合金等金属材料，聚碳酸酯（简称 PC）、乙烯-四氟乙烯共聚物（简称 ETFE）等各种塑料材料。金属表皮材料形式众多、色彩丰富、易于延展成型，能够表现出各种复杂的立体造型、纹理及质感的效果，以适应不同的建筑设计要求，易于表现现代建筑的精致和优雅，同时，其多样化的处理方式使建筑与环境的融合，与玻璃产生的效果有异曲同工之妙（图 4-2-17）。塑料是以有机聚合物为主要成分，添加一定的其他材料，在一定温度和压力下通过不同的工艺塑造成一定形状，并能在常温下保持既定形状的高分子有机材料。用于建筑外饰面的塑料以透明塑料居多，如赫尔佐格与德·梅隆在设计伦敦近郊的拉班现代舞蹈中心时，把彩色的聚碳酸酯材料安装在透明或半透明玻璃墙的外层，所形成的建筑表皮在光线照射下产生奇异的彩虹外观和精细微妙的色彩变化，简单的体量有时似乎消失于天空中，模糊了人工环境与自然环境的界线，创造出一种梦幻般的效果（图 4-2-18）。

③ 消解体量　建筑与环境的对立在很大程度上是由建筑客观存在于视觉中的三维体量感带来的，因此，改变常规的建筑界面处理手法，使其体量感尽量"消解"于环境中，是促进建筑与外部空间融合的有效方法。台阶、坡道等元素对建筑单体或群体的流线起到导向作用，在建筑的内部空间与外部空间之间、外部空间与外部空间之间，引发特殊的动态性，形成具有特殊意味的动态空间；以线条流畅的折面或曲面代替常规的平面，营造一种平和温柔的来自建筑本身的氛围，使人左右不能见其全貌，在不经意间，将建筑悄悄藏起。在人、建筑与景观环境之间，曲曲折折的坡面，带着折角的顶面，轻柔起伏的小径和尽情舒展的阶梯与平台，不禁让人忘记建筑从哪里开始，在哪里终了（图 4-2-19～图 4-2-22）。

图 4-2-17　哈尔滨大剧院

图 4-2-18　伦敦拉班现代舞蹈中心

图 4-2-19　横滨国际客运中心总体鸟瞰

图 4-2-20　客运中心的主入口

图 4-2-21　坡道与曲面

图 4-2-22　台阶与折面

④ 底层架空　高层建筑或大型建筑极具视觉冲击力的体量感，对于城市景观的群体轮廓可能是一种良性贡献，但对于其周边的人或环境则不可避免地会产生视觉和心理上的压迫感。因此，利用底层部分架空的方式，使与地面接近的建筑界面打破呆板僵硬的线性封闭，借用城市外部空间的各种景观要素，将周边环境引入建筑实体内部，形成自然无痕迹的过渡，共同形成有活力的景观建筑，从而在近人尺度上缓解了建筑的这种体量压迫感，同时又没有破坏其对沿街建筑轮廓线或城市天际线的参与和贡献（图 4-2-23～图 4-2-26）。

图 4-2-23　新加坡派乐雅酒店

图 4-2-24　建筑总体模型

图 4-2-25　底层架空的局部

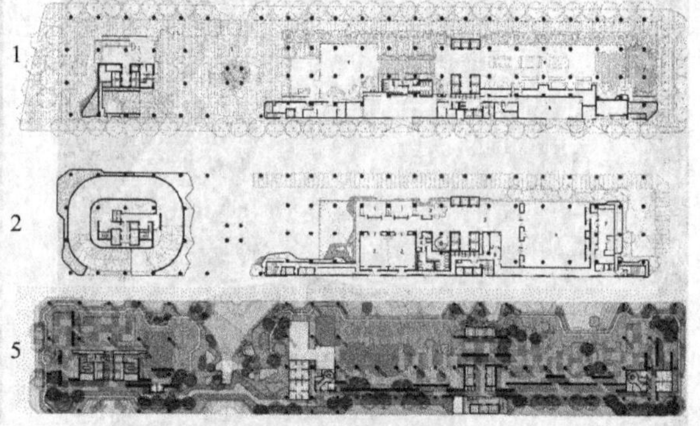

图 4-2-26　建筑裙房主要楼层平面图

（3）模拟自然——让绿色环境真实的再现

将绿色植物直接用来装饰建筑立面或屋面并不是现代建筑的主流，但作为对景观建筑探索的一个途径或许对设计有所启示。直接将绿色植物置于建筑物外表皮听起来似乎是一种对现代建造技术的消极对抗，而事实上是用最直接的体验把人们带回到自然之中。绿色植物的应用已经从纯粹的装饰性过渡到一些建筑物的外观上（图 4-2-27～图 4-2-30）。

马德里 CaixaForum 博物馆入口广场相邻建筑的墙上，打造了一座高达 24m 的美丽的“垂直花园”，几百种不同类型的植物形成了一幅以绿色为基调的艺术画，与 Caixa Forum 建筑上的暗红锈铁形成强烈对比，将相邻建筑成功地隐匿在城市传统的街巷之中，使路人的目光更专注于这座由 1899 年的发电厂改建而成的博物馆，更为整条大街注入了绿意与活力。同时，由于植物特有的生态属性，这面“垂直花园”处于动态的变化之中，随着植物种类、色彩、形态的不断变化，绿墙也呈现出质感、构图与视觉效果上的差异（图 4-2-31、图 4-2-32）。

图 4-2-27　垂直绿化代替建筑立面

图 4-2-28　校园建筑的墙面绿化改造

图 4-2-29　建筑的屋顶绿化

图 4-2-30　高层建筑的垂直绿化

图 4-2-31　外墙上美丽的垂直花园

图 4-2-32　植物生长带来的景观变化

(4) 构筑城市天际线——表达城市美轮美奂的魅力

城市天际线可以说是城市景观中最具震撼力和感染力的一种要素，它是以天空为背景，由城市中的建筑群或其他高大的竖向物体所构成的轮廓或剪影，它以自己独特的形态展示着城市的文化魅力（图 4-2-33)。城市天际线是不同时代历史变迁的结果，它的形成和变化主要由于地理特征、建筑形态以及历史人文等因素的动态作用过程的结果，是城市生活事实的物质反映，是城市景观地域性标识的主要体现。

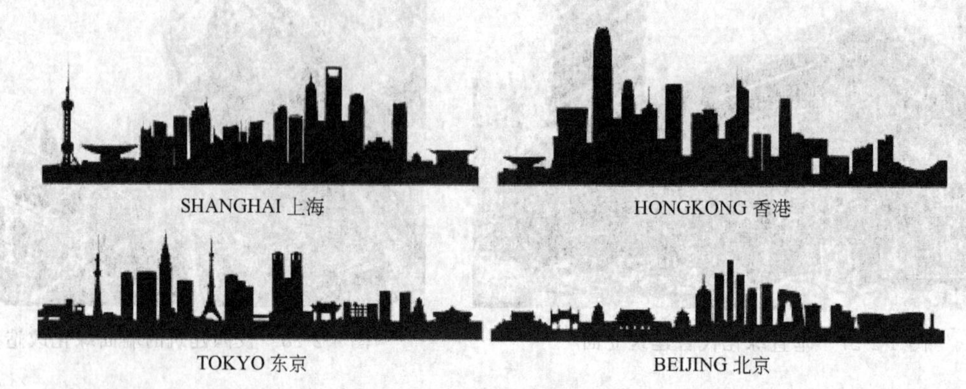

图 4-2-33 不同城市的天际轮廓线

保护好一座城市的文化也需要保护好城市的天际线，除了对产生特色天际线建筑本身的保护与营造外，更需要控制相关建筑群体的高度、形态、体量及其组合关系。“城市是记忆的艺术”，但它的美丽不是亘古不变的，为了使这份美丽继续传承下去，需要建筑设计师认真地、克制地、负责任地对待他的每一个作品。

4.2.2 铺装

铺装是指室外景观环境中单一的或者形态、色彩等各异的几种材料组合在一起，存在于地面最顶层的硬质铺地。铺装区域的主要作用是为车辆或行人提供一个安全的、硬质的、干燥的、美观的承载界面，并与建筑、植物、水体等元素共同构成景观，因此，铺装是景观环境的重要组成部分。铺装的设计手法随景观环境的变化而变化，能较好地烘托城市景观氛围。

4.2.2.1 铺装的功能

城市景观中铺装的功能包括两个方面：一方面是它的物质功能，另一方面是它的精神功能，前者是实现后者的前提，二者密不可分。

（1）铺装的物质功能

物质功能是铺装设计发展至今最为重要和最为基本的功能，失去了物质功能，铺装也就没有存在的意义了。

① 承载交通的能力　铺装作为一种硬质地面形式存在，其最基本的作用就是为行人和车辆提供一个安全、舒适的通行环境，安全性与舒适性是其交通功能中应首先考虑的问题。交通功能对铺装的基本要求是要考虑防滑和坚固的需求，要能应对所有自然因素造成的破坏，还要应对车辆荷载可能导致的铺装下沉或断裂的危险。另外，铺装还要具有超强的稳定性，遇到寒冷、炎热等天气时能够具备抗老化、抗磨损的特性；作为车行交通枢纽的铺装，还应该具备比较好的摩擦力跟平整度，以保证行车的安全感和舒适感。

② 限定和划分空间　铺装景观通常还用来划分空间内部不同功能或不同环境区域的边界，使整个景观空间更加容易被识别。通过铺装材料或样式的变化形成空间界线，在人的心理上产生不同暗示，达到空间限定及功能变化的效果。两个不同功能的活动空间往往采用不同的铺装材料（图 4-2-34），或者即使使用同一种材料，也采用不同的铺装样式。用铺装来划分空间区域，可以减少围栏等对人们造成的视觉困扰，同时也避免了大面积单一铺装样式的单调性。

③ 统一或强调空间　城市景观中空间区域的功能是非常复杂、多样的，铺装可以将这

些复杂的空间环境串联在一起：相同的铺装会让人们感觉到大环境的统一和有序；与相邻空间不同的铺装能够达到强调、突出所在空间的作用。

④ 引导视线或空间的方向性　由周围向内收敛、具有向心倾向的铺装会将人的视觉焦点引向铺装图案的圆心位置；当地面铺装的总体构形有方向性，并且内部的铺装细部也突出强调这种方向，就会明显体现出空间的视觉或方向导向性。铺装的这种作用既可以用来引导观赏者的视线，也可以引导它们在景观中的行进方向，明确空间的观赏视线或交通方向。当然，通过铺装的图案、色彩、组合形式等的变化，可以形成直接明确的引导，也可以形成含蓄暗示性的引导，这取决于景观功能与氛围的实际需要。

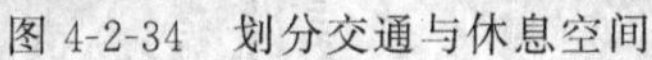

图 4-2-34　划分交通与休息空间

图 4-2-35　在交通路线中插入休息空间

⑤ 控制游览节奏　铺装可通过图案、尺度等的变化来划分空间，界定空间与空间的边界，控制人们在各空间中的活动类型、活动节奏和尺度，从而达到控制游览节奏的目的。在设计中，经常采用直线形的线条或有序列的点暗示空间结构，引导游人前进；在需要游人驻足停留的静态场所，则惯于采用稳定性或无方向性的铺装，再配合相对放大的空间尺度（图 4-2-35）；当需要引导游人关注某一重要的景点之时，则采用聚向景点方向的走向的铺装。

⑥ 调节尺度的功能　景观空间的尺度感没有绝对的标准，主要依靠人们经验的判断和心理的量度。通常铺装纹样的复杂化能够使整个空间的尺度看起来缩小，而简单的铺装纹样一般使整个空间尺度看起来很大。另外，通过铺装线条的变化，可以调节空间感：平行于主体空间方向的铺装线条能够强化其纵深感，使空间产生狭长的视觉效果（图 4-2-36）；垂直于主体空间方向的铺装线条能够削弱其纵深感，强调宽度方向上的景物（图 4-2-37）。从铺装材料的大小、纹样、色彩和质感的对比上，不但可以把控整个空间尺度，还能够丰富空间中景观的层次性，使整个景观更具有立体效果。合理利用这一功能可以在视觉上调整空间给人带来的心理尺度感，在视觉上使小空间变大，浅、窄的空间变得幽深、宽阔。

⑦ 隔离保护的功能　在城市公共空间中，有许多景观设施是不许人们靠近或践踏的，如果利用铺装作为限制的话，可以起到提醒行人绕行的目的，甚至铺装可以配合其他公共设施来起到相应的作用，这样既起到了保护环境的作用，又能够使整个城市空间显得更有秩序感和艺术感（图 4-2-38）。

⑧ 提醒、警示的功能　在学校、居住区或大型公共建筑等地段，车行道路上都铺有减速带或其他形式的铺装，提醒过往车辆降低车速，保证行人安全。另外，一些商业店铺或者私人住宅门前区域的强调性铺装也能起到提醒注意的作用，表明从公共空间到专有空间属性的变化，暗示经过者绕行。

图 4-2-36 平行于主体空间方向的铺装线条

图 4-2-37 垂直于主体空间方向的铺装线条

⑨ 其他功能　铺装的其他物质功能还包括生态保护功能、保健功能等。如透水砖、土石等铺地材料的运用，使雨水可渗入土壤，可在一定程度上减少不透水的硬质地面对地下水的负面影响，缓解城市热岛效应；一些废弃的瓦片、石块等，可回收用作铺地材料，减轻环境负担，具有一定的生态效益；用卵石铺砌的散步道，具有一定的保健功能等（图 4-2-39）。

图 4-2-38 将种植区域隔离

图 4-2-39 卵石散步道

(2) 铺装的精神功能

① 满足心理层面的主观审美需求　在满足功能实用性的前提下，还应重视铺装的美化效果。适宜的铺装材料精心组合在一起，本身即可成为一道亮丽的风景，创造赏心悦目的景观，表达或明快活泼、或沉静稳重、或从容自在的空间氛围，既能满足人们的审美需求，使人产生心理愉悦感，又能提升景观环境的品质（图 4-2-40、图 4-2-41）。

图 4-2-40 富有美感的铺装形式

图 4-2-41 几何化构图的铺装

② 表达人文层面的景观意境与主题　良好的景观铺装对空间往往能起到烘托、补充或诠释主题的增彩作用，利用铺装图案强化意境，是设计中常用的手法之一。这类铺装使用文字、图形、特殊材料或符号等来传达空间主题，加深意境；同时，通过地方形式要素的提取，文脉的强化，增强景观的个性化、辨识度，使人与景观之间建立起情感上的认同与共鸣（图 4-2-42、图 4-2-43）。

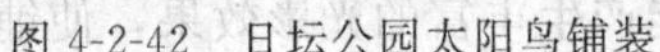
图 4-2-42　日坛公园太阳鸟铺装

图 4-2-43　印象四合院的青砖铺装

大多数人都会有这样一种倾向，认为景观铺装从根本上来说是功能性的，其物质层面的作用更受重视。实际上，铺装设计作为景观设计的重要一环，其成功与否，不仅需要它满足物质层面的功能要求，精神层面的功能也至关重要。二者是相互依存、相互促进的关系，只有被赋予一定精神内涵、并具有合理功能性的铺装设计，其景观效果才能更稳定、更长久，更能吸引游人积极探索个中韵味。

4.2.2.2　铺装的基本表现要素

铺装材料总体来说可以分为以下几类——松软铺装材料：如砂石、卵石、砾石等；条、块状铺装材料：砖、石板、花岗岩、木材等；黏性铺装材料：混凝土、沥青等；其他铺装材料：玻璃、陶瓷碎片、废钢材等一些回收利用的材料等等。无论哪种材质的铺装，其设计基本要素主要包括以下几个方面：

① 质感　铺装材料的质感与形状、色彩一样，会给人们传递出信息，是以触觉和视觉来传达的，当人们触摸材料的时候，质感带给人们的感受比视觉的传达更加直接。铺装材料的外观质感大致可以分为粗犷与细腻、粗糙与光洁、坚硬与柔软、温暖与寒冷、华丽与朴素、厚重与轻薄、清澈与混沌、透明与不透明等。铺装的质感设计需要考虑的问题包括：不同质感材料的调和、过渡；材料质感与空间尺度的协调；质感与色彩的均衡关系等问题。

② 色彩　色彩作为城市铺装景观中最重要的元素之一，是影响铺装景观整体效果的重要组成部分。铺装色彩运用的是否合理，也是体现空间环境的魅力所在之处。铺装的色彩大多数情况下是整个景观环境的背景，作为背景的景观铺装材料的色彩必须是沉着的，它们应稳重而不沉闷，鲜明而不俗气。铺装设计一般不采用过于鲜艳的色彩，一方面，长时间处于鲜艳的色彩环境中容易让人产生视觉疲劳；另一方面，彩色铺装材料一般容易老化、褪色，这样将会显得残旧，影响景观质量。色彩的搭配包括两个方面：一是指不同铺装种类之间色彩的搭配，二是铺装的整体格调与周边环境色彩趋向的和谐。色彩分冷暖色调，冷色调给人的感觉是清新、明快，暖色调则带给人们热烈、活泼的气息。把握住环境的主格调，是合理利用铺装色彩的前提。

③ 构型　构型是铺装具有装饰、美化效果的基本要素，几乎伴随着铺装的产生就开始

使用。将铺装材料铺设成各种简单或复杂的形状可以加强地面视觉效果，还对功能性有一定的帮助，例如前文所述，地面铺设成平行的线条，可以强化方向感。另外，通过构型的点、线、面的巧妙组合，可以传达给人们各种各样的空间感受，或宁静、高雅，或粗犷、奔放等。

④ 纹样　纹样也是铺装具有装饰、美化效果的基本要素，铺装纹样必须符合景观环境的主题或意境表达。中国传统铺装中，精美的铺装纹样比比皆是；随着景观设计的发展，地面铺装也形成了大量约定俗成的图案引起人们的某种联想——波浪形的流线，让人们仿佛看到河流、海洋；以动植物为原型的铺地图案，又总会让人觉得栩栩如生；某些图案的组合，还能带给人节奏感与韵律感，好似跳动着的音符。同时，个性化、创造性的铺装图案越来越多，这些铺装图案的使用必须结合特定的环境，才能表达出其自身所蕴涵着的深层次意蕴。

⑤ 尺度　铺装景观中对尺度的把控非常重要，尺度如果不合适，将对整体空间的氛围产生破坏，严重时甚至会使人们出现混乱感。通常，面积较大的空间要采用尺度较大的铺装材料，以表现整体的统一、大气；而面积较小的空间则要选用尺度较小的铺装材料，以此来刻画空间的精致。也就是说同种材料、同种构型的铺装，其尺度的大小，影响着人对环境尺度的感知，甚至决定了景观使用者对它的审美判断。

⑥ 光影效果　中国古典园林里通常用不同颜色的砂砾、石片等按不同方向排列，或是用不同条纹和沟槽的混凝土砖铺砌，在阳光的照射下都能产生丰富的光影效果，使铺装更具立体感；同时还能减少地面反光、增强抗滑性。

在城市景观的铺装设计中，首先应把它理解为景观环境中的一个有机组成部分，要考虑与其他景观要素的相互作用，根据不同的铺装整体结构方式形成不同的结构秩序，表现出不同性质的环境特征。同时，从总体指导思想到细部处理手法，铺装设计均应遵循人的视觉特点和心理需求，要考虑到空间功能的多样性，让铺装能满足不同空间和不同人群的多样需求，能够为不同个体、社群生活提供进行多种自由选择空间的可能性。此外，景观空间中的铺装在时间历史范畴中也具有多样性的特征，不同历史时期的事件在此浓缩、积淀、延续和发展。因此，铺装设计必须有机结合新旧元素，才能创造具有多层面功能、多样化历史意义的景观空间环境。

4.2.3　景观设施

英国著名建筑师和城市规划家F·吉伯德曾经说过：“我们说城市应该是美的，这不仅仅意味着应该有一些美好的公园、高级的公共建筑，而是说城市的整个环境乃至最琐碎的细部都应该是美的。”“琐碎的细部”是与人们日常生活关系最为密切的部分，如果把城市看作是一个容纳人们活动的容器，那么这些“琐碎的”的城市景观设施则是连接人与容器的纽带，是城市景观中非常活跃的要素。

4.2.3.1　概念与分类

在日常生活中，景观设施为人们提供服务和便利，常常出现在公共绿地、广场、道路和休憩空间中，不但能满足人们的使用需求，还能愉悦人们的感官世界。通过与人的和谐相处，景观设施使得城市空间变得更加适宜人的活动，从而加强了人与环境之间的沟通，促进了城市与人的共生关系，可以说：景观设施的质量与城市景观综合质量直接相关，景观设施是组成城市景观的重要因素，是城市名片的重要载体。

景观设施的设计是多种设计学科相结合的结果，除了景观设计以外，工造、平面、雕塑等的理论与创作也使用其中。它们既要满足自身使用功能要求，又要满足景观造景的要求，以求与自然融成一体。在整个景观空间营造上虽然不如界面要素那么突出，但在营造景观气氛上却有画龙点睛的作用。因此，在任何情况下，都应将它们的功能与城市景观要求恰当、巧妙地结合起来。根据其具体的用途主要分为以下几类：

① 服务设施　座椅、桌子、太阳伞、休息廊、售货亭、书报亭、健身器械、游乐设施等（图 4-2-44）。

② 信息设施　指路标志、方位导游图、广告牌、宣传栏、时钟、电话亭、邮筒等。

③ 卫生设施　垃圾桶、烟蒂箱、痰盂、饮水器、公共厕所等。

④ 照明设施　满足功能性照明和景观性照明的各类室外灯具等。

⑤ 交通设施　台阶、通道、候车亭、人行天桥、信号灯、防护栏、路障等（图 4-2-45）。

⑥ 观赏设施　雕塑、树池、花坛、种植器、水池、喷泉等（图 4-2-46、图 4-2-47）。

⑦ 无障碍设施　盲道、升降电梯、坡道、专用厕所等（图 4-2-48、图 4-2-49）。

图 4-2-44　座椅

图 4-2-45　候车亭

图 4-2-46　雕塑

图 4-2-47　能照明的花钵

图 4-2-48　盲道

图 4-2-49　无障碍坡道及扶手

4.2.3.2 景观设施的作用

城市景观设施在为人们提供各项服务方面发挥着不可替代的作用，一般来说，具有以下几方面的功能：

(1) 使用功能——存在于设施自身，直接向人提供使用、便利、安全防护、信息等服务，它是景观设施外在的、首先为人感知的功能，因此也是第一功能。比如城市步行空间周围的隔离设施，其主要功能是拦阻车辆进入，免于干扰人的活动；路灯的主要用途是夜间照明，以保证车辆行人的交通安全。

(2) 空间界面——从形式上看，各类城市景观中的空间界面可以分为显性的和隐性的两大类。“隐性界面”与地面、建筑立面等显性界面不同，它没有明显的“面”的感觉，其界面形态有赖于观察者的心理感受，主要通过各类景观设施的数量、形态、空间布置方式等构成，对环境要求予以补充和强化。例如，一列连续的路灯或行道树构成的隐性界面，对车辆和行人的交通空间进行划分以及对运行方向起到诱导作用，更丰富了城市景观的空间形态与层次。景观设施的这一功能往往通过自身的形态、数量、布置方式以及与特定的场所环境的相互作用而显示出来。

(3) 装饰美化——景观设施以其形态对环境起到衬托和美化的作用，它包括两个层面：①单纯的艺术处理；②与环境特点的呼应、对环境氛围的渲染。

(4) 附属功能——景观设施同时把几项使用功能集于一身。例如：在灯柱上悬挂指路牌、信号灯等，使其兼具指示引导功能；把隔离设施做成休息座椅或照明灯具，从而使单纯的设施功能增加了复杂的意味，对环境起到净化和突出的作用。

景观设施以上四种功能的顺序及组合常常因物、因地而异，在不同的场所，它们的某种功能可能更为突出。

4.2.3.3 景观设施的设计原则

景观设施包括的内容较多，由于篇幅所限，无法一一归纳总结，但在具体设计时，以下基本原则可作为参考：

(1) 匹配原则——景观设施的使用和设计风格都应具有最大程度上的合理性，不可陷入形式主义的漩涡。设计表达必须与特定的生活背景相契合，不能失去本土特色、民族特色，这样才能挖掘和创造有生命力的景观设施。

(2) 实用原则——景观设施必须具备相应的实用性，这不仅要求技术支持与工艺性能良好，而且还应与使用者生理及心理特征相适应。

(3) 以人为本——人创造了城市景观，但同时又是城市景观的使用者，“以人为本”的思想贯穿在整个景观设施设计的过程中。人机工程学对人的行为习惯、心理特征都进行了研究，是设计师的主要参照。但是数据毕竟是死的，因此，切实以人的行为和活动为中心，把人的因素放在第一位，是设计的关键。此外，无障碍设计也是一种人文关怀的体现。

(4) 绿色设计——绿色设计的原则可以概括为四点：减少、循环、再生和回收。即顺应生态性设计要素的要求，在设计过程中把环境效益放在首位，尽量减少对已有自然和人文环境的破坏。要尽量减少物质和能源的消耗，尽量用可再生资源和天然的材质，减少有害物质的排放。

(5) 美学原则——景观设施在提升环境质量的同时，也要符合观者的审美心理，形式美的法则可应用于其中。

(6) 整体把握、创造特色——景观设施的设置首先应符合公共生活的需求，其次要与周围的景观环境保持整体上的协调，以促进景观的功能完善为前提。在此基础上，可用创造性表现手法丰富公共设施和艺术品的外观，满足人们求新求变的天性。

4.2.4 其他要素

4.2.4.1 尺度要素

尺度就是景物实际的大小尺寸以及给人的大小印象，是景物与人之间建立起来的一种紧密和依赖的情感关系。在城市景观设计中，合乎比例和满足美感的尺度是形式美的理性表达，是合乎逻辑的体现；更重要的是经常被使用的某些设施的尺度要符合人机工程学等的相应要求，这样可以保证其使用舒适度和实用性。

尺度可分为绝对尺度和相对尺度两种：

(1) 绝对尺度

指物体的实际度量尺寸。事物处于景观环境中都有一定的度量标准，人可以实实在在地体会到它们的存在。有些景观设施或空间的尺度是受到国家相关规范的明确规定的，在设计中必须遵守；有些景观设施或空间的设计则要考虑通常所说的人体尺度，要使人感到适当、舒适；还有一些景观设施或空间的设计超出了常规标准，故意以夸张的尺度造成感官的刺激，甚至是产生戏剧性的景观效果。

(2) 相对尺度

相对尺度是指事物之间相对比的尺度，相对尺度是一种比例关系，是人的心理尺度，体现人在一定的景观空间中对于空间尺度的感受。比例关系在城市景观设计中表现在空间与实体的关系、虚与实的关系等。当然，比例的意义在不同的历史时期，不同的技术条件、功能要求以及不同的思想内容指导下是有不同的体现的，因此要综合各种因素来研究比例问题。

尺度的对比和协调可以使人获得心理的满足感，不同的尺度感则让人产生差异较大的主观情感，一般来说，大尺度的景物会使人印象深刻，与人体自身的尺寸相比较，它们看上去壮丽、雄伟，令人敬畏；小尺度的景物虽然不能给人深刻印象，但它更加接近人的尺寸，令人感觉更加亲切。

4.2.4.2 新技术要素

科技的不断发展，丰富了城市景观的形式。在具体应用上首先体现在新材料的运用上。材料是表达设计理念的手段，运用不同材质的组合和技术加工，创造不同风格的文化空间，除了满足施工的技术要求外，还要满足物质环境的技术要求，包括声环境、光环境、取暖系统、消防系统等，这些新材料的应用为城市景观的营建起到了很重要的作用，不但能丰富其视觉，更能帮助城市景观完善其功能。此外，一些新技术也被应用到城市景观设计中，主要有前文提到的3S技术以及虚拟现实（VR）技术等。将新技术应用于城市景观建设，可以便于全面了解基地的概况，还可以预测景观建设在未来的变化发展，因此使设计做到有的放矢。

新技术设计要素是一种多样化的技术观，要想从本质上提升其设计效果，则应从哲学角度把握技术和艺术的关系，恰当地依托城市景观载体得以展现。新技术使得一些长久以来无法实现的设计理念变成了现实，但对现代科技的利用要适度。相对来说，新技术设计中常以人工元素为主，有时甚至有悖于可持续发展的观念，一些没有得到时间证明的技术的使用有时也是一把双刃剑，要防止出现由于对高科技了解得不透彻而错误的运用，以免造成对景观破坏的反效果。

4.3 人文景观要素

“人文”一词出自《易经》，与天文、地理相对而言，泛指“人类社会的各种文化现象”。人文的分类是简单而又复杂的：说它简单，是因为人文的核心是“人”，只要这个事物的出现跟人的活动有关，就可以作为一类罗列出来；说它复杂，是因为“人们”的生活方式与习惯不仅有区域的限制，还有时间上的不同，这就造成了人们认知上的差异性。总体来说，“人文”涵盖了文化、艺术、历史、社会等诸多方面。

城市是人类文化的产物，也是区域文化集中的代表，城市景观恰恰就是反映城市文化的一个最好的载体，人文景观源于文化，具有深厚的文化内涵和广泛的文化意境，置身其中，我们即可感受到浓浓的文化气息和强烈的文化意味。

4.3.1 人本主义

“以人为本”在景观设计中的体现就是充分尊重人性，肯定人的行为以及精神需求，因为人是城市景观的主体，人的基本价值需要被保护和遵从。作为人类精神活动的重要组成部分，城市景观设计透过其物质形式展示设计师、委托方以及使用者的价值观念、意识形态以及美学思想等，首先要体现其使用功能，即城市景观设计要满足人们交流、运动、休憩等各方面的要求；同时，随着经济的进步，人们对于城市景观的要求超出了其本身的物质功能，要求城市景观设计能贯穿历史、体现时代文化、具备较高的审美价值，成为一个精神产品，“以人为本”就是要满足人对城市景观物质和精神两方面的需求。

人本设计要素在城市景观设计中的实现需要景观满足人的生理与心理的双重要求，即实现城市景观的使用功能和精神功能。实现其使用功能应满足以下原则：

（1）舒适性

现代城市居民对于休闲的要求更为迫切，对城市景观相关设施的使用频率也相应增加，它的舒适性可提高居民休闲、游憩等的质量（图 4-3-1）。此外，舒适性还表现在无障碍设施的应用上，其设计细节应符合残障人士的实际需求，让残障人士也体会到置身于城市景观之中的便捷与乐趣（图 4-3-2）。

图 4-3-1 间距设计不合理的石板小径

图 4-3-2 迷宫一样曲折的盲道

（2）可识别性

一个以人为本的城市景观应该是一个特色鲜明，容易被识别的环境。丰富的视觉效果不仅愉悦了使用者，同时也丰富了整个城市景观空间的层次。

（3）可选择性与可参与性

城市景观设计应当突出可参与性来吸引使用人群，同时也应当给他们提供多种选择的机会，这样才能提高他们的使用情绪。

（4）便利性

现代社会是一个讲求效率的社会，人们在城市景观中休闲娱乐的同时，也同样渴望得到便利的服务，使用到便利的设施。

实现城市景观的精神功能应满足以下原则：

（1）心理安全感

安全性是景观设计的物质层面和精神层面都需要满足的最基本的要求。城市景观设计中的心理安全感体现为：在一定的空间环境中，人需要占有和控制一定的空间区域，以满足心理上的安全界限；空间过大或过小，都容易导致人安全感的下降或丧失，产生紧张、焦虑的情绪。

（2）私密性与公共性并存

私密性可理解为个人对空间接近程度的选择性控制。人对私密空间的选择可以表现为一个人独处，按照自己的意愿支配景观环境；或者几个人亲密相处而不受其他人干扰。满足私密性的设计不一定就是一个完全闭合的景观空间，但是该景观空间必然是与其他空间有着明确的限定划分。

正如人需要私密空间一样，有时人也需要自由开阔的公共空间，环境心理学家曾提出社会向心与社会离心的空间概念。公共交往的开放性场所，为大多数人提供服务；同时，它又是人与自然进行物质、能量和信息交流的重要场所。

（3）文化性

人需求的最高层次就是自我实现，这其中包含着认同感、归属感等精神需求。在城市景观设计中，景观的形成应当冲破形式的限制，引起观者心灵的呼应和共鸣。城市景观中纳入文化，更能丰富、深化设计主题，实现个人同景观的双重价值。

4.3.2 历史文脉

自从人类进入现代化社会，便对自己所处的城市产生一种理性的记忆要求，开始意识到历史景观记忆载体的重要性。城市的记忆和城市景观的独特性联系在一起，特定的场所包含着过去的一系列事件，从而具有文化上的意义。

在城市景观设计中的历史文脉，应更多地理解为它是在文化上的传承关系。具有重要的艺术价值、历史价值的事物，经常能在一定时期重回历史舞台，对社会的进步和发展起到了积极的作用。历史文脉积淀了历史与文化，渐进地延续了文明。因此，历史文脉与城市景观的发展关系紧密，在增加景观韵味的同时，折射出区域历史的风貌。其中被提炼的设计元素与设计语言反映历史的沧桑，能强化整个城市的历史个性特征。如前文中所说，现代城市景观设计趋同，可从历史文脉要素入手，找到城市景观唯一不可替代的印记。

历史文脉的构成是多方面的，一般可分为偏重历史性的和偏重地域性的两种历史文脉，有时候这两种历史文脉是贯通和叠置的。设计师应该顺应这种景观发展趋势，尝试运用隐喻或象征的手法通过现代城市景观来完成对历史的追忆，丰富全球景观文化资源，从景观角度延续历史文脉。当然，选择以历史文脉要素为景观设计的动态要素不是对每个城市都适用的，有些新兴城市并没有悠久的城市历史文明，可以用当地的地域特征作为切入点，切勿盲目追随。

历史文脉要素被用来从宏观上指导城市景观设计方向的时候，其内容包括对历史遗产的保护，需要处理好以下几点：

(1) 处理好人与景观的关系

历史文脉要素应用于城市景观中必定是一种特色鲜明的形式表达，因此，要保证符号的选择具有代表性，易于被广大民众所接受，不应过于晦涩难懂；转换为具体的景观形式后要保证景观的实用价值，而不要好大喜功，建一些劳民伤财、对生态景观毫无意义的形象工程。

(2) 处理好继承与创新的关系

历史文脉要素的运用要结合当地的传统景观，从时代特征、风俗习惯出发。对于一些历史遗迹应当是保护、开发、利用相结合，在顺延文脉发展的同时，对于周边的景观进行创造性的改造。并逐渐将提炼的历史文脉要素语言符号应用于新景观中，实现历史文脉要素的过渡，也给广大群众接受、评价、反馈新景观的时间，促进新旧景观，乃至整个城市景观的和谐发展。总之，将历史文脉要素中最具活力的部分与现实景观相结合，可使其获得持续的生命力和永恒的价值（图 4-3-3、图 4-3-4）。

图 4-3-3　加拿大皇家安大略博物馆

图 4-3-4　历史建筑与扩建工程的结合

(3) 深层次发掘城市景观的文化内涵与实质

其实，许多同等级别、同等类型的城市景观，其构成物质层面的基本成分都差不多；但事实上，这些景观最终呈现出来的效果却优劣参差。所以说，设计是可以替代的，但历史文脉要素却永远不可替代、不会消失，并且对其挖掘的深入程度，影响了整个景观设计的内涵和历史地位。同时，还应适当结合最新的文明成果，把新技术、信息手段应用到诠释景观和重塑历史的过程中。人们活在当下，但终将成为明天的历史，设计师尤其应当挑起重担，力求使得设计的景观作品在发挥其应有功能的同时，发展和延续城市的历史文脉。

4.3.3　地域特色

地域特色是一个地区或地方特有的风土个性，是隶属于当地最本质的特色，它是一个地区真正区别于其他地方的特性。所谓地域特色，就是指一个地区自然景观与历史文脉的综合，包括它的气候条件、地形地貌、水文地质、动物资源以及历史、文化资源和人们的各种活动、行为方式等。城市景观从来都不是孤立存在的，始终是与其周围区域的发展演变相联系的，具有地域基础特征。

每一个区域由于其地质、地形等条件的差异，形成了不同的自然景观特征，这些自然景观在与人类的长久相处和适应中相互影响，产生了不同的地域风格。特别是城市的出现，使得自然景观在人类的社会性、艺术性、科技、生态等方面发生了改变，形成了丰富的人工景观。但由于各个地方地域性的差异，人工景观的形式也是千差万别的。自然形成的地貌有很多种，平原、山丘、高山、低谷，很多城市在建设规划的时候能够尊重地域景观，创造独特的、具有城市个性的景观，这就需要设计师对所要规划设计的场地进行细致的了解，这个了解不仅仅包括地形地貌的特征，还包括这片场地上发生过的故事，才能理解它和这个世界的关系，才能迅速而深入地触摸到其地方特性，同时这样的设计也会变得更加生动和富有生命力。

地域特征与历史文脉两个要素是互为关联的，由于前一小节已经重点讨论了城市景观的历史文脉要素，因此本小节的地域特征要素主要侧重在自然景观层面表述。

恰当地将植物景观设计与地形、水系相结合，能够共同体现当地的地域性自然景观和人文景观特征。例如，利用植物的类型或地形的特点反映地域特征，使人们看到这些自然景观就能够联想到其独特的地域背景，如山东菏泽引用“牡丹之乡”来指导城市意向，牡丹已经成为这个城市的一种象征，人们看到其景自然会想到这一城市的环境特征；又如提到“山城”，人们自然会联想到重庆地形起伏有致的城市景观特点（图 4-3-5、图 4-3-6）。正如每一寸土地都是大地的一个片段，每一个景观单元也应该是反映整体性地域景观的片段，并且在城市历史文化发展中得到历史的筛选和沉淀。

图 4-3-5　山东菏泽牡丹雕塑

图 4-3-6　山城重庆吊脚楼

地域特色除了环境的自然演变、植物与生境的相互作用，人类的活动也影响着环境演变发展的方向。我国诸多的历史文化名城，都是先人们结合自然环境创造出的优美景观典范。我国有干旱地区创造的沙漠绿洲，有河道成网的水乡，有山地城镇，有景观村落，有风景如画的自然景观和丰富的人文景观相融合的田园诗般的园林城市。这些都是在水土气候环境能被人所接受、在自然山水与人和谐相处以及均衡的传统哲学理念指引下，通过人力改变或改造后产生的与地域背景相结合的产物。

综上所述，城市景观中诸事物的特点是在不断变化的，这就决定了城市景观设计首先要以动态的观点和方法去研究，要将城市景观现象作为历史发展的结果和未来发展的起点。城市景观设计不应只着眼于眼前的景象，还应着眼于它连续性的变化。因此，应使整个设计过程具有一定的弹性和自由度。城市景观设计的动态发展，还有另一层面的意义，即可持续发展的意义。城市景观设计与其他设计相比，其本身供一代人或几代人使用，只有把握其动态要素，才能使城市景观设计更有意义。

参考文献

[1] 马武定．城市美学［J］．规划师，2000（5）．
[2] 俞孔坚，李迪华著．城市景观之路［M］．北京：中国建筑工业出版社，2003．
[3] 李菁．城市景观设计与文脉延续［D］．武汉：武汉理工大学设计艺术学硕士学位论文，2006．
[4] 郦芷若，朱建宁．西方园林［M］．郑州：河南科学技术出版社，2001．
[5] 沈玉麟．外国城市建设史［M］．北京：中国建筑工业出版社，1989．
[6] 姜江．欧洲古代城市空间的发展与演变［D］．天津：天津美术学院艺术设计系硕士学位论文，2004．
[7] 张祖刚．世界园林发展概论［M］．北京：中国建筑工业出版社，2003．
[8] 李瑞．唐宋都城空间形态研究［D］．西安：陕西师范大学历史地理学博士学位论文，2005．
[9] 陈静．中西方古代城市极域空间研究［D］．郑州：郑州大学建筑设计及其理论硕士学位论文，2005．
[10] 贺业钜．中国古代城市规划史［M］．北京：中国建筑工业出版社，1996．
[11] 董鉴鸿．中国城市建设史［M］．北京：中国建筑工业出版社，1989．
[12] 许浩．美国城市公园系统的形成与特点［J］．华中建筑，2008，26（11）：167-171．
[13] 王建国．城市设计［M］．南京：东南大学出版社，1999．
[14] H. H. 阿纳森著．邹德侬等译．西方现代艺术史［M］．天津：天津人民美术出版社，1994．
[15] 付溢．后现代主义对西方现代园林的影响［D］．南京：南京林业大学城市规划设计硕士学位论文，2005．
[16] 金纹青．西方现代景观设计理论研究［D］．天津：天津大学环境设计硕士学位论文，2004．
[17] 王晓俊．西方现代园林设计［M］．南京：东南大学出版社，2000．
[18] 张丹．西方现代景观设计的初步研究［D］．大连：大连理工大学建筑设计及其理论硕士学位论文，2006．
[19] 宋立民．城市景观评价方法与应用［J］．设计，2013（9）：164-165．
[20] 刘颂，刘滨谊，温全平．城市绿地系统规划［M］．北京：中国建筑工业出版社，2011．
[21] 金云峰，王小烨．绿地资源及评价体系研究与探讨［J］．城市规划学刊，2014（1）：106-111．
[22] 吴晓敏．英国绿色基础设施演进对我国城市绿地系统的启示［J］．华中建筑，2014，32（8）：102-106．
[23] 贾俊，高晶．英国绿带政策的起源、发展和挑战［J］．中国园林，2005，21（3）：69-72．